火薬の母
硝石の大英帝国史
―糞尿と森が帝国を支えた―

デーヴィッド・クレッシー (David Cressy) / 著

加藤 朗 / 訳

訳者まえがき

　ウクライナ戦争では、ウクライナはもちろん、ロシアも兵器の調達に苦労している。兵器調達の苦労は今に始まったことではない。16世紀に銃砲が本格的に実戦に使用されるようになってからは、各国とも銃砲そのものよりも、火薬なかんずく火薬の主成分である硝石の調達に苦労した。筆者クレッシーも指摘しているように、硝石は現代のウランにも匹敵する重要戦略物資である。

　ウクライナへの兵器の供与、ロシアへの兵器の禁輸など、両国への国際的な武器移転の動向が、国際関係のみならず各国の国内政治も大きく変化させている。戦車や戦闘機など兵器の移転ばかりに目を奪われがちであるが、両国ともより深刻なのは砲弾の不足である。弾が無ければ、戦車も戦闘機もなんの役にも立たない。戦車も戦闘機もない19世紀以前の戦争では、砲弾、火薬そして何よりも火薬の主成分である硝石（硝酸カリウム）が戦争の帰趨を決したのである。イギリス、フランス、プロシアなどヨーロッパ諸国は血眼になって硝石を確保しようとした。その硝石の争奪が、現在のウクライナ戦争における武器移転同様に、ヨーロッパの国際関係や国内政治に大きな影響を与えた。

　詳しくは、本文に譲るが、本書は決して歴史書ではない。現代にも通ずる、国際政治の教科書とでも言うべき作品である。ウクライナ戦争は、アルマダの海戦、七年戦争、ナポレオン戦争など火薬の調達が裏面史であったヨーロッパの過去の大戦争にも通ずる砲弾の調達をめぐる戦争である。

　戦争の本質は、今も昔も変わらず、クラウゼヴィッツのいう「物理的暴力」である。そしてこの戦争の本質である「物理的暴力」をもたらすのが、「火薬の母」硝石なのである。

　本書を読まれる前に予備知識としていくつかの点を指摘しておきたい。

1.　火薬（powder）

　本書でいう、火薬とは黒色火薬のことである。19世紀に化学合成火薬が発明されるまで、世界中に火薬は黒色火薬1種類しかなかった。本書は黒色火薬の主原料となる硝石にまつわる大英帝国史である。

　黒色火薬の組成比率は世界中、基本的には硝石6、硫黄1，木炭1である。この配合比率と火薬の粒の大きさによって、燃焼速度が変わり、粉状の点火薬と粒状の発射薬に大別できる。

2.　硝石（saltpeter）

　日本では、塩硝、煙硝、焔硝とも呼ぶ。化学名は硝酸カリウム、化学式はKNO₃。

　硝石には天然硝石と人造硝石がある。砂漠のような乾燥地帯で、石（saltpeterの語源となったpetro）のように結晶が露頭したり、土壁や床下の土などに塩のような結晶化した硝石が産する。これが天然硝石である。ただし、天然硝石には硝酸カルシウムや硝酸ナトリウムなどの潮解性の高い硝酸塩が含まれており、後述する灰汁煮で潮解性のない硝酸カリウムの精製法が確立するまで、天然硝石で作る火薬は湿気易く、兵器には不向きであった

　硝石の化学的生成過程がわからなかった時には、天然硝石を採集するしかなかった。それを採集する者が英国ではsaltpetermanと呼ばれ、英国近世において彼らの活動がもたらした政治的、社会的影響が本訳書の主題の一つである。

　もう一つは人造硝石である。硝石床（saltpeterbed: 硝石丘とも訳される）を作って硝石を人工的に醸成して作られる硝石である。この方法の開発をめぐる政治的、社会的そして国際関係に与えた影響が本訳書のもう一つの主題である。

3.　硝石の製造法

　硝石は、石炭や鉄鉱石のように鉱物として鉱山から採取するのではない。硝酸を多く含んだ、地表から30センチ程度の表土を採集する。土に含まれる硝酸塩を水に浸出させる。この浸出液に灰（カリウム）を加え、煮出して、濃縮

液を冷やすと硝酸カリウムの結晶が析出する。灰を加えて煮るところから日本では灰汁煮と呼ばれる。灰汁煮を2〜3回繰り返して純粋な硝石を精製する。大量の硝石を生産するには、挿絵（図1、29頁）にあるような、大掛かりな設備や燃料（薪）そして労働者が必要となる。

まえがき

　この本を書くことは、他のどの本よりも、発見の旅となった。これまで探求したことのない領域やトピックに踏み込むことになった。それは、1641年にチャールズ1世に提出された「不満の大諫奏（the Grand Remonstrance）」に引用されている、硝石業者の「はた迷惑で無理無体」なふるまいに対する好奇心という、ささいなものであった。イギリス内戦前夜の、彼らの活動に対する不満を調べようと思ったが、しかし、私の探究心は急速に広がり、500年にわたるイギリスの硝石事業の化学、産業、政治、そして軍事的な目的にまで及ぶようになった。そして、私が最も得意とする近世を越え、15世紀から20世紀まで年代順に研究を進めてきた。私の研究の中心はいつも通りイギリスだが、今回はイギリス諸島、北ヨーロッパ、北アフリカ、そしてアジアとアメリカにあるイギリスの植民地や辺境地など広範囲に及んでいる。

　科学、戦争、帝国、技術、法律などの歴史家が、私にそれぞれの専門分野を紹介してくれたことに感謝を捧げる。硝石の謎を解き明かし、その社会的、政治的背景を理解する手助けをしてくれた同僚や学生にも感謝している。硝石の生成過程や硝酸カリウムの働きを説明しようとする化学者の方々には、辛抱強く対応していただいた。オハイオ州立大学大学院の近世研究セミナー、イェール大学イギリス歴史研究コロキアム、マサチューセッツ工科大学のベン・フランクリン・フォーラムでの議論も有益なものであった。特に、以下の方々の洞察、提案、修正に感謝したい。T. H. Breen, John Brooke, Patricia Cleary, Robert Davis, Lisa Ford, James Frey, Matt Goldish, John Guilmartin, Bert Hall, Derek Horton, Margaret Hunt, Michael Hunter, Scott Levi, Christopher Otter, Geoffrey Parker, Kevin Sharp, Rudi Volti そして Keith Wrightson. 誤りがあれば、それはすべて私個人の責任である。

　人文科学に根ざした現役の歴史家として、私はジェラード・マンリー・ホプキンス（訳注：1844-1899, イギリスの詩人、神学者）の「sheer plod makes plough down sillion shine」というセリフにインスピレーションを感じる。仕事はやり遂げ、その結果、時には輝きを放つ。私は、執筆や研究の楽しみの中で、常にserendipity（思わぬものを偶然に発見する才能）を受け入れてきた。

　しかし、トーマス・ミドルトンのジャコビアン演劇 *A Faire Quarrell* に硝石採取人が登場することを知ったのは、カリフォルニアのハンティントン博物館で昼食をとりながらの偶然の会話からだった。*Past & Present* 212号（2011年8月）に掲載された拙稿 *"Saltpetre, State Security, and Vexation in Early Modern England"* から引用する許可をいただいた *Past & Present* 編集部に感謝する。

計量と綴りに関するメモ

イギリスの計量単位は、16オンスが1ポンド、14ポンドが1ストーン、2ストーンが1クオーター、8ストーンが1ハンドレッドウエイト（hundredweight: cwtと略）、20cwtが2,240ポンド（1,016キログラム）である。1サウザンドウエイト（thousandweight: mwtと略）は1cwtの10倍である。硝石や火薬はハンドレッドウエイト、サウザンドウエイト、トン（ton）、バレル（barrel）、ラスト（last）で計られ、1ラストは24バレルで構成されていた。木炭と石炭は重さだけでなく、チャルダー（釜）も用いられ、1676年以前は1チャルダーが2,000ポンドだったが、改定後は2,240ポンド（1トン）である。

これらの尺度は地域によって異なるものが多く、また商品によって重量や体積の特性もさまざまであった。一貫性も正確性も期待できない。国際商人は、ハンブルグのラストはアムステルダムのラストより大きく、プロイセンのラストより小さいことを知っておく必要があった。フランスのリーブルは、イギリスのポンドよりわずかに重い。イギリスでは1cwtの硝石は112ポンド、1ラストは2,688ポンド（1.2トンまたは1219キログラム）であった。しかし、火薬は別である。1cwtの火薬樽は100ポンド、24バレル、1ラストの火薬樽は2,400ポンド（1.07トン、1089キログラム）であった。オランダは火薬と硝石を5分の1単位で売っており、その重さは100〜120ポンドであった。[*1]

火薬の混合比率は様々であり、その組成材料や最終製品のハンドレッドウエイト、バレル、ラストによる重量が異なるため、計算上の不一致が生じる可能性がある。ここでは、特に断りのない限り、6：1：1の標準的な比率の混合物を使用し、その中の硝石は重量比で火薬の75%、残りは木炭12.5%と硫黄12.5%である。

つまり、1ポンドの硝石で1.33ポンドの火薬を作ることができる。バレルの重さの違いを考慮すると、1ラストの硝石で1.49ラストの火薬ができることになる。この計算は、1588年に軍需局の役人が行った「112mwtの硝石（すなわち1,000バレル、あるいは41.66ラスト）で60ラストの細かい粉状火薬ができる」という推定とよく一致し、1ラストの硝石で1.44ラストの火薬ができることになる。[*2] 硝石が劣化したり、こぼれたり、無駄が出たり、さらに精製すれ

ば、ある量の硝石から何バレルあるいは何ラストの火薬ができるかを計るには、1.45倍が適当と思われる。

　東インド会社はアジアで硝石をマウンドとキャンディ（20マウンド）で購入した。ベンガルのマウンドが75ポンドであるのに対し、スラートのマウンドは28ポンドであることを知っておく必要があった。 会社は硝石を袋単位でロンドンに出荷し、1袋の平均重量は約1.2cwtであった。軍需局への納品は番号のついた袋で行い、重量をトン、ハンドレッドウエイト、クオータ、ポンドに換算した。硝石の請負業者は、粗硝石から精製上硝石に変換する際に失われる「損失率」（1cwtあたり5〜6ポンド）も考慮した。

　この著作では、特に断りのない限り、インペリアルまたはアボイド法を用いている。年は1月1日から始まるが、近世イングランドで使われていた暦法に従った。標準的な現代英語の「saltpetre」ではなく、アメリカや国際的な綴りの「saltpeter」を使用する。16世紀と17世紀の綴りはまちまちだったが、近世の作家は「saltpeeter」、「saltpeter」、あるいは単に「peter」と書くのが普通で、この語の創案者はこの語が硝石の結晶塩が時々見つかる岩（ラテン語のpetra）を指すと考えた。この例外を除き、私は標準的なイギリス英語のスタイルに従い、スペルや句読点を現代風に直している。引用した印刷物は、特に断りのない限り、すべてロンドンで出版されたものである。

　略号は TNA（The National Archives, Kew）, BL（British Library, London）, APC（*Acts of the Privy Council*）, CSPD（*Calendar of State Papers, Domestic*）, and HMC（Historical Manuscript Commission）を使用した。

目　次

序　章

　本書は、「火薬の母」と呼ばれる硝石の失われた歴史と、それを手に入れよ
うとした近代国家の苦闘の跡を探るものである。君主制も軍隊も、この特殊な
産物なしには成り立たない。しかし、その歴史は、政治や戦争といった華やか
な話題の影に隠れてしまっている。硝石は、半世紀にわたるイギリスとヨー
ロッパの歴史を形作った火薬の心臓であり魂であった。その入手には、錬金術
の知識、外来の技術、人々の日常生活の犠牲、そして最終的には世界の海を支
配することが必要となった。チューダー朝、スチュアート朝時代のイギリスで
は、国家権力は臣民の権利や自由を犠牲にしてまで硝石を求め、後の世紀には
硝石への渇望は世界帝国の原動力となった。各国政府は硝石を渇望し、あらゆ
る手段を使って自国の備蓄を確保しようとした。火薬の原料となる硝石がなけ
れば、国家の安全も破壊力のある火器も手に入らない。19世紀後半に化学合
成火薬が開発されるまで、（黒色）火薬への依存は続いた。

　火薬の副原料である木炭と硫黄は容易に、しかも安価に入手できた。しか
し、主原料である硝石は希少で高価であった。硝石は遠方から輸入するか、多
額の費用をかけて糞尿を多く含む土壌から採取された。17世紀のある火薬愛
好家は、「硝石は魂、硫黄は命、木炭は肉体」と説明している[*1]。また、硝石
は「火薬の基」「火薬の母」と呼ばれ、火薬はその主原料である硝石（英語で
は master あるいは peter と呼ぶ）だけが火薬の良し悪しを左右することが知
られていた。その割合は用途によって異なり、時代とともに変化したが、16
世紀後半には、ほとんどのイギリスの大砲用火薬は、硝石6に硫黄と木炭を
それぞれ1の割合で混ぜたものであった。17世紀の砲術家ナサニエル・ナイ
（Nathaniel Nye）は、この組み合わせが「最強の火薬」を生み出したと主張し
ている[*2]。

　イギリス政府は、硝石を「至宝」とみなし、「限りなき安全」のために求め
ていた[*3]。しかし、どの政権も硝石なしでは維持できず、しかもどの政権も十分
な量を手に入れることができなかった。硝石は化学と権力の連鎖の中で、現代

の石油やウランに匹敵する戦略的重要性を持つようになった。君主は私有地から硝石を採集する大権を主張し、地主たちは、その「はた迷惑で無理無体」なふるまいに不満を訴えた。チューダー王朝やスチュアート王朝の時代には、硝石の供給を向上させ、イングランド臣民の負担を軽減する「新しい」あるいは「秘密」の製法を提案する起業家が次々と現れた。他方、科学者や哲学者は、硝石の神秘について、「この自然の賜物」がなぜ「人類に託された最も致命的な死の道具」を生み出すに至ったのか不思議に思っていた。シェイクスピアの表現によれば、何ら害の無い土中から掘り出された「極悪非道な硝石」が戦場で人々に死をもたらす「卑劣な銃」を生み出したのである。しかし、歴代の政権は、「硝石鉱山」を下賜した神を称え、「わが地にこの資源を自給自足する手段をもたらした神の偉大な恵み」に感謝したのである。

　硝石の研究は、近世国家の形成期における科学と技術、社会と戦争の相互作用に光をあてる。それは、歴史の調査研究には非常に重要なテーマである。というのも硝石は国家に破壊力をもたらしただけでなく、その供給をめぐって社会的、経済的、政治的な複雑な関係を生み出したからである。兵器級硝石の調達には、政治家や投資家、軍事戦略家、化学哲学者、大商人、弁護士、労働者、技術者、硝石土壌の土地所有者などが関わっており、彼らの取引や争いが本研究の基礎資料となった。政治家や官僚は硝石の軍事的な必要性を強調し、請負業者や投資家は硝石で儲けようとした。硝石の調達、加工、精製、供給に関する計画が資料として残され、彼らの事業の社会的、政治的、技術的な歴史をたどることができるのである。契約書、帳簿、報告書、目録、周旋書、檄文などに書かれた記録から、硝石製造の実際とその複雑さを知ることができる。硝石業者が踏み込んでくることに反対する地元では、彼らがいかに「はた迷惑で無理無体」なふるまいをするかについて、論争が起こり、議会や裁判所の関心を呼ぶことになった。

　イギリス王室が硝石に抱く飽くなき欲求は、戦争の規模が拡大し、火器の重要性が増すにつれ、高まっていった。それを示すわかりやすい指標は、海軍の大砲の数である。ヘンリー8世の大海軍は200門近い大砲を保有していた。アルマダの海戦（訳注：1588年のイングランドとスペインの戦争）の時には、エリザベス1世の艦隊は700門近くの大砲を装備していた。1640年には、チャールズ1世の艦隊の重火器は1,200門に近づいた。オリバー・クロムウェル（Oliver

Cromwell, 1599-1658) の海軍は、治世末期には4,000門を超える大砲を有していた。王立海軍は1640年には35隻であったが、1世紀後には195隻に増え、1760年には375隻になった。兵員は17世紀の4万人から1760年代には10万人以上、1800年代初頭には25万人以上にまで増加した。戦争は、16世紀の26年間から17世紀の42年間、18世紀の55年間へと、より頻繁に、より長期に渡って戦われるようになった。すべての船が、そしてすべての兵士が火薬に頼っていた。

　エリザベス朝時代のイングランドは、スペインとの戦争の最盛期に年間100トン近い火薬を消費していた。1630年代のチャールズ1世の平時における軍隊は250トン以上必要とした。チャールズ2世がオランダ戦争を起こした頃には、その倍の量でやっと足りる状態だった。火薬の消費量は、七年戦争（1756年~1763年）の年間647トンからアメリカ独立戦争（1776年~1783年）の年間1,600トン以上と、戦争のたびに増加し、1828年にはイギリス政府は新たに大規模な戦争が起きれば9,000トンの火薬を消費すると予想していた。ビクトリア朝末期にトリニトロトルエン（TNT）などの化学火薬が導入されても、黒色火薬の重要性は変わらなかった。1917年の戦時内閣の報告書によれば、「黒色火薬がなければ、1発の無煙火薬弾も発射できない[8]」と記されている。

　文献は数多く残っているが、「硝石の採集と精製という、いささか不愉快な仕事」（ある歴史家の言葉）についてはほとんど目にすることがない[9]。

　硝石の研究をしている専門家もいるが、火薬の組成成分に着目して製造技術を研究している者は少ない。科学史、特に化学史の研究者は硝石に触れているが、ボイルやラヴォアジェのような著名な科学者が関与していない限り、このテーマを追究することはほとんどない。軍事史の研究者は、もちろん火薬について研究するが、硝石については一瞥する程度である。「軍事革命」の時期、内容、結果から、大砲、攻城術、銃装備の軍隊のコストと性能について論じられることはあるが、火薬の兵站は当たり前のこととして捉えられる傾向がある。国際商業、特に東インド会社の研究者は、17世紀から19世紀にかけての硝石の貿易を追跡しているが、彼らもまた、それ以前の歴史やより大きな文脈にはほとんど関心を払ってこなかった。社会史、法制史、政治史の研究者は、国民の権利と国王の大権が対立した事例を簡単に考察するだけで、硝石を取り上げることはほとんどなかった。事実として、中世後期から近世にかけての硝石の生産に関する包括的な研究はなされてこなかった[10]。

この後の章では、16世紀から19世紀にかけての硝石の科学と技術、その社会史、軍事史、行政史について考察する。これらの章では、イギリスの硝石業を計画、推進した人々がいかに硝石を貪欲に必要としていたか、また硝石の国家安全保障への役割や硝石の利潤追求の歴史について論じる。さらに硝石採集業者はなぜ嫌われたのか、そして彼らの苦労はどのように軽減されたのか、その不断の努力のコストと結果について明らかにする。本書は、世界支配への道を歩み始めたイギリスを中心に、ルネッサンス期のヨーロッパ、アンシャン・レジーム期のフランス、独立期のアメリカなど世界を結びつけて考察する。また「科学革命」「軍事革命」「政治革命」という近代初期の3つの革命の相互の関係を探求し、同時代の人々にとって「硝石」がいかに重要であったかを明らかにする。

　本書は、硝石というこの不可解な物質の謎から始まる。ルネッサンス期から啓蒙期にかけての自然哲学者や兵器専門家は、硝石が何をするかは知っていたが、それが何であるかの説明には窮していた。この物質は、土、空気、火、水などの要素を持ち、鉱物、植物、動物に分類することができないとみなされた。自然に生成されるのか、それとも育成する必要があるものなのか。造ることのできる人造物質なのか、採掘しなければならない天然物質なのか。硝酸塩を含んだ土壌から硝石を取り出し、火薬に加工するためには、どのような手順、技術が必要だったのだろうか。冒頭第1章では、16世紀から18世紀にかけての硝石についての知識をたどり、イギリスが海外からの専門技術に依存していたことを明らかにする。この章では、科学技術の歴史に触れ、この後の戦略、商業、軍事、社会的な議論の土台を築く。

　第2章では、「ヘンリー8世の火薬王政」について検討する。本章では、ヘンリー8世が砲術と弾道学に強い関心を持つ戦士の君主であることを明らかにする。ヘンリー8世のフランスやスコットランドとの戦争は、ヨーロッパ大陸産の火薬と硝石に依存していた。というのも、国内に火薬製造業者はいたが硝石生産は緒に就いたばかりだったからである。ドイツ人のハンス・ウルフ（Hans Wolf）は1515年に許可を得て州から州へと、硝石を作る物質がある場所を探した。彼の後継者たちは、「国王の用のために・・・硝石を作る」際、地元の抵抗にあうことになった。[*11]フラマン、ボヘミア、イタリアの知識がチューダー朝のイギリスに入り、イギリスの業者が硝石を求めてヨーロッパ中を駆け

巡った。こうして、多くの「苦難」をもたらす事業が始まったのである。

　第3章は、「エリザベス朝時代―限りなき安全を求めて―」である。危険な世界に晒された国家は自国を防衛できなければならない。エリザベス女王の重臣ウィリアム・セシル（William Cecil）は、イングランドの存亡が硝石にかかっていることを知っていた。彼は評議会（The council）で金や財宝よりも「硝石を十分に供給すること」の方が女王のためになる、と強調した。[*12]イングランドがスペインと戦争をしていた時、特にアルマダの海戦が起こった1588年には、金に糸目をつけず国内外で硝石を調達することになった。硝石や火薬の在庫は少なくなったが、枯渇することはなかった。これは精力的な海外調達の賜物だった。それにはイギリス商人が砲弾と引き換えに北アフリカから硝石を入手したものも含まれる。エリザベス女王時代のイギリスでは、繰り返し国内の硝石備蓄の倹約が試みられたが、最終的には硝石業者の組織にどこでも硝石を探索、採取することを認めたのである。硝石業者たちが傍若無人に敷地入り込んでくることで地元の怒りに火が点いたが、国防の名の下に、そのような不満は抑え込まれてしまった。硝石製造法の秘密を提供した外国の専門家の中に、ボヘミアのユダヤ人ヨアヒム・ガウンツ（Joachim Gaunz）がいた。彼はウォルター・ローリー（Walte Raleigh）卿がアメリカのロアノーク（現ヴァージニア州）を探検した際に鉱物学者として同行していた（訳注：アパラチア山脈には蝙蝠や動物のすみかとなっている洞窟が多数あり、その死骸や糞尿が堆積した土壌から硝石が採れた）。硝石はイギリスを安全にしたが、その対価はまだ支払われていなかった。

　第4章「平和な王国の硝石」では、ジェームズ1世の治世下、イギリスが戦争を回避していた頃の状況の変化について記している。王室は硝石を必要としなくなり、一部の硝石は海外に売却されたが、硝石業者は引き続き契約金を搾取し、大きな利益を得た。硝石業者への政治的反発が彼らの腐敗を暴き、弁護士たちは彼らが私有地で採掘する権利に異議を唱えた。有力な庶民派弁護士であったエドワード・コーク（Edward Coke）卿は、国防のために硝石を調達することは王の大権として認めたが、硝石業者が誰の家でも掘ることなど許さなかった。ジェームズ1世の治世下の劇作家トマス・ミドルトン（Thomas Middleton）は、硝石業者を、他人の土地を掘るために賄賂を受け取る「悪漢」として描いている。硝石業者の行動はその後のスチュアート時代にも法的・政

16

治的影響を与えることになる。

　第5章「チャールズ1世の至宝」では、チャールズ1世は戦力を増強する一方で硝石の輸入依存を免れようとして、イングランド国内の硝石業を積極的に拡大したことを検証している。政府は硝石業者に、より多くの割り当てを負担するように圧力をかけ、地主との悶着が起きれば大方の場合、硝石業者の肩を持った。本章では、硝石業者の略奪行為に対する数多くの苦情を検討し、地元民が日常的にどのような抵抗をしていたかを紹介する。硝石業者は、地元民によって水門が閉ざされて水が利用できず、仕事が妨げられたのである。中には、硝石を精製するために必要な釜や桶、荷車などが破壊された例もある。政府は反抗的で、言うことをきかず、治安を害する臣民たちを非難した。他方、反対派は不公平や傍若無人な権力に異を唱えた。硝石の争奪戦は、「船税」（訳注：Ship Money：中世に始まり17世紀半ばまで断続的に課されたイングランド王朝時代の税金の一種。1634年以降、国王チャールズ1世が議会の承認なしに平時に船舶税を徴収し、さらにイングランド内陸部の郡にまで拡大しようとしたため激しい反対を招き、イングランド内戦に至るまでイングランド有権者の不満の一つであった）や宗教をめぐるよく知られた対立と似ているが、自分の家や敷地、納屋を掘ることに反対する所有者は、政治的対立を越えて団結することができた。この問題は、17世紀のイングランドを引き裂いた、王権と共和国（commonwealth）の自由との対立の核心に迫るものであった。

　第6章では、17世紀半ばに起きた「硝石革命」を取り上げる。革命議会は、王室による火薬製造の独占を廃止し、硝石業者の「はた迷惑で無理無体」なふるまいに対抗することを宣言した。しかし、その後、国王との内戦で自分たちにも硝石が必要であることを知り、「自由」を護るにふさわしい保護措置を講じた上で、独自の硝石事業を立ち上げようとしたのである。議会軍は硝石の確保と火薬の製造では戦争中の国王よりも成功したが、双方とも輸入に大きく依存した。1640年代、創意に満ちた起業家たちは、貧しい人々を働かせながら硝石の生産を産業化することを計画したが、彼らの計画は生産よりも科学に貢献することになった。チャールズ1世の処刑から1年もたたないうちに、硝石の供給に予想外の革命が起きた。インドからの豊富な供給が国内の硝石の必要性を減らしたのである。1660年の王政復古により軍事力が強化され、東インド産の硝石の供給で、もはや硝石の国内採集が不要となったのである。

第7章「グローバル・パワーの硝石」では、王政復古からビクトリア朝まで、すなわち17世紀の戦争から世界帝国の覇権争いまでの物語を取り上げる。英国軍の火薬への依存は変わらず、平時、戦時に関わらず大量の火薬を消費した。1780年代の火薬消費量は、1630年代の6倍、エリザベス朝時代の16倍であった。ヴィクトリア朝における硝石の需要は、さらに大きいものであった。火薬の需要を満たす硝石は、ほとんどがインドから運ばれてきた。1757年のプラッシーの戦い以降、イギリスは世界の硝石生産の70%以上を支配するようになった。本章では、東インド会社とイギリス国家との関係をたどり、軍事、商業、工業の各分野においていかに硝石業の規模が拡大したかを探る。また、この東インド会社というアジアの巨大な企業体に対抗しようとした硝石投資家たちが失敗し、国内の硝石事業が最後には挫折を味わったことについても考察する。

　第8章では、18世紀のアメリカとフランスを舞台に、硝石の足跡をたどる。英国の隣国フランスそして敵国であった米国では全く異なった硝石産業が求められていた。それは、英国とは異なり国内生産のシステムであった。1775年、イギリスとの戦争に直面したアメリカ大陸議会は、ほとんど忘れられていた家の裏庭での硝石生産に着目する。主要な軍事備蓄品である硝石を入手できないアメリカ独立軍は、自分たちで火薬を作らなければならなかった。アメリカの自作農民たちは、糞尿を地面にかけ、タバコ生産者はタバコを作るときに出る切りくずから硝石を作った。この愛国的な活動は、「アメリカの救済と繁栄」、そして市民の「生命、自由、財産」を守ることになると議会は主張していた[*13]。しかし、フランスがアメリカの反乱軍に必要な火薬をすすんで提供したため、地元民の自発的な活動は不要になった。

　フランスの王たちは、親戚関係にあるイギリスの国王がしたように、硝石採掘の独占を主張した。しかし、ルイ15世の治世下ではインドからの輸入に依存するようになった。1757年プラッシーの戦いでイギリスがフランスをベンガルから追放すると、フランスは国内生産体制を整えるため、技術や科学を向上させなければならなくなった。ヨーロッパで最も優れた化学者であるアントワーヌ・ラヴォアジェ（Antoine Lavoisier）の指導のもと、科学に基づき硝石の集中生産体制を整え、年間1,000トン以上の硝石を生産できるようにしたのである。

『硝石の成立と硝石の製造に関する訓令』(*Instruction sur l'établissement de nitrès et sur la fabrication du salpêtre*)、『硝石の成立と製造に関する回顧録集』(*Recueil de mémoires sur la formation et sur le fabrication du salpêtre*) のようなものはイギリスにはなかった。おそらくこれでイギリスではなくフランスに近代的な化学革命が起きた理由がわかるだろう。1794年ラヴォジェがギロチンにかけられ、フランスの科学と軍事力はともに後退した。しかし、ラヴォジェの弟子でデュポン社の創業者であるエレウテール・イレネー・デュポン (Eleuthère Irénée DuPont) が、独立まもないアメリカに亡命し、アメリカの火薬産業の自給体制が強化されていったのである。

　最後に、科学、軍事、国家、政治、商業、法律の各歴史を再度結びつけ、チューダー朝、スチュアート朝、ハノーバー朝の硝石事業がいかに近世国家を形成していったかを明らかにする。

1. 神秘の硝石

　1646年11月、イギリス内戦で議会派軍が勝利を収めた頃、19歳のロバート・ボイル（Robert Boyle, 1627-1691）は、ドーセット州ストールブリッジの屋敷で、硝石に心を奪われていた。ボイルは、王党派のコーク伯爵の弟で、イートン校で教育を受け、フランス、イタリア、スイスで勉強した。ボイルは、ユートピア派の科学者たちからなる「見えざる大学」（訳注：みずからの知見を発表する場，さらには情報交換と討論の場の必要に迫られて，1640年代からロンドンやオックスフォードで非公式な会合の場をもつようになった。少数集団であっため「見えざる大学」と呼ばれた。出典：平凡社『世界大百科事典』）に入門し、王立協会の創設者となる多くの人たちと文通をするようになった。彼が「あの愛すべき泥」であり「糞のような色の土」に興味を持ったきっかけは、彼の敷地を掘り返そうとした「我々が硝石採集人と呼ぶ二本足のもぐらたち」への関心であった。「私の鳩小屋はすでに掘り起こされました（時代の慣習の象徴であり、武器を持たぬ無辜の民の破滅の印）。もし私が土の中に含まれているものよりもっと高価な鉱物で身代金を払わなかったならば、いずれ私の地下室や厩舎も同じように彼らに掘り起こされることになったでしょう」と、ややもったいぶって、医師で起業家のベンジャミン・ウォーズリー（Benjamin Worsleys, 1618-1677）に宛てて手紙を書いている。ボイルが近世イングランドで「公認された騒動師」と呼んだ硝石採集人は、糞尿を含んだ土を探して国中を歩き回り、私有地から土を持ち出すことが許されていた。ボイルや金持ちの地主たちは気づいていたが、賄賂で略奪を免れることがよくあった。しかし、彼らが持ち出す物質は、国家に軍需品として供給するために必要不可欠なものだった。

　ボイルは、ウォーズリーが硝石の処理を集約化する「野心的な計画」を立てたことに祝意を述べた。「あなたの提案がすでに貴族院を通過したという喜ばしい知らせ」がドーセットに届いたばかりで、ボイルは「あなたの真摯な火薬

製造計画の輝かしい成功を祈ります」と伝えたのである。ボイルは、内戦後の兵士の世話や公職の重圧の中で、時が許せばウォーズリーに「あなたの偉大な計画を推進するために役立つと思われる私の考えや実験をあなたに伝える」ことを約束したのである。数年後、ボイルは「硝酸塩の拡散と再融解に関する実験と考察を含む物理学的考察」と題する論文で、この問題に科学的関心を向け、「このテーマは我々の真剣な探究に十分に値するだろう」と記している[*1]。

＊＊＊

「火薬帝国」のアジア・イスラム諸国（コンスタンティノープルを拠点とするオスマン帝国、ペルシャのサファヴィー帝国、インドのムガル帝国）と同様に、近世「軍事革命」の西ヨーロッパの「火薬国家」は、爆発性の軍需品の原料を確保するために絶え間ない努力を重ねた。覇権を争い、その勢力を国境を越えて展開するために、攻城砲、砲艦、要塞、マスケット銃に膨大な量の火薬を消費した。15世紀から19世紀にかけて、スペイン、ポルトガル、フランス、オランダ、スウェーデン、イギリスは、火薬で軍事力を強化した。君主制も軍隊も、火薬がなければ成り立たない。火薬がなければ国の安全が保てないし、火薬の主成分である硝石がなければ火薬は作れず、火薬がなければ銃砲も無意味だ[*2]。19世紀後半に化学合成火薬が開発されるまで、黒色火薬への依存は続いた。

13世紀のヨーロッパで火薬は硝石、硫黄、木炭から作られた。火薬は、原料を粉砕し、それを混合することで作られるが、火薬の性能は、原料の良し悪しによって決まる。木炭は燃焼のための物質、硫黄は瞬時に点火するため、硝石は爆燃（爆発的燃焼）のための酸素を供給する。その比率は用途によって異なり、時代によっても変化したが、16世紀後半までのイギリスの大砲用火薬は、硫黄と木炭各1に対して硝石6を混合したものが主流であった[*3]。

技術と知識

何世代にもわたって実験家や自然哲学者が、火薬が「激しい雷鳴を超える音と、どんな稲妻よりも明るい閃光」を放って燃え、戦場を覆うに足る射程の弾丸を発射できる仕組みを知ろうと努めた[*4]。現代の化学者でさえ、火薬は「非常

に複雑で微妙な物質」とみなし、ある専門家は「その作用原理は今日でも十分に理解されていない[*5]」と認めている。本章では、火薬国家時代における火薬や硝石調達の科学技術を検証する。

　理想的な火薬は、弾を発射する「発射体（engine）」（訳注：発射体は破壊体である弾丸を発射する銃、砲等の兵器システムの一部。訳者の造語。）を損傷することなく、最大限の勢いで素早く爆燃するものであった。「サーペンタイン銃」（15世紀の火縄銃の名前）用の粉状火薬は「砂のように細かく、小麦粉のように柔らかい」ものだった。一方より新しい粒状火薬は「火が回りやすいように穴や空気を含んだ部位[*6]」があり、爆発力がより強い。16世紀の砲術家は、「粉状火薬を手銃やアーケバス銃（訳注：長銃身の小銃）に使用すると、（威力が弱く）弾を撃つことが難しい」、他方「手銃用の粒状火薬をむやみにいろいろな武器に使用すると、（威力が強く）たちどころに銃が壊れたり傷ついたりする場合がある[*7]」ことを知っていた。チューダー朝の砲術家は「自分が使う火薬の種類に習熟」し、「その火薬の威力を知る」必要があった。チャールズ1世の砲術家ロバート・ノートン（Robert Norton）は、「自分が使う火薬を知ることは砲兵の本分」であり、その成分である「身体（木炭）」、「命（硫黄）」、「魂（硝石）」についてできる限り学ぶ必要があると述べている[*8]。18世紀初頭、砲術家は同様に、火薬の3つの成分の「個々の性質とその関係」を知ることが求められていた[*9]。砲術家の技術や「奥義」は、錬金術、軍事科学、数学に基づく弾道学などを組み合わせたものであった。

　14世紀後半の初期の火薬は、硝石、硫黄、木炭を同量ずつ使っていた。15世紀初頭には、硝石の割合が3倍に増え、砲術家はその量を増やして実験した。製法はさまざまだが、16世紀の一般的な配合では、大型の大砲は硝石3、木炭2、硫黄1、小型のものは硝石5、木炭1.5、硫黄1、アーケバス銃や手銃は硝石10、木炭、硫黄各1となっていた[*10]。火薬の粒の大きさや粉の状態、「仕上がり具合」、不純物の混入の度合い、安定性、そして火力つまり「威力」もさまざまである。うまく仕上がった火薬でも性能が劣化したり、湿気を吸ったりする性質があるが、これは硝石を再び混ぜ合わせることで改善された（訳注：初期の火薬は不純物の混じった潮解性の高い天然硝石が使われることが多かった。新たに硝石を加えれば威力は回復する）。1520年代の「最高の火薬」は、硝石4に対して木炭と硫黄がそれぞれ1であり、16世紀後半にはイギリスの火薬は6：1：

1という割合が標準となった。17世紀の砲術家ナサニエル・ナイは、この組み合わせで「最強の火薬ができる」と主張している。最強の火薬には、成分の燃焼の質を高め、「銃身」を「強化」しなければならない。大砲、マスケット銃、ピストルにはそれぞれ異なる条件があり、古くて壊れやすい武器には、新品よりも慎重に火薬を装填する必要があった。ナイは、硝石、木炭、硫黄の割合を、重砲には4：1：1、マスケット銃には5：1：1、ピストルには6：1：1を推奨した。また、80％もの硝石を含む製法もあった。1660年代、王立協会の科学者トーマス・ヘンショウ（Thomas Henshaw）は、これらの製法について、わが英国の火薬製造業者の多くは口が堅く、秘密を護る約束をしてはじめて火薬の配合の割合を教えてもらうことができた、と述べている。しかし、わかってみれば、結局彼らが秘密にしたかったのは、最高の火薬を作るためというよりも、秘密にすることで金儲けをするためだった。

　火薬の製造には、安定した原料の供給が必要であった。木炭はイングランドの森林地帯から容易に入手でき、ハンノキ、ライム、ヤナギ、ヘーゼル、ブナなどが理想的であった。硫黄は南イタリアの火山地帯から輸入したが、国内の鉱泉からも得ることができた。当時の専門家ウィリアム・ハリソン（William Harrison）によれば、エリザベス朝時代のイングランドには「硫黄が大量にあった」。問題は硝石にあった。その性質、産地、効能などが学問上の議論の的になった。有機物の腐敗に伴うバクテリアの働きによる硝化作用が理解されていなかったため、専門家は「硝石は採掘する物質なのか、それとも育成する物質なのか」と疑問を呈した。自然界に存在するのか、それとも人間の努力で育てるものなのか。どんな不純物を、どんな方法で取り除けば、使える結晶ができるのか。また、なぜ、原料や製法によって硝石の品質に優劣が生まれるのか、原料の供給はどのように確保できるのか。これらは、さまざまな技術、慣習、農業や鉱業に関する国王の大権に根ざした深刻な問題であった。当時最も進んだ知識はイタリアとボヘミアにあったが、やがて16世紀から17世紀にかけてキリスト教国全体に広がっていった。

　硝石を火器に利用することはできても、その本質や特性を理論的に説明することは難しかった。近世の錬金術師、自然哲学者、軍事技術者、鉱物学者らは、硝石の化学的性質や抽出技術について、さまざまな考察を行った。しかし、その生成やその恐るべき効果については誰も解明することができなかっ

た。肥料、防腐剤、医薬品、軍需品など、さまざまな用途に使われる万能の源泉はどこにあるのだろうか。硝石（saltpeter）は、聖書や古典に登場する「硝石（nitre）」と同じものなのだろうかと、不思議に思う者もいた。聖書は箴言25章20節、古典ではエレミヤ書2章22節、プリニウス（訳注：ローマ帝国初期に『博物誌』を著した博物学者）、ストラボン（訳注：ローマ帝国初期に『地理史』を著した地理学者）、ヘロドトス（訳注：紀元前5世紀頃に世界最古の歴史書『歴史』を著した古代ギリシャの歴史家）などの文献が有名である。ローマやギリシャに硝石があったのなら、なぜ火薬がなかったのか、という疑問もある。もしかしたら、古代人がその技術を秘密にしたため、技術も古代人と一緒に滅んでしまったのかもしれない、と言う者もいた。しかし、一般的には、火薬は「古代ギリシャやアラビアでは全く知られていなかった」ものであり、ラテン語でサル・ボンバルディカーン（大砲の塩）と呼ばれるようになったのはごく最近のこと、と考えられている。硝石には、自然の秘密を解き明かすサル・ニトラム（亜硝酸塩、あるいはスピリトゥス・ムソディすなわち「万能霊」）が含まれているという強力な説があった。もしそうだとすれば、ボイルが述べたように、この説は「われわれが真剣に探求する価値があるかもしれない」。

　硝石の「効能」は論争の的となり明確にならないまま、時代とともにいろいろな意見が出てきた。科学的発見のドラマは、戦争という血なまぐさいドラマとともに、行きつ戻りつしながら発展していった。ルネサンス期の研究者たちは、硝石を、熱い、冷たい、湿っている、乾いている、あるいは土、空気、火、水を含んでいるなど、感覚や要素から分析するのが普通だった。彼らは、動物界、植物界、鉱物界の属性を共有しているように見えるこの物質の曖昧さに困惑した。エリザベス朝時代の理論家ピーター・ホワイトホーン（Peter Whitehorne）は、「すべての要素の本質や性質を有しているように見えることを除けば、この物質がどのようなものか、どのように理解すればよいのかわからない」と述べている。パラケルスス（Paracelsus）（訳注：15〜16世紀のスイスの医師、化学者、錬金術師、神秘思想家）の信奉者たちは、硝石を化学物質であると同時に神秘的なものとして扱い、物質的な意味合いだけでなく、宗教的な意味合いも持たせていた。彼らは、硝石に生命力をもたらす法則を見出し、「地中から取り出したものであるにもかかわらず、我々の目を天に向かわせる（訳注：神の存在を知る、の意。イザヤ書第40編26　Lift up your eyes on high, and see who hath created these,）注目すべき神秘」であると考えた。硝石には「世界の奇跡（mirac ulum mundi）」、「普遍の物質（materia universalis）」が含まれており、これによって「我々の生命と精神が保たれる」のである。1605年、牧師のトマス・ティム（Thomas Timme）は、パラケルスス派のジョセフ・デュシェヌ（Joseph Duchense）の著作の翻訳の中で、硝石の三重の性質（訳注：神、奇跡、普遍物質）が「神の三位一体という理解しがたい神秘」を呼び覚ますと驚嘆した。[20]

　チャールズ1世の砲術家ロバート・ノートンは火薬に含まれる硝石には「あらゆる元素に転換可能な特異な性質」があることを哲学者たちから学んだ。このベーコン派の砲術家は、武器製造が本業であったにもかかわらず、「自然の営みを知ることは、良き発明をするための道標（みちしるべ）」と考えていた。[21]ジェームズ1世の下で大法官兼枢密顧問官（Lord Chancellor and Privy Councillor）を務めたフランシス・ベーコン（Francis Bacon）自身は、火薬とその「精神」に関する「粗野で無知な憶測」を退けながらも、硝石を活発な「地球の精神」として一貫して認めていた。[22]一世代後のロバート・ボイルの実験により、硝石は「非常にありふれた塩」であり、「植物、動物、さらには鉱物」に見出すことができ、酸とアルカリの性質を持ち、そして「ある場合には安定的で、またある場合には不安定」な特徴を持った非常に不可解な物質であることが分かった。ボイルは、「この塩の知識は、他のいくつかの物質の性質を明らかにし、自然哲学のさまざまな領域を向上させるのに非常に役立つだろう」[23]と考えた。

　王政復古期の化学哲学者ヘンリー・スタッブ（Henry Stubbe）は、硝石を「世界で最も奇妙な固形物質」と呼んだ。王立協会の講師だったトーマス・ヘンショウは、「多くの高貴な秘密」に包まれてはいるが、この「自然の賜物」である硝石は「遍くすべての元素に含まれ」、元素の生成と育成に不可欠であると考えた。また、医師ウィリアム・クラーク（William Clarke）も硝石を「陰陽具有の塩」と名付け、硝石はまさに「普遍物質（ubiquitarian）」であると断言した。オランダの医学哲学者ヘルマン・ボアハーヴェ（Herman Boerhaave）も、硝石が「化石と動物の中間」、「陰陽具有」の性質を持つことに同意している。[24]この物質に関する分類の問題は、古典的な体液や元素の理論の弱点を露呈し、最終的には理論の交代につながった。

　硝石の複雑な性質を理論的に理解するよりも、実際に使用した方がより明確

に硝石について理解することができた。1770年代末には、ある有名な化学の研究者は、硝石が「腐敗しやすい動物性または植物性の汁に浸され、長い間空気にさらされていた土や石の中から発見されることは知っていたが、その起源と生成については、われわれはあまり知らない」と認めていた・・・それは諸元素の生成物であり、地球の深奥に沈殿し・・・・どこにでもある普通の水銀と呼んでも差し支えないかもしれない。[25] 20世紀初頭には大英帝国の農業化学者であるジョン・レザー（John W. Leather）が地中の硝石の硝化の謎を解明した。というのも、「この問題を化学者や細菌学者は実際に調査したことがなかった」からである。[26] 現代の有機化学者は、土壌の硝化を、有機物を分解してアンモニアの酸化を起こす、あるいは触媒する硝化菌に関連して説明している。しかし、この過程にはまだ問題が残っている。硝化は尿素（尿に含まれる化学物質）によって促進されることが知られているが、微生物の種類や土壌の代謝の速さに大きく左右される。研究者たちは、硝化菌の反応が温度や湿度、土壌の成分や物質の組み合わせによって変化することを学んでいった。[27]

　1540年にベニスで出版されたビリングッチョ（Vannoccio Biringuccio）（訳注：15~16世紀のイタリアの冶金技術者。火薬製造や大砲鋳造の専門家）の *De la pirotechnia*（火工術）によって、硝石の性質に関する知識が英国に伝わった。この本は、やがて英語にも翻訳され、火薬の調合と製造に関する重要な記述が含まれていた。この著作は何世代にもわたって出所を明かさずに盗用された。[28] その中にはゲオルギウス・アグリコラ（Georgius Agricola）も含まれており、1556年にバーゼルで出版された鉱物と採掘に関する彼の著作 *De re metallica* の中で硝石について簡単に説明している。彼には何人かの弟子がいた。[29] その一人でドイツ人のゲラルド・ホーエンリッヒ（Gerald Hoenrich）はエリザベス女王治世の初期に硝石製造システムの計画を立てたが、その原稿が出版されることはなかった。[30] ピーター・ホワイトホーンが1562年、1574年、1588年に出版した戦争論に関する著作にビリングッチョの章が含まれており、これが硝石製造の技術移転を加速し理解を促すことになった。ホワイトホーンは、イタリア・ルネッサンス期の最高の賢者ビリングッチョの知恵を駆使して、「硝石の性質、その製造方法と精製方法」、「あらゆる種類の火薬の製造方法」を説明することに全力を尽くした。[31] 作家がインクの作り方やペンの持ち方を知るように、砲術家や砲手も自分の商売に必要な材料について実践的な知識が必要で

あったのである。

　ホワイトホーンによれば、「硝石は多くの物質の混合物で、乾燥して汚れた地面から火と水で取り出す」。新しい壁や地下室、墓や荒れ果てた洞窟など、雨の入らない場所に白華現象として花のように析出することもある。しかし、硝石は「家畜の糞」を土に混ぜて栄養を与え、成長を促すこともできる。硝石は、壁から削り取るだけの「天然硝石」と、耕して精製が必要な「人造硝石」に大別される。この2種類は「全く同じ効能」（ビリングッチョの言葉を借りたホワイトホーンによれば）がある。他方「人造硝石」の方が強いとする意見もあった。ホワイトホーンは続けて、「最も優れた硝石は長い間使われていなかった厩舎や堆肥の山で、家畜の糞を土に変えて作ったものである」と記している。鳩小屋は雨がかからず糞が厚く堆積するため最適の場所だった。「どんな糞であっても、時間が経つにつれて土によく溶け込み、そしてその湿気が乾くことが必要である」。雨にさらされると硝石の抽出が台無しになるので、土は塵のように乾いているのが理想的である。熟練した硝石採掘人であれば、硝石を豊富に含む土の探し方を知っているはずで、「舌で味わってどの程度ピリッと刺激があるかでわかる[32]」。

　この物質の性質について、ホワイトホーンはよくわからないと認めている。硝石は、「空気中の湿気が生み出すのか、土の乾燥の結果」なのか、（湿気と乾燥の効果による）その性質を考えると、どのように理解すればよいのかわからない。「知識が豊富で聡明な医師たち」によれば、硝石の味は「塩辛く、名状しがたい刺激」があり、「ピリピリする」。硝石は「本来は熱くて乾燥している」と考える者もいるかもしれない。しかし、「これは空気から発生したもので、火に触れると炎と熱となって一気に蒸発する。それは「熱気と湿気を持つ空気のような性質」のように見える。しかし、それではあまりに不十分で、「白く光輝いているのを見ると、水の性質に相応しているように見えるので、水のような性質であると言ってもよさそうである」。しかし、重さがあり脆いという他の性質から見れば、硝石は「土の性質を持つ」と言ってもよい[33]。

　ホワイトホーンの論文では、軍需用に「大量」の硝石を製造するための設備と手順が記されている。同様の説明は、その後100年間に渡って論文や製造企画書に見られる。作業員には「多くの釜、炉、樽または桶、同様に木材、白石灰、古いオークの灰」、輸送用の馬車、炉で使う燃料が必要であった。また

硝石を水に溶かしその溶液を濃縮するために豊富な水や水源に近い「大きな納屋」そして壁に囲まれた作業場が必要であった。糞尿を含んだ土を入れた樽を根太や型枠の上に置く。土の上にかけた水が下部の桝に滴り落ちるようにする。樽の底には穴が開けてあり、そこから硝石が溶解した硝石液が出るようになっている。穴には布や藁のストローを入れて浸出水の流れを調節する。ホワイトホーンはこの用語を使用していないが、水に溶解した塩類が濾過すなわち「浸出溶解法（lixiviation）」によって分離される[*34]。

　次の段階では、石灰を混ぜた土と灰を交互に重ねて、硝石液をさらに濾過する必要があった。これは、硝石の弱点であるカルシウム塩やマンガン塩を沈殿させ、潮解性を除去するためである。この作業を何度か繰り返して、「土の中にあった硝石の成分と効能を、すべて水に取り込む」。そして、この浸出液が舌を刺すほどに十分に「ピリピリ」するかどうか、味見をする。そして、今度は「染物屋が使うような」真鍮の大釜（しんちゅう おおがま）で濃縮をする。硝石の浸出液を薪や炭で加熱し、液が半分になるまで濃縮する。その後、灰、石灰、ミョウバンを加えながらさらに沸騰させ、「水分が蒸発し、硝石の成分が濃くなる」まで濃縮する（訳注：日本では灰汁煮と呼ぶ）。その後、硝石が「凝固する」まで冷却すると、軍用に供する硝酸カリウムの結晶が生成されるのである[*35]（図1参照）。

　水、熱、添加物、技術を駆使して、この工程に１週間以上かかることもあった。その結果、不純物の多い硝石（訳注：日本では荒塩硝と呼ばれる）ができあがる。火薬として使用するには、さらに精製する必要があった。硝石の精製には、粗硝石に水を加えて溶解、濃縮して濾過する工程を経て、「白くてきれいな硝石にする」ことが望ましいとされた。また、より危険な方法として、凝固した硝石を蓋付きの金属鍋で溶かし、藁と硫黄を混ぜた炎を浴びせ、「硝石の不純物」を除去する方法もあった。この方法によって、「大理石のように真っ白な」「火薬に適した硝石」（訳注：日本では上塩硝と呼ばれる）が確実にできるのである。いずれにせよ、目的は「すべての軍事組織が依存する」「火薬の主成分」を確保することであった。この工程で出た廃液や廃土は土に還し、将来のためにさらに多くの「硝石を生成」できるようにする。驚くことに、これによって土壌が「不思議にも何倍もの硝石を生成し」、「5、6年のうちに再び硝石の採掘、精製ができる」ようになり、以前にもまして多くの硝石が得られたのである[*36]。

図1　硝石の精製

Georgius Agricola, *De re metallica* (Basel, 1556), p. 456 (Huntington Library, rare book 296000, reproduced by permission of the Huntington).

　ホワイトホーンの論文はビリングッチョを引用したもので、数世紀にわたって通用する硝石の製造方法を示している。異なるのは、製造規模、原料の供給源、硝石事業における官と民の関与の度合いだけである。官営か民営か、中央一元的か地方分散的か、大規模か小規模かにかかわらず、16世紀、17世紀、18世紀の硝石労働者は、ルネッサンス期の技術的伝統を受け継いでいたのである。[37]

ホワイトホーンに対抗し、彼の論文を少しばかり補足したのが、シプリアン・ルカール（Cyprian Lucar）の『大小の砲弾の射撃術に関する談話』（*Colloquies Concerning the Arte of Shooting in Great and Small Peeces of Artillerie*, 1588年）に付属する硝石便覧であった。これは「様々な言語の様々な著者から」引用したもので、中でもイタリア人のビリングッチョ、ニッコロ・タルターリア（Niccolò Tartaglia）（訳注：16世紀のイタリアの数学者）、ジローラモ・カタネオ（Girolamo Cataneo）（訳注：16世紀イタリアの軍事用建築物の専門家）に多くを負っている。ルカールは、土壌を肥やすために山羊や豚の糞を勧め、前述と同様の方法で硝石液を作り精製すると記している。硝石の濃縮、濾過、凝固、精製に関する記述はホワイトホーンのものとほぼ一字一句同じであり、共通の資料元に基づいている。

　しかし、ルカールは「貯蔵庫、地下室、厩舎、牛小屋、山羊小屋、羊小屋、鳩小屋、その他の家の一番下の部屋などの床下から」土を掘り出すという説明を新たに付け加えた。これは、硝石床（堆肥のようにいろいろな植物に糞尿を土に混ぜ込んで作った畝）（図2参照）に従事していた大陸の人々よりも、チューダー朝イングランドで各地を渡り歩く硝石採集人のやり方を反映したものであった。採取に適した場所かどうか判断するには、木製のピンを打ち込んで開けた穴に、赤く熱した鉄釘を突き刺し、釘を抜いたときに釘が淡黄色になっていれば、「その場所の土からはたくさんの硝石が採れると思ってよい」。このほかにも、硝石採集人は良く効く鼻や舌を駆使して判断した。また、黒い土の中に白い筋が見える場合を除き、「床や地面の表面から3インチ以上の深さの土を掘ってはならない」（訳注：硝酸菌は好気性細菌のため深い土中では繁殖しないため）という硝石採集人への実践的なアドバイスもあった。[*38]

　ルカールはまた、渡り人の仕事に適したより単純な濾過、濃縮、凝固という工程も紹介している。土を詰めた樽を水で十分に満たし、「一昼夜」は水を張ったままにしておく。そして、その水を桶に滴り落とし、「その滴下した水を味わって舌を刺しピリピリするか」、そして滴下した水に卵を浮かべ、卵の「先が水から頭を出すか」を確かめる。「滴下した水が舌を刺し、卵の頭部が出る」まで繰り返すのである。この「濃度が高い水」を大釜で十分に濃縮する。するとアクが浮いてくるので、それを取り除く。この硝石液を鉄片に垂らして「凝固」したら、「元となる硝石液」の出来上がりで、これを凝固させるた

めに「ひんやりして、密閉された、陽のあたらない場所」に流し入れるのである。このように、砲術家が「良い火薬」を作るために必要な知識が重視されていた。いつ即席に火薬を用意しなければならないかわからないチューダー朝の砲術家にとって、「人造硝石の作り方と精製方法」を知っておくことは、必要不可欠なことだったのである。[*39]

　エリザベス女王のスペイン戦争当時に役に立った軍事マニュアルは、1587年に出版されたウィリアム・ボーン（William Bourne）の『大砲の砲撃術』（The Arte of Shooting in Great Ordnaunce）であった。この頃までには「硝石の製造は多くの人々の間で…当たり前のことになっており」、特にドイツの一般の人々の間では硝石について詳しく説明する必要はないとボーンは考えていた。硝石の調達と製造は、少なくとも現在の目的からすれば当然のことであるが、砲弾の弾道を扱う者は「火薬の善し悪し」と、それに「力」を与える硝石を理解する必要があったのである。火薬の質はさまざまで、劣化しやすいが、「舌で味わう」ことで「主成分すなわち硝石が十分かどうか」がわかる。また、サンプルを炎に放り込めば、火薬の「出来が良いか」、硝石が「よく精製されている」かがわかる。ゆっくり燃えて粒状の残留物があれば、硝石が不十分か不純物がある証拠であり、兵士の生死を分かつことになる。[*40]

　チューダー朝とスチュアート朝の時代には軍需局（Ordnance Office）の旺盛な需要を見たすために、壁や床などに析出した硝石の白華を削ぎ落して硝石を採取する計画、硝酸塩を含んだ硝石土壌から硝石を抽出する計画、糞、尿、家庭ごみで土の硝酸を増やす計画、結晶化した硝酸カリウムを製造するための濾過、濃縮、精製など多くの計画が存在した。外国の専門家たちが「硝石の製造の全作業」に関する「秘密と隠された神秘」の知識を次々と主張し、「学んで損はない多くのこと」を教えると申し出た。[*41] これらの計画の基礎となる技術的、科学的知識のほとんどはイタリアの専門書に由来していたが、さらにドイツ、フラマン、ボヘミアなどの専門家によっても補強された。17世紀に入ってからも、硝石製造に関するイギリスの研究は、外国の文献をそのまま流用していた。[*42]

　硝石製造に関して最も包括的に説明したのは、ボヘミアの皇帝ルドルフ2世の鉱山主任（chief master of mines）ラザルス・エルカー（Lazarus Ercker, 1530-1594）であった。エルカーのドイツ語版論文は1574年にプラハで、1580年にフ

ランクフルトで出版されたが、1680年代まで英語版の出版はなかった。エルカーは、イギリスの試みよりも大規模でより野心的な硝石の製造と精製のための産業化の工程を説明している。彼の図には、硝石床、濾過水を貯める桶、硝酸カリウムの結晶化の方法などが描かれている（図2，3，4参照）。浸出法、濾過、濃縮、精製などの一般的な方法や、廃棄物を再利用してより多くの硝石を作るという発想はよく知られていたが、その製造の規模と複雑さには目を見張るものがあった。1589年、エリザベス女王政府がエルカーの論文の部分訳を入手し、そのおかげでイギリスの硝石事業はより収益性の高い集約的な体制に移行することができた。エルカーに続き、国際的なユダヤ人冶金学者ヨアヒム・ガウンツは、「どのような土が有用か」から、濃縮、凝固、精錬に至るまでの「硝石製造の全作業に関する正しい、最良の方法」を著した。ガウンツは、エルカー同様、慎重な計測、計量、分析を主張したが、40ページの原稿は出版されず、その硝石製造のコツはほとんど知られないままとなった。[44]

　実際、イギリスの硝石製造業者のほとんどは、技術の手引書に頼ることなく事業をしていた。彼らは、経験で、あるいは経験豊富な製造業者の教えに従って学んだのである。どんな作業が必要か、硝石をどう採掘するか、硝石をどう濃縮するか、またどうすれば武器契約業者に十分な硝石を供給できるかを知っていれば十分だったのである。しかし、後の章で述べるように、時折、起業家や投資家が硝石生産の新しい秘密を打ち明け、より良質でより多量そしてより利益の上がる製造工程を実現するための計画を持ちかけるようになった。これらは外国での調査や輸入書物の研究成果であることが多く、各国の政府もこれを受け入れることが多かった。このような多くの計画の背後にあったのは、化学哲学者が何十年もの間考えていた尿の活力という「秘密」であった。しかし、後述するように、最も野心的な計画は期待外れとなり、イギリスの硝石製造業者は、東インドからの硝石輸入で様々な計画の必要性が減ずるまで、これまで通り個々別々の製造方法を踏襲していたのである。

　このエルカーの「多くの創意工夫の海」を最後に泳ぎ切ったのは、17世紀半ばのサミュエル・ハートリブ（Samuel Hartlib, 1600-1662）（訳注：化学、医学、農業、政治教育など数多くの分野でコーディネーターのような役割を果たし、17世紀半ばの最先端の知識をイングランドに移入した知識人）のサークルの学者たちであった。かれらは「哲学的な硝石」と「哲学的な糞」について思索をめぐら

図2 硝石床

し、知恵と実験の指南役として活躍したのである。ハートリブは、多岐にわたる科学の愛好家であり、同時代の最も探究心の強い多くの人々と書簡を通じてつながっていた。その中の一人、医師で起業家のベンジャミン・ウォーズリーは、哲学的な観点から、科学に基づく公共事業を構想し、貧しい人々に硝石の

図3　硝石の濃縮

Lazarus Ercker, *Beschreibung allerfürnemisten mineralischen Ertzt unnd Bergkwercks Arten*(Frankfurt, 1580), facing f. 129 (Huntington Library, rare book 752815, reproduced by permission of the Huntington).

仕事を与えて自立させ、さらに人間が自然を支配できるようにと考えていた。彼の後輩にあたるロバート・ボイルも、「地中に潜む硝石の精髄」が「尽きることのない硝石の鉱脈」をもたらすという信念を共有していた。ボイルは、他の錬金術者たちと同様、硝石の研究が自然哲学を促進することを期待したが、

図4　硝石の精製

Lazarus Ercker, *Beschreibung allerfürnemisten mineralischen Ertzt unnd Bergkwercks Arten*(Frankfurt, 1580), f. 130 (Huntington Library, rare book 752815, reproduced by permission of the Huntington).

政府の資金援助は実現せず、17世紀半ばイングランド共和国の国王空位時代（Interregnum）には大物科学者たちは他の研究に移っていった。[*45]

哲学的な硝石

　17 世紀後半、インド産の輸入硝石が国産に取って代わると、イギリスの科学者は硝石の生産計画よりも、その化学的性質に関心を持つようになった。東インド会社が供給問題を解決した後も、硝石は知的思索の対象であった。王政復古期を代表する化学哲学者の一人、ロンドンのトーマス・ヘンショウとウォーリックのヘンリー・スタッブは、硝石の起源と性質について紙面で論争を繰り広げた。王立協会の創設メンバーであるトーマス・ヘンショウは、1662年に硝石の講義を行い、その内容は1667年の王立協会の会報に掲載された。[*46]最初の課題は、「古代の硝石（nitre）が、一般に硝石（saltpeter）の名で知られている塩と同種であるかどうか」を判断することであった。このため、歴史学、言語学、鉱物学的な研究が行われ、さらに「個人の実験」や「硝石採掘者の経験」の評価が行われ、ヘンショウは現在使用されている硝石が近代の発明であると確信することになる。この研究の過程で、彼は硝石の性質や組成、そして歴史のかなたに消えつつある硝石の抽出について考察している。ヘンショウのアプローチは実証的でベーコン的であり、16世紀のイタリア人にあまり影響を受けていないように思われる。

　ヘンショウは、その1世紀ほど前のビリングッチョのように、天然硝石と人造硝石を区別していた。ヘンショウは、ある不毛な風土や気候では、雨季が始まると硝石が「地表にしみ出し、そして白く太い霜柱のようになる」と信じていた（訳注：雨で土中の硝石が表面に滲出し、乾燥した時に霜柱のように塩の結晶として析出する）。北アフリカや東インドの現地の人々は、この物質を集めて精製業者に売っていた。もっと身近な北国では、「固形硝石（rock peter）」が「アーチ型の地下室や丸天井にツララのようにぶら下がり」、「雨がかからない漆喰やモルタルを塗ったレンガの壁には花のように咲く」。これこそ天然硝石で、その名の由来となった「塩の石（sal petrae）」であるが、「しかし、金を出して手に入れるほどの価値があるわけではない」。ヘンショウは、「我々のような北国では、硝石は厩舎、鳩小屋、地下室、納屋、倉庫、あるいは硝石を溶解して植物を成長させる雨や硝石に陽の光を当て空気中に発散させる太陽からさえぎられている場所にしか存在しない」と指摘する。硝石は捉えどころのない不安定な物質で、その活用には熟達した技術が必要だった。ある熟練工はヘンショウ

に、「教会の土ほど硝石を豊富に産出する場所はない。しかし、神聖な納骨堂にある先祖の遺灰を汚すのは不信心だ」と語っている。その一世代前のチャールズ1世の時代には、教会で硝石を掘ることは大きなスキャンダルだった。[*47]

　イングランドの硝石業者は、硝石が粘土や砂地よりも黒土や「カビ」に生育しやすいことを経験的に知っていた。味見をしてみれば、「ミネラル分を多く含んでいる」かどうかがわかる。また、「乾燥した土に鳩の糞や、ねっとりした馬の糞を混ぜ尿で練れば、5、6年後には再び硝石を採取できる」ということも知っていた。このような実用的な知識は、「インドから硝石を供給されるようになる前の100年以上」の間に蓄積されたものである。ヘンショウは、硝石土の入った桶に「透明で尿のような色になるまで」流水を流し入れ、この抽出液を銅鍋で「真鍮の網杓子に油のように滴る」まで濃縮することを詳しく説明している（図3参照）。さらに、この濃縮した液を灰の入った桶で濾し、「液が澄み、元の濃い色が消えるまで」、そして「銅鍋の濃縮した液が硝石として析出し結晶化できるようになるまで」2回の濃縮を行ったという。ここまで来ると、濃縮した液1cwt（訳注：約50キロ）に約70ポンド（訳注：約31.5キロ）の硝石が含まれる」。この濃縮された液体は「硝石の母」とも呼ばれ、皿や鍋で「析出」または結晶化し、桶の側面には普通の塩のような不純物が残る。しかし、この工程はまだ完全ではない。「精製しなければ、良い色にはならない」のである。

　ヘンショウによると、硝石を精製するには、結晶を熱湯に溶かし、泡を飛ばして不純物の塩（訳注：硝酸カルシウムや硝酸ナトリウムなど潮解性のある塩）を取り除き、ワインビネガーや粉末ミョウバンを加え、再びアクを取り除く。石灰を加えて「硝石をより白く、硝石の結晶をより良くする」と言う硝石生産者もいたが、液体が沸騰する危険性があった。最後に濃縮液は沈殿槽で冷やされ、硝石を析出させるための皿や鍋に移される（図4参照）。さらに2日後、火薬に混ぜて使えるように、「パイプのように空洞の開いた六角形で筒状」（訳者注：訳者がこれまで見た限り、硝石の結晶には空洞はない）のきれいな結晶ができあがる。

　硝石産業の主な目的は、弾薬の原料を作ることだった。しかし、ヘンショウは科学の発展のためにサンプルを採取した。彼は王立協会に「この塩について私のいくつかの推論を明確にできれば、注目に値する多くの自然界の謎を知る

ことになり、また硝石の製造技術を大きく向上させることになるでしょう」と
提案した。ここには、解明すべき神秘と、手に入れるべき見返りがあった。観
察と実験の結果、ヘンショウは、硝石は「すべての元素の中に拡散しており、
そのため元素の栄養の主成分となり、結果として元素の生成につながる」とい
う「十分に納得のゆく理論」を導き出したと述べている。[48] 火薬の主成分という
だけでなく、それ自体が力を秘めた謎に満ちた物質である硝石は、自然化学哲
学への新たな鍵を握っていたのである。

　王立協会を執拗に批判したヘンリー・スタッブは、100ページ以上にわたっ
てヘンショウに反論し、盗作と誤りを指摘した。「なんと無意味な勿体ぶりよ
うか！ なんと上っつらだけの調査と観察か！」。スタッブは、硝石の知識が古
代にあったことを認め、「反アリストテレス派」が現在も過去も誤解している
と厳しく批判した。[49] イギリスはインドから硝石を大量に輸入していたため、国
内の硝石産業の発展はもはや問題ではなかった。むしろ、この議論は、古典や
ルネサンスの知恵を支持する古典派と新しい実験科学の実践者の近代派との間
の、より大きな知的論争の一部となっていたのである。[50]

　スタッブが言うには、ヘンショウは「古代ギリシャへの憤り」を持っていた
だけでなく、観察と理論を改ざんしていた。硝石の生成に関するヘンショウ
の説明は、硝石の観察や実験室での作業よりも、16世紀のドイツ人ラザルス・
エルカーの仕事に負うところが大きかった。例えば、ヘンショウが記述してい
る精製のためのミョウバンや石灰の添加は、イギリス人のやり方ではなく、エ
ルカーに由来する。ヘンショウの言う「六角の筒状の結晶」も本からの引用の
ようである。主な出典は、1659年にアムステルダムで印刷されたヨハン・ル
ドルフ・グラウバー（Johan Rudolf Glauber）のラテン語の著作で、そこには硝
石に関するエルカーの模写が含まれていたようである。ヘンショウが十分に納
得した「理論」についても、注釈なしでグラウバーを引用し、また、ロバー
ト・ボイルの実験も参考にしている。しかし、スタッブは、これらのアイデア
が盗用されたことよりも、間違っていることに憤慨していた。彼はその反論と
して、農業に関するサミュエル・ハートリブの著作と火薬に関するカシミー
ル・シミオエノヴィッチ（Casimiro Simioenowicz）の著作を引用し、さらにピ
エトロ・サルディ（Pietro Sardi）の『砲術（L'artigleria）』（Venice, 1629）とニッ
コロ・タルターリアの古くからの『問いと多様な発明（Quesiti et inventioni

diverse)』(Venice 1546) から三つ以上の硝石に関する資料を翻訳している。硝石の化学に関するイギリスの知識は依然として論争の的であり、その主要な権威は依然として大陸の専門家に由来するものであった。[*51]

人類への恩恵

この頃、硝石は哲学者たちに実りある思索を与え、人類に限りない恩恵をもたらしていた。兵站将校が「火薬の母」として硝石を追求し、哲学者が硝石に「精神世界」を求める一方で、医師は硝石を治療用の薬や化合物に処方していた。軍事利用以外でも、硝石は唾棄すべき物質というよりも万能な物質、まさに「自然の賜物」に見えた。

エリザベス朝時代の廷臣トーマス・チャロナー（Thomas Chaloner）は、ロンドンで薬屋を営む従臣弟に捧げた出版物の中で、初めて「硝石の最も類い稀な優れた美徳」を賞賛した。この出版物は、主にパラケルスス派の医学書で、病気を治すために鉱物を使用することを奨励していた。硝石を戦争の手段よりも、むしろ病気や痒みに、また下剤や洗浄剤として推奨した。チャロナーの硝石は火薬製造業者の原料よりも明らかに純度が高く、引火しにくく、塩味も少なかった。その味は「刺すような刺激、多少の苦み、そして最後に飲み込むと少しいやな味」がした。硝石の医学的利用は、「学識ある医師や研究者」が治療法を開発するにつれて広がっていった。その「多種多様な」用途の中で最も価値があったのは、色白で透明感のある肌色がもてはやされた文化の中では、美への貢献だった。蜂蜜、ハーブ、鶏の脂肪と混ぜた硝石は、「髪、顔、皮膚、体全体から体臭、ヤニ臭さ、汗、汚れ、肌のシミ、くすみなどを洗い落とし、清潔にする」のに役立った。またそばかす、シミ、タルミ、日焼け、変色、垢、フケ、鱗屑、かさぶた、疥癬、ニキビ、白癬、テカリ、荒れ性、その他あらゆる皮膚の異常や病気を治す膏薬として塗り、イボや角質を柔らかくする。また、「少年の尿」に溶かすと、痒み止めの軟膏になった。チンキ剤（訳者注：生薬をエタノールエタノールと精製水の混液で浸出して製した液剤＜コトバンク＞）。として内服すると、「肝臓、脾臓、腎臓、生殖器」、胃、肺、膀胱、腸の詰まりを解消すると言われた。家庭でも同様に、絹や革の「シミや汚れ」を取り除くために、また「麻布の洗浄と漂白」のために硝石溶液が役立った。[*52] フランシ

ス・ベーコン卿は、「血液を整え、精神を集中させる」ために、少量の精製硝石を「何年も」服用したと言われている。[*53] また畜産業者は牛のジステンパーの治療薬として、硝石を試していた。[*54]

1661年、オックスフォードの博物学者ロバート・ラヴェル（Robert Lovell）は、この「硝石の効能」という有用なテーマについて、「ガレスノ製剤（訳者注：ローマ時代の医学者ガレスノにちなんでつけられた生薬製剤の名称＜コトバンク＞）と古今東西の化学の著者を網羅した」論文集を編纂した。彼は、硝石の様々な化合物やチンキ剤を「体内にも体外にも使える」と報告し、「女性の妊娠を促し、腫瘍を和らげる」ため、また男性の「睾丸の炎症」を緩和し、「狂犬病」を治療するために使用した。[*55] 王政復古期の化学医ウィリアム・スラスター（William Thraster）も同様に、硝石を「錬金術師にとって錬金術のための特別な秘訣であり、最高の自然の力」と讃えている。硝石は「ほとんど治癒不可能な疾患」であった胆嚢炎、痛風、疥癬、瘻孔など「すべての腫瘍と炎症」の有望な治療薬となった。[*56]

さらに野心に満ちた、王政復古期の医師ウィリアム・クラークは、『硝石の自然史：あるいは、硝石の性質、生成、場所、人工的な抽出、その価値と使用に関する哲学的な論説（*The Natural History of Nitre: or, a Philosophical Discourse of the Nature, Generation, Place, and Artificial Extraction of Nitre, with its Vertues and Uses*）（1670）を出版し、硝石の「優れた」用途を賞賛している。クラークは、古代人は硝石を知っていたが、火薬に使うことは知らなかったと確信していた。クラークは錬金術の原理に従って、形、味、燃えやすさ、焼成、昇華、蒸留の効果、自然界において硝石が占める場所の謎などを分析した。硝石は、錬金術師が何世代にもわたって追求してきた「偉大なる霊薬」の「主要な要素」である可能性が高い、と彼は考えていた。地上の硝石が火薬の爆発の「激しさ」を引き起こすように、空中の硝石（nitre）が稲妻や流星を引き起こすと考えたのである。[*57]

クラークは、仲間の「花火師」たちと同様、硝石の神秘性と工業や医療への応用に魅了されていた。イギリスでは、「家屋の壁や、広間、地下室、食料貯蔵庫などの土間、また家屋の外の納屋、厩舎、鳩舎など硝石が生成し堆積し、そこから硝石を採取できる」ことを誰もが知っていたのである。硝石の主な用途はもちろん火薬の製造であり、硝石は「燃えるような火薬の魂」であった。

しかし、硝石には、実用的な利用から思索の対象まで、無数の用途があった。医師は熱病の治療に硝石の液体の特性を利用し、より近代的な化学の専門家は硝石から「快適で冷却効果のある酸性、または熱くて燃えるような腐食性」の性質を利用し、嘔吐、瀉下、利尿の効果を持たせることができたのだ。料理人は硝石を「英国婦人を喜ばせるため」に肉を赤く発色させ、「より香ばしい味」にするために使った。特に工業分野では硝酸や「あらゆる金属を溶解する」王水（aqua regis）（訳者注：濃硝酸1と濃塩酸3の混合液）を作るために使われた。チャールズ1世時代の金精錬所では、「陛下の御用達である金の精錬と銀から金を分離する硝酸を作るために」1トン以上の硝石を定期的に必要としていた。チャールズ2世時代のガラス職人も同様に、兵站庫から一度に3トンも硝石を受け取っていた。染色家や彫刻家も硝石を加工に使用した。[58]

　1世紀にわたる実験と思索の末に多くの分野で硝石の利用がさらに広がっていった背景には、後期スチュアート朝時代の医師ウィリアム・サーモン（William Salmon）が硝石の医療と軍事への応用を検討したことにある。人類に多大な恩恵をもたらしたと言われるものに、「硝石ができものを取り、胃腸内のガスを追い出し、凝固した血を溶解し、痛みを和らげる」ことがあった。ワインや砂糖と混ぜて飲むと、黄疸に効き、「喘息にも良い」とされた。尿の障害をすべて取り除き、腹をゆるめて便通を良くし、・・・鬱を解消する」。要するに、硝石は「他の普通の塩よりも素晴らしい効能があり、あらゆる自然のものの中で最も優れた強力な薬剤の一つである」ということであった。痛風やあらゆる関節痛に効果があるだけでなく、「口に含むと、歯痛にすぐ効く。焼いて歯磨きに使えば、歯がきれいになり、白くなる」。サーモンは、硝石がペストにも有効であることを発見し、1665年のロンドンでは、「これを与えた者は一人も死なず、事前に予防薬として常に使用していた者は全く病気にかからなかった」と回想している。硝石の火薬への使用も同様に注目に値するが、一般には当然のこととされていた。[59]

化学の神秘

　王政復古後の教養ある人々は、ジョン・ペタス（John Pettus）卿の *Fleta*

Minor. The Laws of Art and Nature（1683, reprinted 1685 and 1686）や *The Works of the Highly Experienced and Famous Chymist John Rudolph Glauber*（1689）などの著作から、硝石の科学について学ぶことができた。ペタスとグラウバーの二人とも、ラザルス・エルカーの「硝石の濃縮法」の翻訳を掲載し、ついにこの100年前の著作を英語で読めるようにしたのである。「自然哲学に興味がある」インテリ紳士は、1699年からさまざまな版で出版されたジョージ・ウィルソン（George Wilson）の『化学全解（*A Compleat Course of Chemistry*）』や、1677年に初めてフランス語から翻訳されたニコラ・ルメリー（Nicokas Lémely）（訳者注：17~18世紀のフランスの化学者。酸に関する専門家）*Course of Chymistry* も参考にした。[*60] これらの出版物は、化学知識が一般に普及し、揮発塩（訳者注：揮発性の塩基から生じた陽イオンを含む塩）に対する関心が高まっていることを証明しているが、依然として大陸の昔の知見を再利用していた。

　18世紀の読者が硝石についてもっと知りたいと思ったとき、新しいテキストはほとんどなく、国内の研究に基づいているものも（ボイル以外に）なかった。もし、*A New Method of Chemistry, Including the Theory and Practice of Art*（1727）を手に取れば、それがライデンのヘルマン・ボアハーヴェの著作からの翻訳であることがわかるだろう。ゴッドフリー・スミス（Godfrey Smith）の大著 *The Laboratoy, or School of Arts*（1738年）には、「硝石の性質と成長に関する論文」が掲載されているが、これは古いドイツのテキストに基づいている。*A Course of Practical Chemistry*（1746年）では、上述のジョージ・ウイルソンの1699年からの著作に「フランスの回想録」が追加されている。*Elements of the Theory and Practice of Chemistry*（Edinburgh, 1777年）の硝石の抽出と硝石の精製に関する論考は、1740年代のピエール＝ジョセフ・マッケール（Pierre-Joseph Macquer）のフランス語版から翻訳されたものである。ピーター・ショー（Peter Shaw）の *Chemical Essays*（1734年）やリチャード・ワトソン（Richard Watson）の *Chemical Essays*（1781）は、科学的知識を一般に広めたが、新しいものは何もなかった。[*61] グラウバーに由来する硝石は、革命期のアメリカでは「亜硝酸、不安定な動物塩、この二つを混ぜ合わせ、植物性または鉱物性のアルカリ塩で固形化したもの」（訳者注：動物由来の硝酸の塩基と植物由来のカリウムあるいは鉱山から採掘されるカリウムのアルカリ塩基の合

成）という最先端の科学で解明された。[62]

　ウリッジにあるジョージ3世の王立研究所を管理していたジョージ・ネイピア（George Napier）は、硝石が動物や植物の腐敗から生じることを知っていた。1782年の "Remarks on Nitre" は、人と動物の尿、鳩の糞、おがくずの性質を比較したもので、200年前に書かれていた可能性がある。1783年にロンドンで出版された論文では、硝石の製造や精製には「化学の知識を必要とせず、化学的な準備も必要ない」と明言されている。[63]著者は、「石灰、木灰、木の煤、雑草や酸性のハーブ、尿、塩水」そして排泄物で満たした穴を単に準備するだけで、「無茶苦茶な制度やよそ者の巧みな懐柔による将来の財産の侵害」からイギリス人を守れると助言した。[64]大陸の化学者がこれを読んだら、ただ笑うしかなかっただろう。

　実験科学の進歩にもかかわらず、イギリス人の火薬への化学的理解は遅れ、枝葉末節な知識にとどまっていた。ロバート・ボイルからジョセフ・プリーストリー（Joseph Priestley, 1733-1804）までの英国科学の伝統は決して無視できないが、気体と燃焼に関する研究は軍事技術にほとんど貢献していない。軍需局は膨大な量の火薬を製造していたが、そのほとんどは輸入した硝石と伝統的な製法によるもので、科学者たちは別の問題に集中していた。

　最も重要な進歩は、イギリスによりインドからの硝石のアクセスを失ったアンシャンレジーム下のフランスで起こった。1757年（訳者注：プラッシーの戦いの年。この戦争でイギリスのインド支配が確立した）以降、国内資源に頼らざるを得なくなったフランスは、軍事力の強化のために、科学的根拠に基づく中央集権的な硝石事業を立ち上げた。アメリカの反乱軍に火薬を供給し、アメリカ合衆国の独立を可能にしたのは、フランスの火薬であった。1790年、ヨーロッパでの新たな戦争の前夜にはイギリス人自身が承知していたが、「フランスは、自国の消費に必要な量以上の硝石を生産し」、「東インド産の硝石」よりもわずかに価格は高いが4、5年分の蓄えを有していた。[65]

　フランスの成功に欠かせなかったのは、ヨーロッパで最も優れた化学者であるアントワーヌ・ラヴォアジェ（1743-1794）が率いるレジー・デ・プードル（火薬公社）とロワイヤル・アカデミー・デ・サイエンス（フランス王立科学アカデミー）であった。ラヴォアジェの『硝酸カリウムの生成と硝石の製造に関する研究』（1777年）、『硝石の生成と製造に関する覚書』（1786年）は、イングラ

ンドにはこれに相当するものがない。硝石の精製と火薬の爆発に関する彼の実験は、「化学革命」に直接つながるものであったが、イギリスの科学者は化学革命を自家薬籠中の物とするのに時間がかかった。[66] 1830年までにウィリアム4世の軍需委員会は、「硝石すなわち硝酸カリウムは硝酸と植物性アルカリの混合物であるが、他の塩や土壌物質で汚染されており純粋なものは見つからず、精製しなければ火薬には全く適さない」[67] ことを学んだ。しかし、この頃までには、主導権はドイツとアメリカに移り、火薬技術が一新された。硝酸塩の新しい供給源と高性能火薬に基づく新しい戦争技術によって、硝石と黒色火薬はやがて時代遅れとなった。ニトログリセリン、ダイナマイト、トリニトロトルエン（TNT）は世界を変えたが、イギリスは相変わらず科学、国家政策、国家安全保障の利害が絡み合い、動きの取れないままであった。[68]

　現代の化学は、硝酸カリウムの商業的、農業的、工業的、薬学的な用途を見出しているが、硝酸カリウムはもはや糞尿を多く含む大地から採取されることはない。ベーコンやボイルを当惑させた謎は、ほとんど解き明かされた。硝石は今でも、発破の導火線や一部の武器など限られた用途しかない「黒色火薬」の主成分である。硝石は肥料の主成分にもなっているが、肥料を爆弾としては使うことはあまりない。この場合の主成分は硝酸アンモニウムである。硝石は、食肉加工、酸の製造、タバコの製造、歯磨き粉の刺激緩和剤、利尿剤などに使用されてきたが、過剰摂取は毒性があることが知られている。硝酸カリウムは、皮膚に触れたり、飲み込んだり、吸い込んだりすると危険であり、長時間さらされると血液、腎臓、神経系に害を及ぼす可能性があると製品安全データシート（MSDS）で警告されている。作業者は、ゴム靴やエプロンを着用し、安全な防塵マスクや手袋を使用し、適切なあらゆる予防措置を取ることが推奨されている。しかし、近世の硝石業者は、そのようなことは全く知らずに、原料を身近に取り扱い、味見をしていたのであろう。化粧品に硝石を使うと良いとの勧めに従った人が少なかったことを祈るばかりである。[69]

　硝石は今日、軍事や医学の革新の基礎というよりも、むしろ娯楽の源となっている。民間伝承では、硝石は性欲を減退させ、若者の食事に混ぜるとインポテンツを誘発する、と誤って伝えられている。[70] もう一つは、硝石と硝酸塩、一酸化窒素への連鎖で、血圧の実験につながり、そしてペニスの勃起、バイアグラにつながる。[71] 戦場から寝室へ、錬金術の探求から薬屋の棚へ、硝石は多様で

刺激的で神秘的な用途を持っていたのだ。ロバート・ボイルの言葉が示すように、硝石は私たちが真剣に研究する価値のあるものなのだ。

2. ヘンリー8世の火薬王政

　1540年代のある時期、おそらくヘンリー8世がフランスと3回目の戦争をした頃、ロンドンのデイヴィッド・フィンチェ（Dvid Fynche）は、王の火薬に使う硝石を調達するためシュロップシャー州で仕事をしていたが、怒った住民に襲われてしまった。シュルーズベリーの町の人は、代価も払わず私有財産を荒らしたフィンチェを「うそつきの悪党」「盗人」と罵倒した。フィンチェは、自分は王の仕事をしていると主張し、「硝石の製造に合わせて木材を伐採し、地面を掘ること」を認める国璽が押された許可証を見せた。実際、チューダー朝初期の砲兵は、通常、硝石の探索や掘削を行う権限を持ち、火薬の製造に必要なあらゆる物資や設備を徴発することができたが、損害を与えた場合はそれを修復することが条件であった。フィンチェはヘンリー8世のイタリア人砲術家でナポリ出身のアンソニー（Anthony）の副官だった。ある時、彼が運搬に使っていたはしけが急に回り出して制御不能になり、セヴァーン川の係留杭を破損したため、訴追を免れることはできなかった。係留杭の所有者はフィンチェを不法侵入で訴え、この事件でフィンチェは慣習法で訴追され大法官府裁判所へ出廷することになった。フィンチェは、大法官トマス・レズリー（Thomas Wriothesley）卿に、問題の杭は非常に腐っており、2ペンスの価値もないと訴え、訴追は硝石採集業者への悪意と憎悪に基づくものであると主張した。慣例的な手続きと法的措置は守らなければならなかったが、戦争の緊急性から、硝石がとにかく必要とされていたのである。この事件は、他の多くの事件と同様、国家の安全という王室の必要と、財産所有者の慣習法上の権利が対立するものであった。裁判の結果は不明だが、国王は硝石に事欠くことはなかった。

＊＊＊

最近、レスターシャー州ボスワースの戦場から砲弾や銃弾の破片が発見さ

れ、1485年8月に同地で行われた戦いで両軍が火薬を使った武器を持っていたことがわかった。戦場で死んだリチャード3世も、次のヘンリー7世も、火力の重要性を理解していた。彼らは、フランスやブルゴーニュそして軍事技術先進国である北欧の指導者たちから、銃や大砲なくして近代国家の繁栄はありえないことを学んでいたのである。チューダー朝の初代君主は、武器とそれを運用できる外国の専門家に投資した。ロンドン塔の武器庫は、1489年に重砲30門から1497年にはほぼ50門に増えた。15世紀末にはヘンリー7世は200人の砲術家を雇っていたが、その多くはオランダ人やフランドル人であった[*2]。

　チューダー朝初期のイングランドは、火薬の経費についてはルネサンス期の戦争時と変わらなかった。技術的には大陸の近隣諸国ほど進んでいなかったが、イングランド国家は恐るべき火力を誇っていた。ヘンリー7世はさまざまな火薬の資材を持ち軍事的専門知識を駆使していた。息子のヘンリー8世は、最新の火薬兵器を配備した駐屯地、要塞、船、兵器庫に巨額の資金を投じた。ヘンリー8世自身も兵器に関心を持ち、砲術や弾道学を発展させた。歴史家の中には、薔薇戦争の過程で中央政府が弱体化したことを、「100年以上続くことになる軍事技術の事実上の"暗黒時代"」と関連付けて考えているが、薔薇戦争の戦乱を勝ち残ったチューダー家は、複雑な攻撃作戦が可能であることを証明したのである。最新の研究では、「イングランド軍の理論と実践は、ヘンリー8世の治世の初めから、大陸の近隣諸国のそれとほぼ同じであった」、あるいはそれ以前からそうであったかもしれない、と結論づけている[*3]。イギリス王室の兵器の能力はイングランドを北西ヨーロッパの主要大国としたのである。

　宗教改革、王の婚姻や宗教がらみの政治問題の影に隠れてはいるが、ヘンリー8世の治世（1509-1547）は、戦争、攻城戦、戦闘の歴史でもあった。ヘンリー王は自らを戦士の君主とみなし、1512年から1514年、1522年から1525年、1542年から1546年にかけて、フランスとスコットランドを相手に3度の戦争を戦った。さらに、沿岸の防備を強化し、砲を備えた海軍を整備し、「恩寵の巡礼」（訳注：1536年から1537年にかけてイングランドで起こった大規模な民衆反乱）を鎮圧し、アイルランドで何度も戦闘を行った。1540年に完成したヘンリー8世の技術の粋を尽くしたディール城は、200門の大砲を配備できるように設計されていた。ベルウィックとカレーにあるイギリスの砦は、国王にふ

さわしい火力によってさらに南北に国王の力を誇示した。大陸でのトゥルネー（1513年）とブローニュ（1544年）における勝利、フロッデン（1513年）とソルウェイ・モス（1542年）でのスコットランド軍に対する勝利は、準備万端の結果であった。弓兵やビルマン（原注：ビルマンは、ビルと呼ばれる農業用の嘴掛けに由来する刃のついた長柄の矛で武装した兵士）とともに、チューダー朝の大砲は決定的な役割を果たした。

　イングランドでは長弓とカノン砲は同じ戦場で使用されたが、優位を収めたのは近代兵器であった。[*4] 1513年にフランスに侵攻した部隊は510トンの火薬を携行し、攻城砲は1日に最大32トンを消費した。1544年のブローニュ攻めでは、250門の攻城砲の砲列が10万発の砲弾を町に打ち込んだ。このような激しい砲撃は、イングランドでは内戦以前には見られないものであった。ヘンリー8世の軍隊は君主と同じように肥大化し（訳注：ヘンリー8世は100キロを超す巨漢だった）、アッという間に3万人もの兵力となった。1544年に王がフランスに侵攻するために編成した軍隊は、少なくとも3万8,000人、おそらく5万人もの兵力を有しており、このような規模の展開はウィリアム3世の治世まで再び見ることはなかった。1547年の調査では、王室の武器庫に415門の大砲と6,700門を超える小型砲があることが判明した。チューダー朝の野戦軍は火薬だけでなく硝石も携行し、自前で火薬を調達しなければならなかった。[*5]

　商船を徴用することで、ヘンリー8世は、彼自身の艀砲台を含む200隻の船を海に浮かべることができた。治世の終わりには、ヘンリー8世の王立海軍は15隻の「巨船」と16隻のガレー船を有し、9ポンド重砲を200門、重砲の間にはより大きな口径の砲を備え付けた。また、「武器、大砲、砲弾、兵装品」の項目には、45ラスト（訳注：約62.5トン）の火薬が含まれていた。例えば、1,000トンの巨大なグレートハリー号やアンリ・グレース・ア・デュー号は、重火器用に2ラスト（訳注：約2.4トン）の粉状火薬と6バレル（訳注：約270キロ）の粒状火薬、また140トンと小型のドラゴン号は26デミバレル（訳注：約585キロ）の粉状火薬と20ポンド（訳注：約9キロ）の粒状火薬を積載していた。これほどの量の火薬も、激しい戦闘が数時間も続けばすべて使い果たすことになる。[*6]

　ほとんどの歴史家が気づいていないが、当時の人々にとって緊急の課題となっていたのが、火薬とその主成分である硝石の調達であった。火薬がなく、火器が使えなければ君主といえどもただの人である。そのため彼らは戦略や外

交と同様に火薬の兵站や調達に知恵を絞った。ルネッサンス期の王権争いは、宮廷や城と同様に武器庫や火薬庫にも関わっていた。保守派は、騎士道精神よりも火力が重要であることを知り、悲嘆に暮れたのである。

　ヘンリー8世の火薬の原料となる硫黄と硝石は、ヨーロッパ大陸から輸入されたものだった。イタリアの商人、問屋、仲買人が王室の武器の調達を手助けした。ドイツやフランドルの専門家は材料と技術を提供した。フィレンツェのカヴァルカンティ家の商人は、このルネサンス期の国際的な武器貿易の資金調達の担い手であり貿易を促進した。スティールヤード（訳者注：ハンザ同盟の商人たちがロンドンのブラックフライヤーズの近くに作った居留地）のハンザ同盟の商人もまた、北欧から「装備品」を供給していた。この貿易の片鱗は大法官府裁判所での訴訟に現れており、ヘンリー7世の治世にはパレルモから、ヘンリー8世の治世にはバルト海から硝石が輸入されたことが記録されている[7]。例えば、1512年11月、スペイン人フランシス・デ・エローナ（Francis de Errona）は707ポンド（訳注：約318キロ）の火薬と2,906ポンド（訳注：約1,308キロ）の「石のような硝石の結晶」を1ポンドあたり4ペンスで納入している。1514年4月には、レオナルド・フリスコバルディ（Leonardo Friscobaldi）が王の火薬製造業者に4万6,218ポンド（17ラスト、訳注：約20トン強）の硝石を1ポンドあたり6ペンスで供給している。これらの原料の主な供給者と加工業者はすべて外国人であった[8]。

　1513年にフランスと戦うために、ヘンリー8世の政府は十数人の銃砲製造業者、火薬製造業者、火薬とその原料の供給業者と契約した。1514年の政府支出には、トマス・カヴァルカンティ（Thomas Cavalcanti）とジョン・カヴァルカンティ（John Cavalcanti）への硝石、硫黄、火薬の支払いが含まれており、彼らはまた、モリス・パイク（刺突武器。訳者注：歩兵が携行する対歩兵、対騎兵用の長槍の一種）、ハグブッシュ（騎兵用手持銃）、デミ・カルバリン（この場合はフランドル製銅製大砲。訳者注：短型中口径前装式大砲）を王に納入している。この頃、硝石の供給者としては、スティールヤードのエドモンド・フレンデ（Edmond Firende）、ハンス・ウルフ、別名ハンス・ファン・コーレン（Hans van Colen）（彼も火薬の製造に従事していた）、ルッカ（訳注：イタリアのトスカーナ州北西部の都市名）の商人ベネディクト・モロヴェッリ（Benedict Morovelli）とフランセス・デ・バラ（Frances de Bara）などがいた。また、ヒュー・クロ

プトン（Hugh Clopton）、ハンフリー・ライトフット（Humphery Lightfoot）、紳士用装身具商ウィリアム・マーラー（William Marler）など、イギリスの企業家も硝石の取引で利益を得ていた。傭兵ウィリアム・ブラウン（William Browne）は、少なくとも一度、ドイツ人ハンス・ウルフの代理人を務め、「イギリス国内での硝石製造」で報酬を受け取っている。[*9]

　イギリス人は自国で硝石を製造していたが、近代戦に必要な量を製造できなかった。ヘンリー7世は1492年にジェームス・ヘーデ（James Hede）に、国王の武器用硝石を作るために、家、土地、船、木材、石炭、その他の燃料、職人、労働者、作業員を徴発することを許可している。1501年の別の勅許では、王の硝石製造者兼砲術家の一人であるワイバード・ゴドフリー（Wyvard Godfrey）が、1日6ペンスを受け取っていることが確認されている。王立軍需局（the Royal Ordnance）の役人たちは硝石や火薬の初歩的な製造法は知っていたが、軍事的野心を抱く君主には国内生産はあまりにも物足りなかった。[*10]

　ヘンリー8世のフランスとの最初の戦い（訳注：1511年）の時の火薬製造については、星室裁判所（訳注：チューダー朝からスチュアート朝前期において国王の大権の下で開かれた裁判所。イングラン絶対王政の象徴の一つ。1641年に廃止）の裁判に詳しい。問題となったのは、砲術家のリチャード・フォークナー（Richard Fawkener）の「粉状火薬製造と食物にある硝石の精製法の技術」、および軍需局長官（the Master of the Ordnance）サンプソン・ノートン（Sampson Norton）卿の「粉状の硝石の精製」に関する記述である。フォークナーはロンドンウォールの近く、セントオレーブ教区に「粉状火薬を製造するために、硝石を二度精製し、硫黄の塊を粉にし、国王の使用に供する火薬製造に関連する石炭粉やその他の材料」のために作業場を設置していた。フォークナーの死後（1521年ころ）、債権者たちは遺言執行人に借金のことで訴訟を起こしたが、その訴訟から彼の仕事のやり方が明らかになった。フォークナーの硝石は、糞を含んだ土から作った人造硝石ではなく、自然に析出した結晶を削り取った天然硝石であったようだ。さまざまな商人から仕入れた火薬の原料は、「ミール」と呼ばれる微粉末にそれぞれ粉砕された後、混合されて火薬となった。[*11] この時代の他の記録には、イプスウィッチ（イングランドのサフォークにある大きな港町）のジョン・スタンゲット（John Stanget）に硝石の製造費を支払っている記述があるが、それが地元産なのか輸入されたものなのかは不明である。[*12]

王室は火薬製造のために複数の工場を運営していたが、主要原料は依然とし
て外国産であった。ドイツ人のハンス・ウルフはヘンリー 8 世のためにロンド
ン塔で火薬を製造していた。彼を監督していたのは王のお抱え砲術師である
トーマス・ハート（Thomas Hart）である。彼の後任には、ルーク・ド・ラ・
アルシュ（Luke de la Arche）やナポリのアンソニーなどがいた。イングラン
ドで初めて硝石の採集を依頼されたのは、外国人のウルフであった。1515 年、
彼は「硝石の材料がある場所を探すために州から州へ移動すること」を許され
た。そして「彼とその労働者が、作業をし、地面を掘り、または土地を損壊
した場合には」、その所有者に補償するとの重要な規則が定められた。[*13] 国内の
硝石事業の設立が始まると、国家と民衆の利益が衝突することになった。国王
の代理人が臣民の私有地から軍事物資を持ち出せば、恨みと訴訟が後を絶たな
かっただろう。こうして王室が硝石を求めることで、「イギリス人の家は彼の
城」との概念を覆すことになった。

　1531 年、新たな勅令により、王の砲術家の一人であるトーマス・リー
（Thomas Lee）が、イングランドにおける硝石の採集と製造の権限を与えられ
た主要人物の一人となった。彼もまた、王の土地やその他の場所で硝石を探
索、採取し、王の名で労働者を雇うこと、適切な報酬を支払うことを条件に、
作業に必要な木製荷車や家屋を利用することが許可された。リーは、以前のウ
ルフやその後彼に続く者たちと同様に、所有者が損害を受けないように、掘り
起こしたり損壊したりした土地はすべて「埋め戻して平らにする」ことを要求
された。[*14]

　チューダー朝初期の硝石の調達に関する記録はほとんどないが、1540 年代
の大法官府裁判所の訴訟が、国内の硝石事業について遠まわしながら明らかに
している。ロンドンの硝石業者デイヴィッド・フィンチェは、ナポリのアンソ
ニーの代理人として、「硝石製造に都合のよい時期に木材の伐採と地面の掘削
を行う」ことを国王から依頼されていた。シュルーズベリーでこの特権を行使
していたフィンチェは、彼が使っていたはしけがセヴァーン川で誤って係留杭
を破壊してしまい、厄介な問題に直面することになる。フィンチェが王の仕事
をしていると主張したにもかかわらず、シュルーズベリーの仕立屋ウィリア
ム・ラングレーは不法侵入で彼を訴えた。町の人々は、フィンチェを「嘘つき
の悪党だ、壊したものを弁償できない」と訴えた。日常の些細な出来事から、

王の硝石業者に対する地元の敵意が明らかになり、慣習法や大法官への訴訟が起こったのである。このような事件は、その後も何度も起こった。文書によれば、フィンチェはシュルーズベリー大修道院に属していた土地を掘り返し、硝石を精製するための濾過と濃縮の設備を設置していた。[15]

数年後の大法官府裁判所での訴訟でも、硝石製造の精製炉に関する言及がある。ドーセット州プールの傭兵リチャード・ブラウン（Richard Browne）は、「ウィンボーン・ミンスターの町で硝石を製造するための精製炉を・・・王のために」返還するよう求めたのである。おそらく1544年のブローニュ遠征の際、上からの命令でプール市長はブラウンの硝石精製炉を徴発し、5シリングを代価に元の状態にして返還することを約束した。しかし、市長はブラウンの硝石精製炉では不十分であることを知り、別の硝石精製炉と組み合わせて「硝石製造のため」に使用した。軍事的な緊急事態が終わり、「硝石の製造が終了した」後、ブラウンは硝石精製炉の返還を求め、最初は慣習法に基づいて、次に大法官府裁判所に訴えた。返還条件と硝石精製炉の状態が論争の的となったが、この訴えでイングランド南部で活発に行われていた硝石の濃縮の方法が明らかになった。[16]つまり、この時までに軍需局は天然硝石の結晶に頼らなくなっていたが、それは「国内の適切な土壌から硝石を抽出する経験」を30年も積んでいたからである。

ヘンリー8世の治世には、ヨーロッパの火薬と硝石の製造方法に関する知識がイングランド中に浸透していた。ハンス・ウルフやアンソニーといった専門技術者からもたらされたものもある。また、ビリングッチョの*Delapirotecchnia*（Venice, 1540年）のような、当時翻訳されていない出版物からもたらされたものもある。また、数学者ニコロ・タルターリアの火薬に関するイタリア語の論文 *Quesiti et inventioni diverse*（Venice, 1546年）には、王に喜んで受け入れてもらえるようにとの期待からか、ヘンリー8世への献辞があった。ベニスにいたイギリスの外交官は、「その高貴で心の広い」王にこれを受け入れてもらえることを期待して、ロンドンにその写しを送った。[17]ヘンリー8世が外国の知識に関心を寄せていることはよく知られていた。彼の軍事的野心が海外の専門家に扉を開くことになったのである。

要塞の近代化のためヘンリー8世に雇われたドイツの軍事技術者ステファン・フォン・ハッシェンパーグ（Stefan von Hschenperg）は、さらに多くの技

術をもたらした。1545年、フォン・ハシェンパーグはヘンリー8世に「黒硝石（black vitriol）と呼ばれる硝石を、国中を探し回らなくても一箇所で作る方法」を提案した。[18] ドイツでは濃縮硝石採取場すなわち硝石床が作られていたが、イギリスでは試されないままだった。フォン・ハッシェンパーグの指導の下で実験が始まったが、試験段階の小規模なものであり記録も残されていない。

　ヘンリー8世は戦争で火薬の備蓄を増やし、危機のたびに商人や製造業者により多くの火薬を供給するよう求めた。1523年9月の調査では、ロンドン塔にあった火薬はわずか13ラスト（訳注：約15.3トン）（8ラスト《訳注：約9.4トン》をスコットランドとの戦いに消費した後）であった。1536年2月、ロンドン塔には39ラスト（訳注：約46トン）と11バレル（訳注：約5.4トン）の火薬があり、さらに手元には火薬を作るための硝石は4ラスト（訳注：約4.7トン）しかなかった。[19] 強大な国家には、このような供給不足は許されない。にもかかわらず艦隊は一回の作戦に45ラスト（訳注：約53.1トン）、陸軍はそれ以上の火薬が必要であった。1540年代の新たな戦争では、イングランドは北欧から火薬と硝石を大量に購入する必要があったが、まさにその時、他国の兵士たちも同じ市場から購入していたのである。[20]

　ヘンリー8世の代理人ウィリアム・デメセル（William Damesel）は、アントワープで火薬の調達に数千ポンドを費やし、1544年8月には「硝石が不足しているので」まもなく価格が高騰すると警告していた。フランドル地方で戦争に必要な物資を探し回っていたイギリス軍は、秋口には「このあたりには火薬がない」ことを知った。デメセルはさらに遠く、ブレーメン、ハンブルク、リューベックに目を向けた。そこでは硝石が採れると言われたからである。[21] 議院の宮内官の一人、トーマス・アシュリー（Thomas Asheley）も王のために外国へ硝石の買い付けに行くよう命じられた。[22] ヨーロッパ中が武器を求め、多くの国が戦争に巻き込まれた。ヘンリー8世の治世の最後の認可書には、ロンドン塔に兵器庫を建設するためのフランシス・フレミング（Francis Fleming）（フレミング家のフランシス？）への100ポンドの支払いと、「バーソロミュー・フォーチュン（Borthlomew Fortune）に返済すべき硝石」およびその他の戦争用資材のための400ポンドの払い戻しが含まれている。[23]

　チューダー王朝中期のエドワード6世（1547-1553）とメアリー1世（1553-1558）の政府にはヘンリー8世のような軍事的野心はなかったが、彼らも軍事

物資をヨーロッパに求めていた。エドワード王の評議会（Council）はフランドルから現地の1cwtあたり46シリング（為替レートの変動で約33ポンド）で 硝石を購入することができた。[*24]大陸の事情通が1551年にウィリアム・セシルに、ドイツには「大量の硝石」があるものの、「イングランドには不足しているが、工夫すれば必要ない」[*25]と語っている。ドイツの技術や製品（おそらくルター風の火薬）が、プロテスタントのイングランドの安全を強化すると想像したくはなっただろう。

　メアリー1世とその夫フェリペ2世は、軍需品、特に火薬、硝石、兵器を主にスペイン領フランドル地方のアントワープに頼っていた。しかし、この供給路は、大陸のハプスブルク家が自分たちのために材料を先取りしたため、頻繁に中断された。[*26]供給路の脆弱性から、国内供給を支持する議論もあったが、1550年代にイングランドで硝石の採集や濃縮を行った証拠はほとんど残っていない。チューダー王朝中期の政府は、硝石がなければ国家が危うくなることを理解していたが、硝石のために国民に負担をかけることはせず、外国から硝石を輸入する方を選んだ。

3. エリザベス朝時代
──限りなき安全を求めて──

　1577年秋、フランドル商人のコーネリアス・ステフィンソン（Cornelius Stephinson）は、ハンプシャーの王家の森に大規模な硝石工場を建設する野心的な計画をバーレイ卿に提案した。ステフィンソンは「女王陛下に大量の硝石を提供する代わりに、女王陛下がニューフォレストの400エーカーの土地を彼に貸す」との約束をバーレイ卿と交わした。この土地は、ほとんどがヒース、ハリエニシダ、ブナ、オーク、サンザシ、ヒイラギなどが生えており、燃料として必要な木炭や硝石精製に必要な灰を供給することができる場所だった。起業家のステフィンソンは、50年間の独占権を得る代わりに、年間20トンもの「良質で精製された」硝石を提供すると申し出た。これは国家が平時に必要とする量の20パーセントに当たる。この協定は硝石採集で王室の資金を節約するだけでなく、「家屋、馬車、木材、金銭の徴発にさんざん悩まされてきた女王陛下の臣民にとって、はた迷惑の種を避けることができる」とステフィンソンの支援者たちは吹聴した[*1]。

　ステフィンソンの計画は、ドイツでは知られていたが、イギリスでは成功したことがない人造硝石床であった。硝石が生成する硝化過程を管理し、産業規模での硝石の精製を想定していたのだ。しかし、設備、労働力、資金、そして昔から森林保有の権利を持つ者の反対など各段階で、この計画は難航した。計画は、遅れや資金や資材の不足に見舞われ、一部は実現したものの、公約した量には到底及ばなかった。硝石の集約的生産という他のどの計画も、これ以上にうまくいくことはなかった。イングランド南部のニューフォレストにあるアシャースト・ロッジの近くには、今なおステフィンソンの施設の廃墟が残っており、別の計画も失敗であったことうかがわせている[*2]。

＊＊＊

フランスやスコットランドとの争いに巻き込まれ、国内外に危機が迫る中、1558年11月に誕生したエリザベス1世の政府は、自らの弱さを痛感していた。エリザベス朝は、分裂した大陸、ヨーロッパのパワーバランスの危険な変化、オランダの反乱の炎、スペインとの関係悪化に直面し、国内では陰謀と反乱に対峙し、国外では次第に劣勢になっていく対外戦争の時代に入っていた。オランダの反乱軍を支援するにしても、スペイン艦隊と対峙するにしても、遠くの海洋を探査するにしても、アイルランドを鎮圧するにしても、王室は兵器と火薬を効率的に調達する必要があった。エリザベス治世の初期トーマス・グレシャム（Thomas Gresham）とウィリアム・セシルが懸念したように、「女王陛下とフェリペ王との間に友好関係の断絶」が生じれば、火薬の需要は莫大なものになる[*3]。そのような事態になる以前から、エリザベス朝イングランドは、軍隊の攻撃力を一変させ、近世国家の財政を圧迫する「軍事革命」の真っただ中にあった[*4]。エリザベス朝は、ヨーロッパの隣国や敵対国と同様に、軍隊や軍艦、要塞、弾薬庫に必要な火薬を渇望していた。

　エリザベス朝は、（ジェフリー・パーカーによれば）（訳注：パーカーは著者クレッシーのオハイオ州立大学の同僚。著書は参考文献リスト参照）「世界に比類なき最強の戦艦艦隊」を建造するために、軍艦に多額の財政支出を行った。1578年の軍需局の記録では、23隻の王立船に504門の「砲」が搭載されており、戦力は急速に拡大された。火薬を満載し、1588年にスペイン無敵艦隊と戦った34隻の王立船は、678門の青銅製あるいは真鍮製の大砲を搭載し、ヘンリー8世の海軍の3倍以上の砲を数えた。これらの船に加え、150隻近くの武装商船があった。1595年には、女王は38隻の王立船とともにほかの多くの艦艇も指揮した。1603年の調査では、海軍兵器庫には1,170門の砲が記録されており、そのうち625門はデミ・カルバリン（訳注：18ポンド砲弾を発射するカルバリン砲の半分の口径の前装式大砲で9ポンド砲弾を発射する）以上の重砲であった[*5]。

　海軍の火薬の需要は旺盛であった。スペイン無敵艦隊との戦い（アルマダ海戦）のように、20隻の砲艦は補給なしで15回から18回発射することができた。大型のカノン砲は一回当たり約46ポンドの火薬を使用した。カルバリンとデミ・カルバリンは、一発あたりそれぞれ18ポンド、11ポンドの火薬を使用した。1596年のカディス遠征では、王立船は平均2ラスト半（訳注：約60バレル、

2.7トン）の火薬を支給され、38門の砲を搭載した巨大な「アーク・ロイヤル」号は4ラスト（約4.25トン）の火薬を積載して出航した。[*6] 他に、陸上部隊、民兵の訓練、沿岸防衛、祝砲などが火薬の使用目的に加えられている。1587 年、ブリルの守備隊の兵站計画担当者は、「小銃の火薬には、常に 20 ラスト（訳注：約24トン）の備蓄が必要だ」と語っていた。[*7] エリザベス朝は、スペインとの戦争の最盛期には、年間 100 ラスト（訳注：約118トン）近くの火薬を消費していた。

　これだけの大量の火薬はどこから来たのだろう？　その多くは海外からの輸入だった。そこで、エリザベス朝評議会は、外国産の硝石に頼ることなく、国産化計画を推進した。この硝石プロジェクトは、社会的、技術的に限りない困難に直面したが、最終的には「限りなき安全」[*8] への道を切り開くこととなった。この章では、その一部を紹介する。

海外への依存

　エリザベス 1 世の治世のまさに最初の月に、大臣たちは硝石と火薬の在庫を確認し、「欲しがる前に、手に入れなければ」と残念そうに述べた。[*9] ウィリアム・セシル卿（1571 年にバーレイ卿として即位）の指揮の下、エリザベス朝評議会は「戦争に必要な硝石や火薬」を大陸から緊急に調達する計画に着手した。これは「危険な商品」であり、船が火災や難破にあったり、妨害や禁輸にあいやすかった。評議会は、硝石や火薬を割高な値段で輸入し、対立するハプスブルク家の目を避けるために、時には密輸にも目つむることがあった。[*10]

　国際的な武器取引は相変わらず多額の報酬をもたらし、イギリス、フランドル、イタリアの商人たちは女王の求めに応えようと列をなしていた。[*11] 1558 年 12 月、イタリアのマルコ・アントニオ・エリッツオ（Marco Antonio Erizzo）は、1cwt（訳注：約50キロ）あたり 4 ポンド 13 シリング 4 ペンスで硝石を提供すると申し出たが、イギリスの査定官は「1cwt あたり 10 シリングも予定購入価格を上回っている」と査定した。1561 年には、この価格は 1cwt あたり 3 ポンド 10 シリングであったが、まだ高いと考えられていた。しかし、ナポリの硫黄は 1cwt あたり 20 シリングと、「オスターランド（訳注：今日のテューリンゲン州、ザクセン州およびザクセン＝アンハルト州にあたる地域の歴史的地名）の硫

黄」よりも手ごろな価格であり、さらに安く手に入る可能性があった。1561年3月、イタリア人が65トンの「ナポリの硝石」を1cwt あたり3ポンド5シリングで、硫黄を18シリングで契約し、取引は成立した。火薬革命には程遠いことがわかった評議会は、銃砲を補うために、この取引で別途弓に加工する木の棒2万本を注文し、合計6,050ポンドの出費となった。[*12]

　エリザベス1世のフランドルの代理人、トーマス・グレシャム卿（1565年に王立取引所を設立）は、1559年1月に 王室の武器庫のためにおよそ1万ポンドを費やし、その後数か月でさらに多くの資金を投入した。1560年の夏には、困窮していた王室に代わって、資金が無限にあるかのように、グレシャム卿はドイツとオランダの市場で硝石を買い占め、200トン以上を輸入した。これでイギリスは2年以上の余裕ができ、安全を確保できた。[*13] グレシャム卿の「オスターランド」硝石の一部は、1cwt あたり4ポンド（「上限よりも1cwt あたり3シリング4ペンス多い手数料」）で、火薬の製造にはさらに硝石の精製が必要であった。[*14] しかし、硝石の価値を計る唯一の尺度は金だけではなかった。1563年3月、グレシャム卿はセシル卿宛に手紙を書き、「銃ほど必要不可欠な武器はない」と、硝石を備蓄する利点を強調した。彼は女王に「硝石をしっかりと準備するように」と督促し、「10万ポンドの金と財宝を貯めるより、2万ポンドの硝石を貯める方が女王を安泰にする」と評議会で公約している。大げさではあるが、硝石は金に匹敵する価値がある、と知られるようになったのである。

　セシル卿は、もはや弓が戦場を支配することはなく、火薬や硝石が政権の安定をもたらす手段であると確信した。[*15] これ以前も以後も多くの政府と同様、王室は借金をしてでも必要な火薬や硝石を手に入れようとしたのである。

　エリザベス朝時代の武器調達の任にあたった者は、常に別の調達先やより安価な硝石を探していた。ハンブルク、アントワープ、アムステルダムの市場に依存する一方で、「海の向こう」から硝石を調達するために、さらに遠くまで足を伸ばした。グレシャム卿の代理人は、1560年の春にハンガリーとボヘミアを探したが、「入手に値するほど良質ではない」ことがわかった。1561年には、デンマークから硝石を入手した。バルト海の港は有望で、1569年には北極地方の商人ステファン・ボロー（Stephen Borough）が北の果てから硝石と硫黄の積荷を持ち帰った。[*16]

　エリザベス朝時代の硝石の探求は、北アフリカにまで及んだ。1573年には

すでに、ヨーロッパからの輸入品に加え、モロッコのバーバリー海岸から時折硝石が輸入されていた。イギリス商人は砂糖や硝石と引き換えに大砲の玉を提供し、その取引はポルトガルには伏せられていた。[17] 1581年6月には、「女王陛下の軍需品を維持するために」、女王自身が商人ジョン・シムコット（Jhon Symcot）に、600トンの木材をモロッコに輸出し、「その木材と引き換えに入手できるだけの硝石をイングランドに持ち帰るよう」に命ずる許可証に署名した。[18] 後年、イギリス評議会はロシアやペルシャとの貿易を検討し、専門家を派遣して両国で硝石製造を習得させようと計画した。[19]

スペインとの戦争は、イギリスにとって硝石の必要性を高めたが、一方で海外からの供給源は制限された。軍需局は、オランダやドイツの供給業者に前例のない要求を課し、購入できるものはすべて輸入した。例えば1590年、硝石はエムデン（訳注：ドイツ北西部ニーダーザクセン州の港湾都市）、シュターデ（訳注：ドイツ北西部ニーダーザクセン州の都市）、ハンブルグ、リューベックからイングランドに届けられた。オランダの武器商人ジャイルズ・デ・ヴィスチャー（Giles de Vischer）は、1591年、ロンドン塔の兵器庫に40ラスト（訳注：約40.78トン）の硝石を納品した際の損失を訴えた。[20] 硝石や硫黄はベニスからも届き、スペイン国王の不興を買った。[21]

特許と硝石生産計画

なぜイギリスでは硝石が作られなかったのか。チューダー朝の時代には、立ち上がったばかりの硝石事業が存在したが、16世紀半ばにはほとんど消滅していた。エリザベス朝の評議会の委員たちは、「国内で硝石と火薬を製造することで、女王陛下と陛下の臣民に利益をもたらす」ことに改めて着目し、国産化の提案を行った。バーレイ大蔵卿は、硝石の供給は「特に軍事力が弓矢から火器に変わりつつある今、王国の安全に最も役立つ」と述べている。[22] この戦略物資の確保に必要なのは、組織、技術、資金、国家の支援、地方の地主や役人の協力 であった。ヘンリー8世の時代と同様、外国の専門知識は不可欠であった。

枢密院顧問官たちが繰り返し述べたように、イギリスの硝石計画は「女王陛下と国家に限りなき安全をもたらし、国土を守り、共通の敵を攻撃する手段を

持つ」というのが正当化の主な理由であった。国内での調達は、海外の商人への依存を減らし、外国が軍需品の輸出を制限する事態を避けることができる。1560年代にアルヴァ公（Duke of Alva）がハプスブルク家の港を閉鎖し、1595年のカディス遠征の際にはポメルランド公（Duke of Pomeland）が硝石を禁輸したことで、イングランドが海外にいかに依存していたか注目されることになった。硝石を国産化すれば、輸入の際の損失、遅延、妨害の危険性が少なく、価格も安くなると専門家は考えたのである。また、国産の方が品質管理もしやすいとの意見もあった。火薬製造業者のフランシス・リー（Francis Lee）が言うには、外国産の硝石は値段が高く、信頼性に欠け、水分が多すぎたり火薬が不発になりやすい（訳注：硝石の純度が低いと潮解性を持つ硝酸カルシウムや炭酸カルシウムのために火薬が不発になる）。その点、イギリスで製造すれば、経済的な利益が期待でき、さらに雇用を創出し、貧しい人々を働かせることができる。ロバート・セシル（Robert Cecil）は 1600年9月に「国内で硝石と火薬を製造することにより、女王陛下とその臣民に一定の利益をもたらすことが期待できる」と記している（本章の追記を参照）。[23]

　政府が硝石を必要としたことで、投資家や企業家には金儲けの機会となり、技術を教えようとする外国の専門家がイギリスに集まることになった。1561年3月にはマルコ・アントニオがナポリの硝石の販売を申し出た、その同じ週に、ドイツ人技術者ゲラルド・ホーエンリッヒが「イングランドの地下室、納屋、石灰や石の採石場で硝石を培養するための正真正銘の硝石製造技術」を明らかにすると申し出ている。彼は、土に尿、馬糞、石灰を混ぜて「硝石の元」を培養し、それを精製して結晶化させる方法を評議会に説明した。そして、硝石を培養する硝石床を網の目のように張り巡らし、一元的に硝石を濃縮し抽出する作業場を建設する計画を提案した。ホーエンリッヒは、濾過用の大桶、精製用の作業場、大型の炉、レンガ積の工事など硝石製造の工程を頭に思い描きながら、自分がいかにこの仕事を熟知しているか評議会に納得させた。例えば、土壌については寒くて乾燥した場所で採れる黒土が最適であり、尿では「ワインや強いビールを飲む人の尿」が最も良く、糞では「馬小屋で飼育しオート麦を食べさせた馬の糞」が最も良く、石灰では「カキ殻や焼石膏が最も役立つ」と助言している。また海岸に打ちあげられた石炭（sea coal）は硝石精製用の燃料として木炭と同じ役割を果たし、さらに安価になるかもしれない、

との提案もした。セシルの支援を受け、ホーエンリッヒはイギリス王室のために硝石を工場で生産する初めての契約を結んだ。技術料として300ポンドを得ることができた。しかし、その2か月後、ホーエンリッヒは、企業秘密を明かしたのに正当な報酬が支払われないと不満を漏らし、また思うように事業が進まず結局頓挫してしまった。

　代わりに政府は、商人フィリップ・コッカラム（Philip Cockeram）と小間物商ジョン・バーンズ（John Barnes）に、女王の領内で硝石を製造する独占免許を与えた。この独占権は、「新発明」（明記されていないが、おそらくホーエンリッヒに由来する）が「主張したとおりの有用性と利益をもたらす」ことが証明されれば、10年間続くことになっていた。コッカラムとバーンズには、女王の臣民に「迷惑をかけすぎない」限り、それと思われる土地ならどこでも硝石を探索し掘る権限が与えられていた。もし彼らの仕事が人の家、納屋、厩舎に及んだ場合、彼らが与えた損害について所有者が納得するものを代わりに提供することになっていた。二人は、硝石培養のための化学的研究よりも天然硝石の採集を主たる業とする、エリザベス女王にとって事実上初めての硝石業者だったのである。1515年のハンス・ウルフの計画と同様、ここにも100年にわたり硝石調達を悩ませることになる問題があった。

　エリザベス女王の初期の硝石事業は、実験室レベルで規模も小さく、成功したとはとても言えなかった。しかし、他の起業家はすぐに、イギリスで硝石の採取や製造の特許を求めた。ホーンエリッヒがリストアップした材料は、それほど入手困難なものではなかった。要は、硝酸塩を多く含む土壌を探し、そこから化学物質の硝酸カリウムを取り出すために、硝酸塩を水に浸出させ、硝酸カリウムを結晶化させる精製プロセスを確立することにあった。1562年4月に出版されたピーター・ホワイトホーンの手引書には、その方法が記されていた。1540年にベニスで出版されたイタリアのビリングッチョの De la pirotecchnia からの引用をもとに、ホワイトホーンは Certain Waies for the ordering of Souldiers in battelray（図5参照）で、「最も白くて美しい硝石」を作るための、浸出、濾過、濃縮の基本工程を概説している。この手引書はホワイトホーンの翻訳した Machiaveli's Art of War（1562年）に添付され、1574年と1588年に再版された。その他の知識は、写本や試行錯誤によって広まっていた。

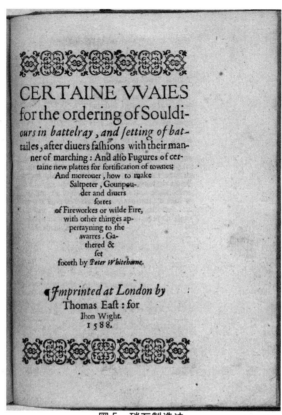

図5　硝石製造法

Peter Whitehorne, *Certaine Waies for the ordering of Souldiours in battelray . . . And moreover, how to make Saltpeter, Gounpouder, and divers sortes of Fireworkes* (1588), title page (Huntington Library, rare book 62010, reproduced by permission of the Huntington).

　次の10年間で、1640年代まで役立つことになる調達システムが構築された。枢密院と海軍卿への回答で、火薬・硝石委員会が軍需局を監督し、硝石の原料を供給する地域の硝石業者と契約を結んだ[*27]。彼らは、役人や代理人、はては採取や濃縮など実際の作業に当たる労働者を雇った。この実際の作業が人々の「苦痛の種」の直接的な原因となった。王室は、貴金属鉱山に匹敵する硝石事業の独占的支配権を主張し、しばしば「硝石採掘」を口にした。生化学的な方法で肥料を与えて硝石の培養することも定期的に試みられたが、国内での硝石

事業の中心は、硝石を含んだ土を探し出し、見つかれば手当たり次第に掘るというものであった。

　硝石業者は各地をめぐる渡りの職人で、イングランドの軍事力にますます貢献するようになった。彼らの名前は政府の記録に時々登場するが、たいていはロンドン塔に納品するときか、ライバルを蹴落とすために争いを繰り広げているときである。年々、彼らの勢いは増し、技術も向上していった。1562年の火薬特許権者であるブライアン・ホッジ（Brian Hogge）、ロバート・トーマス（Robert Thomas）、フランシス・リーは、毎年100ラスト（訳注：約118トン）分の粒状火薬と100ラスト分の粉状火薬を製造するために、国内と輸入の両方の硝石を使用する契約を結んでいる。このような生産目標には150ラスト（訳注：約180トン）の硝石が必要であり、そのごく一部しかイングランドの大地からはもたらされなかっただろう。[28]1560年代後半には、トーマス・ロビンソン（Thomas Robinson）とロバート・ロビンソン（Robert Robinson）の兄弟が硝石業者として成功していたが、当初彼らが努力しても王室の必要量の10分の1以下しか製造できなかった。1589年、彼らはイングランドに初めて硝石の技術が導入されてから27~8年にわたって、硝石を製造してきたと主張していた。[29]1569年、北部伯爵たちの反乱でイングランドは火薬を海外に頼らざるを得なくなった。火薬製造業者のフランシス・リーは、「備えあれば憂いなし」とばかりに、「国内で硝石を精製し火薬を作る究極の一手を見つけ出した」と鼻たかだかに回想している。[30]

　1569年に一新され、1573年に更新された委員会は、軍需局長官であるウォーウィック伯爵（The Earl of Wawick）とその副官ウィリアム・ペラム（William Pelham）には、女王の兵器庫に硝石を供給するために、「厩舎やその他、硝石のありそうな場所を掘り起こす」権限が与えられた。その権限は、農地だけでなく城や旧修道院にも及んだ。ウォーウィックとペラムは自分たちの手を汚さずに、仲介人や代理人に仕事を任せたのである。ウォーウィックとペラムに委託され仲介人や代理人たちは、木材、泥炭、石炭、大樽などを購入し、必要な労働者と馬車を雇うことができた。[31]

　国産、輸入を問わず、女王の硝石はすべて王立火薬製造所に送られた。危険かつきわめて重要な火薬や硝石を無許可で製造することは許されない。主な製造所は、上流のキングストンから下流のロザリッチまでのテムズ川沿いと、ロ

ンドン塔のそばにあった。大蔵省の領収書から、硝石の輸送の様子を垣間見ることができる。例えば1574年には、マルドン（Maldon）の「ジョン号」が1ホグスヘッド（訳注：1ホグスヘッドは52.5英ガロン、238.48リットル）と2スモール・バレル（訳注：通常1バレルは35英ガロン、159.1リットル。本書ではスモール・バレル、ヘヴィー・バレルの単位について記載なし）、「ジョナス号」が1ホグスヘッド、「エドワード号」が1ヘヴィー・バレルを運んだ。エセックス湿地帯の帆船が、ミノリーズのロバート・ホッジ（Robert Hogge）に、「女王陛下用の硝石」として少量の硝石を運んだのである。[*32] ロンドン塔に隣接するミノリーズの硝石工場は、廃院となったミノリーズ修道院の施設を利用し、200年以上にわたって繁栄することになる。ロンドン塔の東側、ドック・ストリート周辺は、19世紀まで硝石集積地として知られていた。

　エリザベス女王政府は、必要に迫られる中、不安定な供給に直面し、兵器用の硝石を精製する硝石業者に「独占権」を惜しみなく与えた。しかし、特権を延長しようとすると簡単に取り消されることがあった。独占権を得たと思った硝石業者は、実は競争相手がいることに気づいた。1575年、ロンドンの紳士ジョン・ボヴィヤット（John Bovyat）は、鉱物から硝石と火薬を製造する独占的な特許権を取得した。ボヴィヤットは、多額の費用と危険を冒して外国に渡りこの採取方法の「秘密と隠された神秘」を見出し、21年間の独占権を得たのである。彼に授けられた認可の内容は、女王の領土内のあらゆる人々の土地を試掘する権利を与え、すべての市長、司法官、警吏、廷吏、地方官の援助を約束するものであった。しかし、「これまで通常、土壁や土から硝石を採取し火薬を製造してきた」他の起業家の権利はそのままであった。[*33] ボヴィヤットは直ちに議会の保護と特許の承認を求め、定期的に（1581年と1595年に）認可を継続するよう請願している。時にボヴィヤットは、バーレイ卿に「このまま進めるのか、それともこれほど大きな宝が埋もれて失われてしまうのか」と尋ねたが、彼の努力が実を結んだことを示す証拠はほとんどない。[*34]

　こうした認可や特許を与えたにもかかわらず、スペイン戦争が始まる前に女王が国内から受け取った火薬はごくわずかであった。1571年の軍需局の分析では、イングランドで火薬の製造に使用される硝石の10%足らずが国産であったが、その20年後には30%に迫る数字が得られた。[*35] 王室の火薬製造業者フランシス・リーは1575年に、イングランドで集めた硝石から火薬を作ったが、

王国は依然ハンブルク、アントワープ、バーバリー からの供給に恐ろしいほど依存していると主張した。彼は、これらの輸入品は品質が悪く、供給が簡単に中断されると警告している。[36]

　国際情勢の悪化とハプスブルク家の脅威に直面したエリザベス女王の枢密院は、国内で硝石の供給を確保するための新たな方法を模索した。枢密院は再びアーヘンのレオナルド・エンゲルブレヒト（Leonard Engelbreght）（あるいは Engelstedt）などの外国の専門家に再び注目した。彼は、1577年にバーレイ卿と交渉し、イングランドで硝石を製造する20年間の特権を得た。[37]1577年秋、フランドルの商人コーネリアス・ステフィンソンは、ハンプシャーの王家の森に大規模な硝石工場を建設する野心的な計画を発表した。彼は「女王陛下に大量の硝石を提供するので、ニューフォレストの400エーカーの土地を貸与いただくように」と申し出た。この土地は、ほとんどがヒースとフリースで、ブナ、オーク、イバラ、ヒイラギなどが生えており、燃料となる炭と精製に必要な灰を入手することができた。この計画には、王立郵便局長であるトーマス・ランドルフ（Thomas Randolph）卿とワイト島の指揮官エドワード・ホージー（Edward Horsey）卿の協力があった。ランドルフは、ステフィンソンが秘儀のような技術を習得していることを高く評価した。もし成功すれば、「この王国が欠くことのできないような必需品を供給することができる」。[38] 硝石の供給量が増大するという確信が、1578年4月にオランダの反乱軍都市ゲントへの 4,000 ポンド（訳注：約1.8トン）の硝石と火薬（40バレル、訳注：約1.8トン）の輸出を許可する決定につながったのかもしれない。[39]

　コーネリアス（記録の多くは彼に関するものである）は助成金を得て、濃縮用炉と濾過用大桶を設置し始めたが、この計画は想像以上に困難であることが判明した。設備、労働力、資金などの諸問題が、計画遂行の足かせとなった。ニューフォレストの昔からの共有地の地権者たちは、よそ者の侵入に反対した。この計画では、年間20トンの「完全に精製された高純度の」硝石を供給することになっていたが、予定の量には到底及ばなかった。1579年7月、コーネリアスはバーレイ卿に自らの不備を詫び、約束した量の硝石を製造するために時間の猶予を求めた。[40]1年後、スペインによるアイルランドへの侵攻が懸念される中、エドワード・ホージー卿はバーレイ卿に、「コーネリアスは今、硝石土壌を濃縮しているところだ」。しかし、いまだに「完全な精製」には至っ

ていない、と断言した。しかし、この時までにフレミング家は、「誰もが不可能と思ったこと」で失敗し、破滅に直面することになる。[41]

　ステフィンソンの硝石施設の跡は、ハンプシャー州のニューフォレストのアシャースト・ロッジのすぐ近くに、今も残っている。1593年の記載のある、イスピッチ付近の別の施設の見取り図には、硝石培養の硝石床のためであろう囲いや盛り土が同じように配置されている。[42]硝石の製造技術は、実はかなり知られていた。しかし、この種の集約的事業は、エリザベス朝時代の兵器製造にはほとんど役に立たなかった。評議会は、国内外における硝石の確保や精製の代替手段には常に関心を寄せていたが、財政的な支援はほとんど行っていなかった。1583年6月には、評議会はヘンリー・ポープ（Henry Pope）がヨークシャー州のフルストンで行った実験に注目し、地元の崖から採掘された材料から有望な結果が得られると判断した。ポープはウォルシンガム長官に、すべて順調に行けば夏の中ごろには1トンの硝石を生産できるだろうと言ったが、成功した形跡はない。[43]

　1585年に英西戦争が勃発すると、バーレイ卿はイングランドの脆弱性に不安を募らせ、倹約してきた火薬の備蓄が試されることになった。王室の備蓄庫にはかつてないほど多くの硝石が必要とされ、海外や国内で硝石を見つけるためにあらゆる努力が払われた。イギリスや外国の商人が何トンもの硝石を軍需局に持ち込み、内外の専門業者が供給を増強すると申し出た。1588年以前は、エリザベス朝後期の調査によると「王国への主要な供給品は外国の火薬」であったが、その後、国内生産へと国内外のバランスはシフトしていった。1588年の目標は 120ラスト（訳注：約141.6トン）分の火薬で、そのために 83ラスト（訳注：約97.9トン）分の硝石が必要とされた。[44]14名の saltpetermen と名付けられた硝石業者が1589年10月までの1年間に652cwt（27ラスト分、訳注：約31.9トン）を供給したが、それでも必要量の3分の1に満たな かった。14名の中にはジョン・グランジ（John Grange）は含まれていない。彼は、ロンドン市内で10組の大桶を使い、1年に200cwt（8ラスト。訳注：約9.4トン）の硝石を生産していた熟練の硝石業者である。[45]1589年までにジョージとジョン・エヴリン（George and John Evelyn）はリチャード・ヒル（Richard Hill）と共同で火薬製造の主要な契約者となり、彼らの一族は50年以上にわたって火薬製造事業を支配することになる。[46]

1588年の危機は、イギリスの火薬調達に試練を与えるものであった。女王は 合計678門の重砲、883門の大砲を装備した34隻の船を出航させた。[47]さらに火薬は海岸の砲台や城、ティルベリーのレスター軍、訓練を受けた地元の部隊、オランダにおけるイングランドの同盟軍などに供給され た。しかし、「不足」という言葉が繰り返し使われたにもかかわらず、火薬の供給が尽きることはなかった。イングランド海軍の砲兵はスペインの無敵艦隊に見事に立ち向かい、その大砲は敵よりも優れていた。バーレイ卿の硝石調達政策により、エリザベス朝は最も危険な試練に立ち向かうことができたが、備蓄はほぼ底をついた。

　1588年3月、軍需局の報告によれば「女王陛下の倉庫には、粒状火薬にすると60ラスト（訳注：約70.8トン）分の12mwt の硝石（訳注：約42ラスト、49.5トン）しかなく・・・非常に不足している。しかし、現在、倉庫には粒状火薬は58ラスト（訳注：約68.4トン）しかない」と報告した。チューダー朝の海軍史上最も過酷な軍事物資の支出要求を受けて9か月後の1588年12月には、火薬庫は補充された。ロンドン塔で行われた検収目録には、60ラスト（訳注：約70.8トン）の粒状火薬と、20ラスト（訳注：約20.4トン）以上の硝石が記載されていた。[48]イングランドは嵐を乗り越え、まだ手元に火薬が残っていたのである。そこには女王の同盟軍に供給する火薬もあったと思われる。1591年1月には英仏海峡を越えて火薬を同盟軍へ送った。それにはフランスに送った400バレル（訳注：約1,9トン）の火薬も含まれていた。[49]

　アルマダの危機は、イギリスの硝石事業を勢いづけた。金儲けをもくろんで、複数の業者が供給量を増やす計画を立てた。ラルフ・ホッケンハル（Ralph Hockenhull）とその後援者たちは、「硝石と火薬が非常に高値であること、女王陛下の兵器庫にあまり在庫がないことを知って」、1588年にロンドンの硝石事業を引き継ぐ計画を思いついた。当時、硝石は「スペイン人が狭い海（訳注：英仏海峡とアイルランド海）にいるため、1cwt あたり5、6ポンドの価値があった」という。しかし、ホッケンハルは、国家の非常事態にもかかわらず、王室をなめてかかり、火薬を闇市場で売っていたことがすぐに明らかになった。ホッケンハルのライバルである生粋のロンドン子であるジョン・グランジは、1cwt あたり3ポンド6シリング8ペンスの以前の価格で硝石を王室に供給することを申し出た。1578年頃からロンドンで硝石を製造していたグランジ

は、「オレンジ公支配の低地帯諸国（訳注：ベルギー、オランダ、ルクセンブルグの総称）やキリスト教国以外のさまざまな国で」その技術を習得したと言っていた。[*50]

　ヘンリー8世の火薬納入業者の息子で、経験豊富な火薬製造業者フランシス・リーは、1588年に「これまで発見されなかった秘密」である石炭（sea coal）を使って硝石を濃縮する計画を提案した（その四半世紀前にゲラルド・ホーエンリッヒが石炭で実験していたが）。彼は30年間の専売権の要求と引き換えに、ロザリットの工場から女王に1ポンドあたり9ペンス、1cwtあたり3ポンド15シリングで火薬を供給することになった。[*51]

　さらに、クリストファー・クルト（Christopher Coult）とその仲間たちは硝石事業を根本的に変革する構想を立てた。クルトは1588年10月にバーリー卿に、長年の海外視察で「多くの学問的知識」を身に着けたと伝えた。その知識の中に「軍事的にも経済的にも王室に役立つ、硝石の採取と火薬の製造の完璧な方法を見出した」との内容が含まれていたという。クルトは、「この困難な時期に火薬が不足している」ことを踏まえたうえで、評議会に対し「イングランド全土が必要とする以上の硝石を採取し、火薬を供給する」方法を評議会に提案した。この計画は、1つの地域に15基の硝石釜を設置し、年間5,000cwt（300ラスト以上の火薬製造分に相当）（訳注：約354トン）の硝石を供給するものであった。これはイギリス人の常識からかけ離れた、とんでもなく野心的なものだったが、結局失敗に終わったようである。[*52]

　1589年、「硝石製造の全作業に関する最も完璧にして正当な方法」という専門知識が書き物としてボヘミアから伝わってきた。プラハの冶金学者ヨアヒム・ガウンツ（エリザベス朝イングランドのユダヤ人であり、ウォルター・ローリーのロアノーク号によるアメリカ探検（訳注：勅許を得て1584年現在のノースカロライナ州ロアノーク島を探検し、アメリカに初めてイングランドの植民地を建設した）にも参加した類まれな人物）の著作で、神聖ローマ皇帝ルドルフ2世の帝国鉱山の主任であるラザルス・エルカーの1574年と1580年にドイツ語で出版された論文に基づいていた。ガウンツは、イギリスの硝石業者が「知識もなくやみくもに働いている」ため、利益よりも損失が多いことに着目し、この事業をより科学的な根拠に基づいたものにすべきと提案した。硝酸塩土の性質の違い、濃縮、凝固、精製、分離の技術、「再利用できるように」使用済み硝酸塩土の

処理について説明している。ガウンツの方法で重要なのは、硝酸塩土のサンプルを慎重に測定、計量し、「硝石製造の価値があるかどうか」を判断することだった。1589年、ガウンツはイエスの神性を否定したことで神への冒涜の罪に問われたが、フランシス・ウォルシンガム卿に捧げた40ページの原稿は、彼が放免される目的があったかもしれない。バーレイ卿の文書の中に残っているこの原稿は、軍事的、経済的な重要性を立証するものではあったが、その洞察力のある内容が実際に適用されたという証拠はない[53]。

　硝石計画は、引き続き政府の関心を集めていた。1589年6月、枢密院はトーマスとロバート・ロビンソン（Thomas and Robert Robinson）から、ロンドン市内に 硝石工場設置の特権を求める請願を受理した。ロビンソン家は、「女王陛下の臣民を煩わせることなく」年間20mwt（訳注：約10トン）（火薬12ラスト《訳注：約14トン》を製造するに十分な量）の硝石を納入すると申し出た[54]。翌年、評議会はロバート・コンスタブル（Robert Constable）自身とその代理人、仲買人、譲渡人にヨークシャー、ノッティンガムシャー、ランカシャー、ノーサムバーランド、ウエストモーランド、ダーラムの司教領の土地で「硝石の採取や作業」を認める21年間の契約を交わした。地方の役人たちは、彼らが必要とすることは何でも支援するように命じられた[55]。1592年には硝石業者はさらなる特権と権限と権威を得て、1595年にはウェールズで硝石を生産する計画に賛意を得るまでになった[56]。

　このような環境の中で、廷臣ヒュー・プラット（Hugh Plat）は「儲けの多い発明」に魅了され、硝石の貯蔵量を増やすための新たな「秘密」を仄めかしている。プラットは 1594年に「現在採用されている一般的な方法をはるかに超える、硝石の製造に関する新しい方法」を記し、「厩舎、納屋、地下室などの破壊という、日常的に行われているような罪を犯すことなく」労働力と燃料の効率化を約束した。彼は、硝石の特許権者に利益の3分の1と引き換えに、この「革新的な着想」を「発見する」と申し出たが、彼の計画は採用されなかった[57]。

　さらに別の投機家、女王の硝石特許権者の一人であるジョン・レナム（John Wrenham）は、1602年に「家の床を掘り起こさずに硝石を作る発明」があると言い、「40年間それで利益が上がるなら」自ら負担して発明を実現すると述べた。計画には、動物の糞尿を散布できるある種の土地と「完璧なまでに硝

石が培養できる」「培養土の準備」が入っていた。ジョン・デイヴィス（John Davies）卿は1602年にロバート・セシル卿に宛てて、「見つかる機会は決して多くはないが、ロンドンから1マイル以内に将来にわたって供給できる硝石を見つけるべき」と書き送った。これが成功すれば、「女王陛下の船に必要な火薬の4分の1を即座に節約でき、その量は通常50ラスト（訳注：約59トン）にもなる[58]」。チューダー朝後期のイングランドは、依然として大量の硝石を輸入業者に依存し、国内産の硝石を補充するために各地で硝石を採集する硝石業者に頼っていたのである。

硝石土壌の徴発

エリザベス朝時代の枢密顧問官たちは、国全体に火薬を十分に行き渡らすことを目指し、より効率的に硝石「鉱山」を開発しようとしたが、硝石土の採取と加工が「面倒」を引き起こすことは心得ていた。硝石土を採取し加工しようとすれば、人々の所有地を掘り起こし損害を与え、人々の敷地に不法に侵入し、人々に「迷惑」をかけたり、「苦痛」を与えずにはいられなかった。王国の安全が最優先されるとはいえ、人々の権利を無視するわけにはいかない。1588年にバーレイ卿は、「できる限り女王陛下の兵器庫に硝石を献上する」一方で、人々の不満を抑え、逸らすことが必要と記している。方法の一つは、「上流階級の土地をほじくり返さない」ように硝石採取人を「下層階級」の所有地に差し向けることであった。その目的は、戦争に必要な物資供給を危うくすることなく、社会的コストを最小限に抑えるためである。しかし、これは不満を下層階級の人々に転嫁することにしかならなかった[59]。

火薬の国内での生産と戦略上の必要性は、政策や法律と同様に美辞麗句によってそのバランスが維持されていた。ローマとスペインのために破滅の危機に瀕したイングランドは、対外的な危機が切迫しており、国家の安全を守るとの主張は容易だった。神の敵が狭い海（訳注：英仏海峡とアイルランド海）で活動しているときに、誰が女王の火薬や硝石業者の仕事が不要などと異論を唱えることができようか。エリザベス女王の忠実な臣下たちは、スペインとローマ教皇派を抑えるのに役立つなら、自分たちの土地の掘削を認めないわけはない。

イングランドが硝石の輸入に大きく依存する理由の一つは、硝石採集の社会的コストにあると考えられていた。火薬製造業者のフランシス・リーは、1575年に「『臣下の家を掘らせる』ことを女王が嫌がったことが、外国からの供給に拍車をかけることになった」と主張している。リー自ら、「これまで程に迷惑をかけることなく」硝石を作ると二度にわたって申し出た。硝石の集中生産を目的とした一連の投機的な計画では、必ず個人の利益は守ると約束した。[60]
1577年にニューフォレストの大規模な硝石施設計画は、「家屋や馬車、木や材木、金銭の徴収、徴発したものへの対価の不払いなど、ひどい苦しみに悩んできた人々には多大な迷惑はかけない」ことを保証した。[61]　1588年にクリストファー・クルトが提案した硝石煮出釜の全国的なシステムも、各地をめぐる硝石採取人が「立派な公会堂、居間、部屋」を損壊し建物の基礎を掘り崩すのを、避けるためのものであった。また従来の硝石採取から生じる「女王陛下の愛する臣民の不安や心痛」を軽減するために、木炭の代わりに石炭（sea coal）を使用する計画が立てられ、木材と木炭の不足が深刻化し始めていた時代に、全国で年間3,000本の木材を節約することができた。[62]

　エリザベス女王の政府は、硝石の採取で苦情が出ることをよく理解していた。1576年、軍需局長官が、サリー州での硝石業者の「不当な徴発」に対する苦情を認めている。[63]　1589年には評議会は、ノッティンガムシャーの判事から、炭を運ぶために16マイルも荷車を徴用したり、徴用の代わりに1回の運搬につき4シリングの賄賂を要求するなど「国中」が硝石採集人に不満を抱いているという話を聞いた。[64]　1597年、法務長官エドワード・コークは、サフォーク州の硝石代理人が引き起こした「深い悲しみと不満」についてバーリー卿に苦言を呈した。苦難と欠乏の時代に国民の苦悩に塩を塗るように、徴発によって、この「非常に卑しい、乞食のような連中は、貧しい人々をあからさまに抑圧した」。ウッドブリッジでは、収穫期には返すからと脅し、「道が凍りついた真冬に」馬車を要求した。[65]　地主や小作人、地方の人たちの怒りが、全国の騒ぎに拍車をかけた。

　悲嘆にくれた人々からの苦情に気を配りながら、政府は無理無体な政策の立案者ではなく、あくまでも紛争の仲裁者として自らを位置づけた。実際、硝石採取では悪名高い「徴発」があることがわかり、より被害の少ないと思われる新な工程についての議論が求められるようになった。硝石に関する一連の許

可、特許、判決、布告には、臣民を「みだりに徴発」しないようにとの女王の配慮が見受けられた。私有地での硝石採取は問題を起こし、荷車や物資の徴発は苦情が出るため、硝石採取委託書では特許権者やその代理人が作業する場所では許可を得ること、代価を払うことを義務付けていた。また、不正行為が起きた場合には、地元の判事が対処し、最終的には裁定者として軍需局長官と枢密院が任命されることになっていた。[*66]

1590年に出された王室の布告は、1595年にも出され、硝石採集人が馬車、家、敷地、森を狙って人々を「徴発」、「強要」、「酷使」し、「女王陛下の愛する臣民」に「多大な苦痛と混乱」をもたらしたことを認めている。王室は「臣民の安寧を図り、このような非道な行為を抑制する」ために、硝石委員会をさらに再編成することになる。国の権力は、硝石採集を妨害したり、採取地を荒らしたり、施設を破壊したりする「悪人や不届き者」、そして偽の委託書や期限切れの委託書を使って働く不正な硝石採集人に向けられた。[*67]

硝石事業者は常に、「臣民に面倒をかけることなく」作業を進めると誓っていた。彼らがロンドンのスティールヤードで部屋の床を掘るときには、前と同じように「元通りにする」ことを約束した。また、硝石事業者がシティの取引に「大きな損害」を与えたという苦情に対して、市長は「認可書の執行には、より慎重かつ節度ある行動をとるように」釘を刺した。[*68]こうした気配りにもかかわらず、国家の安全への要求は常に人々の「不都合」よりも優っていた。国家戦略上の要件が私的権利に優先し、押し込みのような硝石採取やはた迷惑な硝石運搬が正当化されたのである。

弁護士も村人も、硝石事業が肥大化していくことを止められなかった。エリザベス女王の評議会は、「硝石を作るために家の床を掘り、馬車で硝石を運ぶことは、臣民にとって面倒なことだ」と理解しながらも、その事業は続けなければならないと決意を固めていた。地元の権利と国家の安全が対立するような場合、政権は常に硝石委員会の味方をした。彼らの硝石採取が不幸にも「大きな不満」を引き起こしてはいるが、「危機の時代に火薬が供給されない」となれば、国にとってはさらに悪いことになる。軽微な犯罪や人々の酷使など、「この業務の遂行が女王陛下とその臣民にもたらす利益や限りない安全に比べれば... 些細なこと」に過ぎない。[*69]

硝石業者は「対立や論争... 腐敗と濫用」で悪名高いだけでなく、彼ら自身

もよく互いに争いをしていた。[70]特にロンドンの硝石採取人ラルフ・ホッケンハルは、同業者たちの間の争いの火に油を注いだ。1589年、競争相手であるジョン・グランジは、ホッケンハルに奪われたロンドンでの硝石製造の独占権を再認可するようバーリー卿に請願した。ホッケンハルは、軍需局長官であるウォーリック伯爵の後ろ盾があったにもかかわらず、その地位を濫用し、自らの「私利私欲」を満たすために硝石の上前をはねた。王室は、硝石業者が臣民に迷惑をかけることは許しても、とりわけ国家の非常時において王室を欺くなど許すはずもなかった。[71]もちろん、ホッケンハルは、硝石業界の有力な一員として潔白を主張し、「巷で‥‥厚顔無恥」で知られるグランジの「難癖」を非難した。この問題の根底にあったのは、不満を抱えた資産家ではなく、ライバルの硝石業者だったことである。新たな入札者グランジは、ロンドンでの硝石の取引契約を求め、「女王陛下の臣民に迷惑をかけることなく」、年間20mwt（訳注：約10トン）を供給すると申し出た。[72]

　1592年には、ロンドン塔の兵器庫調査官ジョン・パウエル（John Powell）が女王に対する詐欺で起訴され、汚職のさらなる証拠となった。1592年の調査では、計量の不正、樽への違法な移し替え、粗悪な硝石、エヴリン兄弟を巻き込んだ違法取引などのスキャンダルが明るみに出た。硝石の製造特許を持つパウエルは、個人取引のために仕入れた硝石を横流しし、計量詐欺に手を染めていたようである。「見知らぬ商人」が持ち込む硝石の樽詰めをしていた樽職人たちは、ある時「計量に立ち会った」ジョン・エヴリンが、量はわからないが硝石を持ち去り、「この詐欺で女王陛下の尊厳を傷つけ支障を与えた」と証言している。ジョージ・エヴリンがスペインに有利になるような扇動的な発言をしたというさらなる告発は、国家の火薬を扱う責任者の一人としては特に重い罪であった。しかし、危機は去り、エヴリン家はまもなく仕事に復帰した。[73]

　硝石業者への苦情は、エリザベス治世の末期に勃発したあらゆる種類の独占業者、起業家、特許権者の不平に拍車をかけることとなった。しかし、1601年に出された国王の布告により被害者は法律で救済を求めることができると保証され、硝石事業者の責任は免除されることになった。特許権者たちは、「最近の公布（独占禁止令）により、いくつかの地区で硝石工場が停止し、その他の工場にも大きな支障が出ており、事情を知らないものたちはこれらの工場はこれ以上操業してはならないと思い込んでいる」と苦情を申し立てた。[74]誤解を

解くために政府は直ちに行動した。政府は、硝石工場は「完全に独占の対象外」であり、衡平法（訳注：慣習法で解決されない分野に適用される法準則）にも慣習法にも合致していると主張した。この点について、「女王陛下の特権である王室の権力や正当性に、挑発あるいは侮蔑するような疑問を呈する者」は、「それ相応の厳しい罰」を受ける恐れがあった。民有地へ侵入、硝石土壌の掘削、硝石の運び出しは続けなければならないのだ。世界の危険と王室への脅威を考えると、王国に硝石を納入することは不可欠との主張である。幸いなことに、エリザベス女王の臣民たちは「この国がこのような物資を調達する手段を持つことは、神の偉大なる祝福である」と伝えられた。その意義は計り知れないものだった。「この国で硝石や火薬を作る利益には限りがなく、女王陛下のすべての臣民の財産、土地、生命の安全のみならず、女王陛下の人格、王位、尊厳の保持、そして真の宗教の護持にも及ぶ[75]」。

　硝石事業に関する王権には疑問の余地がなかった。「女王陛下の支配地での硝石と火薬の製造は、女王陛下の特権により王権に属する」からである。女王は人々を怒らせるつもりはなかったが、「火薬の主成分である硝石はこの国では非常に不足しており、湿気から守られた家や場所でしか醸成しないため、王室が領有する所領だけでは十分な量を確保できない」。そこで女王陛下は王権を行使し、特許権者に人々の私有地や家屋の床を掘る権限を与えた。その結果、過去数年間、「年間20から30ラスト（訳注：約20.4～30.5トン）以上の火薬が納品されることはなかった」が、今では王国の年間必要量の半分にあたる80ラスト（訳注：約94.4トン）までも、女王の支配地で採れる硝石から作られるようになったのである。女王の評議員たちは「国家の安泰のためにできる最大の奉仕」と評価した。1600年9月のロバート・セシル卿（訳注：初代ソールズベリー伯）の「女王所領における硝石および火薬製造による女王陛下とその臣民へのゆるぎなき恩恵に関する覚書」（追記参照）は、計画した国内事業が立ち上がり稼働中であることを除いては、40年前のウィリアム・セシル（訳注：初代バーレー男爵。女王秘書長官）と同様の文言の繰り返しである[76]。

　エリザベス朝時代の末期には、硝石の採集と精製のための全国的なネットワークが構築されていた。硝石事業者は各地で操業し、王国の年間需要の半分を供給していた。1603年には政府は欠乏の時代から脱却し、十分な火薬や硝石を保有した。外国の技術を導入して自国で生産するようになったが、技術

的に最も野心的な計画は頓挫してしまった。国王の特権に基づき、有力な役人に保護されたイングランドの硝石事業は、国家の安全保障に不可欠なものであり、地元の不満はほとんど無視された。エリザベス女王の治世における他の多くの問題と同様に、硝石採集がもたらす法的、社会的、環境的影響は未解決のままであった。集約的な工業生産で地方への負担を終わらせることができるか、硝石の代替供給が本格化する中で、人々の「いらだち」と「不満」は心の中でくすぶり、時折騒乱を引き起こすことになった。この問題の解決は、他の多くの問題と同様に、エリザベス女王の後継者に託された。

追記

ロバート・セシル「女王支配領における硝石および火薬製造による女王陛下とその臣民へのゆるぎなき恩恵に関する覚書」(1600年9月*77)。

第一に、女王陛下と国家には、自国を防衛し共通の敵を攻撃する手段を保持するという絶対的な安全がある。一方、そうでなければ、女王陛下は防衛の問題を外国の王子の喜怒哀楽に依存せざるを得ない（訳注：生涯独身を貫いた女王エリザベス1世はその美貌を武器に、結婚を外交に利用した。スペインのフェリペ2世、オーストリアのカール大公、フランスの王弟アンリ、スウェーデン国王のエーリク14世たちが求婚してきた＜君塚直隆『物語 イギリスの歴史（上）』中公新書、208ページ＞）。しかし、彼らは硝石を国外に持ち出すことを拒否していた。1595年のことであるが、ロンドンの商人ファーナー氏（現在は特許権者）は、カレス（すなわちカディス）（訳注：スペイン南西部の都市）への航海のために女王陛下の兵器庫から支出された硝石100ラスト（訳注：約118トン）を補填するよう命じられた。彼は6か月以内に女王陛下にお届けすることを約束していた。実際、ドイツのポメルランド公爵は、このような強力な物資で自国が弱体化することを望まなかった。女王陛下は失望され、わずか11ラストしか入手できず、しかも予定より2か月も遅れたため、わが国で必要量を賄わなければならなかった。

第二に、外国から硝石の供給を確実に受けることができるにしても（それがどれほど十分な量かはわからない）、船が敵に妨害される危険、向かい風による遅延や難破による損失があればこの国に硝石を運ぶことはできない。

第三に、陛下は通常、外国の火薬に1ポンド12ペンスを支払っているが、国

内で硝石や火薬を製造することで節約している。この前の勅許では1ポンド8ペンス、100ラスト（訳注：約118トン）につき4,000ポンドで陛下の兵器庫に納入された。通常は80ラスト（訳注：約94.4トン）、特別な場合にはこれよりはるかに多くの量が納入されている。また、女王陛下の臣下も経費の削減に努めており、この前の勅許では女王陛下やその臣下は、国内での11年間の硝石や火薬の製造で10万ポンド弱を節約した。

　第四に、陛下は現在、1ポンド7ペンスで毎年100ラスト（訳注：約118トン）分の火薬を購入しているが、陛下は、上記価格で外国産火薬を、年間5,000ポンド節約し、さらに（必要な場合）毎年20ラスト（訳注：約20.4トン）分を提供されることが約束されている。すなわち、以前の勅許で通常提供されるよりも40ラスト（訳注：約40.7トン）分多くなる。従って、女王陛下は外国産火薬の価格で、この勅許で10年間では6万ポンド以上を節約し、また女王陛下の臣民も同程度に節約することができる。つまり、全体では約10万ポンドである。

　第五に、我が国で硝石や火薬を作ることは、隠れた利益を上げるだけでなく（硝石事業が無ければ、多額の金や同等の価値のある商品を輸出して外国を豊かにする一方、我が国を貧しくする）、多くの人々に職を与え、彼らの生活を支えることができる。

　第六に、軍需局の記録から明らかなように、女王陛下には、この件に関する最後の二つの勅許状が発行される前は、イングランド製の火薬が年間最大でも20〜30ラスト（訳注：約20.4~30.5トン）以上納品されたことがなかった。その最大の理由は、（火薬の製造に関する特許状は与えられていたものの）決められた人物が決められた量の火薬を貯蔵所に持ち込むことを義務づけられていなかったことにある。1588年に火薬が足りなくなるまで（当時は外国産の火薬を扱う商人ならいくらでも納入できたにもかかわらず）、この問題は放置され、国は危険に晒されことになった。これがきっかけとなって当時の女王陛下の最も名誉ある枢密院の諸侯は、国家の防衛を主に自国内で行うことを約束した。この約束について当時の宝蔵室長（訳注：王室の財政を管理する責任者）は、王国の安全のためにできる最大の奉仕であり、特に軍事力を弓矢から兵器に変えるものであると、大喜びでよく語っていた。この勅許により、年間120ラスト（訳注：約142トン）もの火薬が供給されることになった。また陛下の臣下だけでなく、陛下のためにも、通常より40ラスト（訳注：約47トン）も多く納入されること

になった。これらの大きな奉仕（つまり、女王と臣下への国内で火薬の供給が完全に満たされるようにすることである。要するに、これまで硝石採取で優遇された人々の土地と、そうではない人々の土地とを平等に扱わなければできないことになる）は、この国に不穏な空気を搔き立てた。しかし、硝石の製造自体（工夫された最良の方法で硝石製造が行われているにもかかわらず）絶え間ない不法行為、すなわち土壌の掘り起こしや馬車の徴発で不満が出ると思われる。硝石採取の仕事は、（必要上）多くの人、とりわけ粗暴な者たちによって行われるようになると（このために秩序を保つためにあらゆる注意が払われてきたにもかかわらず）、ちょっとした出来事で大きな不満が生じることがしばしばある。

　第七に、家の床を掘ることには大きな不満があると言われているが、この危機の時代（訳注：アルマダの海戦に勝利したにもかかわらず1600年前後のエリザベス1世末期の時代のイングランドは飢饉や列強との外交で内憂外患であった）に、家の床を掘らずに放置し、硝石を準備しない国家に、どのような正当な悲しみの原因、いやむしろどんな罰があったのだろう。もし、国家の安全を確保することが犯罪であるとしても、それは非常に軽微なものに過ぎないように思われる。もし犯罪に正当な理由があるならば、それに応じて罰するのが適切である。しかし、これらの些細な事柄が、この奉仕の遂行が女王陛下と最も悲しみを被る臣民にもたらす利益と計り知れない安全に比べれば、犯罪の理由はほとんどなく、防衛のための十分な備えがあり、それによって彼らの家屋、財産、土地、命が守られることになれば、大きな幸せと思うだろう。

4. 平和な王国の硝石

　硝石採取人が舞台に登場したのはトーマス・ミドルトン（Thomas Midoleton）の悲喜劇 *A Faire Quarrell*（ウィリアム・ローリーとの共作）の中で、1617年に本になるまで、国王の前や一般の劇場で上演された。冒頭のシーンでは、召使が市民ラッセルに、二人の見知らぬ男が家への立ち入りを求めていると告げる。「ご主人様、彼らは、家の土の味を確かめるために、委任を受けてやってきたと言っています。土を気に入れば、火薬にするつもりです」。観客は、この二人の人物が、私有地に立ち入る権利を行使し、土壌の適性を測るために土の味見を行う硝石採取人であると判ったことだろう。ラッセルはすぐに彼らの目的を理解する。「ああ、私の前にいる彼らは硝石採取人だ。委任状を持ってくるとは、まさに王の力だ！　硝石採取人には私有地に入る権利がある。悪党なら賄賂を要求するだろう。我々が頼みとするのは役人だけだ。硝石採取人は国ではあまりに物騒な存在だ。彼らはたちどころに堕落し悪事に手を染めてしまう。しかし、必要な悪党だ」。この「必要な悪党」の権威と堕落ぶりは喜劇仕立てで強調され、ラッセルは彼らの立ち入りを認めるが、「私の土地を荒らしたり滅茶苦茶にしないよう丁重に伝える」よう召使に指図する。手つかずの土地とまだ処女の自分の娘を重ね合わせて、ラッセルの娘（土地）は何人かの求婚者の注目の的であった。ラッセルは続けて、訪問中の大佐に言う。「私の娘（土地）はまだ処女（手つかず）だ。その貞節な腹（土）の中で虫が蠢くのを見たことがない。火薬野郎が娘（土地）を堕落させるのは耐えられない」。そこで硝石採取人がこう語る。「お宅の敷地を拝見し、土を味見しに来ました」。しかし、その後、彼らは自分たちが硝石採取人ではなく、家に隠れているラッセル嬢の求婚者の一人を逮捕しに来た兵士であることを明かし、策略を使って屋敷に侵入しようとしたのだった。そして、「火薬の反逆に災いあり、汝ら畜生ども、これが硝石の証明か、土の味見か。土よりも、お前らのような下っ端兵士が食ったこともないような、もっといいものを食え」と、誰もが知っている当時の事件（訳注参照）を暗喩を用いて大佐が彼らを叱責する、という内容

である。この劇は、ジェームズ1世の治世に不人気となった硝石採取人の傲慢さと悪徳ぶりを滑稽に暗示している[*1]。

※訳注：火薬陰謀事件（Gunpowder Plot）を暗喩。1605年11月に議会開会式に臨席するジェームズ1世を議事堂の地下室に仕掛けた大量の爆薬で爆殺しようと、カトリック教徒ロバート・ケイツビーとガイ・フォークスが計画した暗殺未遂事件。国教会とカトリックとの対立が背景にあった。

* * *

1603年の春、ジェームズ1世の即位を祝う355発の祝砲がロンドン塔のそばのテムズ川で船から撃たれ、船は揺れた。イングランド全土では、さらに多くの砲声が轟き、祝意を表した。この時の様子を描いたオランダの版画には、歓喜の大かがり火、トランペットや太鼓とともに、船や岸から大砲を撃つ様子が描かれている。4月に新国王がバーウィックに到着すると、「どの兵士も聞き覚えがない」ほど素晴らしい儀礼曲で迎えられ、翌日にはジェームズ国王自身が手慣れた様子で大砲を発射し、「そばにいた最も技量に優れた砲兵も賞賛せずにはいられなかった」。幸いなことに、この大砲は、1460年のロクスバーグの包囲作戦で先祖のスコットランド王ジェームズ2世が暴発して死亡したものよりも性能が良かった。新君主は、「いかに軍事技術を大切に思い、尊重しているか」を公言していた[*2]。

しかし、平和を構築、維持しようとする国王ジェームズ1世は、前任者よりも火薬、つまり硝石を必要としなかった。新政権は、王立火薬製造所から供給される火薬の半分も使うこともなく、余剰分を国際市場で処分し始めた。その中には、1605年のロバート・ケイツビーとガイ・フォークスの火薬陰謀事件に使われた火薬も含まれていたかもしれない。ジェームズ1世の治世の初めに行われた王室兵器の在庫調査では、ロンドン塔に240ラスト（訳注：約283トン）の火薬があったことが記されている[*3]。エリザベス女王のスペインとの戦争の最盛期には60ラスト（訳注：約71トン）まで減っていたことを考えると、王国には火薬が驚くほど豊富に供給されていたことがわかる。ベネチアの硝石商人は、「今ならイギリスに豊富にある硝石を買う絶好の機会だ」と言われ、早

速この余剰品を買い求めに来た。^{*4}1610年、評議会は「海を越えた我々と友好関係にある地域」に火薬を販売することを許可した。1612年には、デンマーク王が主要な購入者となった。かつてイングランドの火薬の供給源であった国々に、50ラスト（訳注：約59トン）もの火薬が輸出された年もあった。^{*5}国家行事での祝砲は、余剰分を消費するのに役立った。1610年の皇太子の叙任式と1613年の妹エリザベスの結婚では、祝祭のために大盤振る舞いで「花火と火薬」が使われ、ロンドン塔での大砲、テムズ川での模擬戦そしてランベス沼では砲声が雷鳴のように轟いたのである。^{*6}

憤慨する国民

　ジェームズ1世の治世は、国内の硝石業者への小さな反乱で幕を開け、彼らの憲法上の正当性が問われることになった。エリザベス朝時代の硝石許可証が失効したと主張する地主たちは、硝石業者が敷地内に立ち入ることを拒否した。硝石と火薬の特許権を持つ者は、女王エリザベス1世の死後、特許の有効性が疑問視されていたため、緊急にその特許権の権限の確認を求めなければならなかった。彼らは、自分たちの特許が「単なる独占権ではなく、王室と不可分の王権によるもの」であることを言葉巧みに国王に説明し、「無知な人々や固陋頑迷な人々」に対して自分たちの味方をするよう国王に求めた。^{*7}その後、火薬関係者は特権を維持しようと法的・政治的工作を次々と展開し、エドワード・コーク卿（1552-1634）が資産家階級のために立ち上がった。特許権者たちは、掘削による悪影響を軽減するという保証と引き換えに、年間60ラスト（訳注：約71トン）か100ラスト（訳注：約118トン）、もしくは120ラスト（訳注：約142トン）の火薬を国王に提供することを提案した。ジョン・エヴリンとロバート・エヴリン、そしてパートナーのリチャード・ハーディング（Richard Harding）は、1604年10月に「国家の安全と防衛のために特別な奉仕が必要な場合を除き、6年間に2度以上はいかなる場所も掘削しない」こと、そして鳩小屋はより慎重に掘削することを約束した。契約書の改訂により、エヴリン家は「良質の実戦用粒状火薬」を年間120ラスト（訳注：約142トン）、国王に納入する21年間の特権を与えられ、「イングランドとウェールズの都合の良いあらゆる場所で硝石を製造し加工する」権限を再び付与されたのである。^{*8}現存

する1605年上半期の帳簿には、17人の硝石業者に対して1cwt（訳注：約50キロ）あたり約3ポンド7シリングが支払われている。硝石生産者の雄であったフランシス・ストレットン（Francis Stretton）は119.5cwt（訳注：約6トン）を持ち込み、その対価として401ポンド12シリング2ペンスが支払われた。ほとんどの硝石業者が個々人への支払いに署名しているが、トーマス・ヒリアード（Thomas Hilliard）、フランシス・マクソン（Francis Maxon）、エドワード・スペンサー（Edward Sepenser）、ロバート・ヨーク（Robert York）は署名の代わりに印をつけただけであった。彼らが満足に読み書きができなかったことが伺える。残念ながら写本は破損しているが、現存する記録では82,791ポンド（約31ラスト）（訳注：約36.6トン）の硝石と2,469ポンド13シリング8ペンスの支出が記録されている[*9]。

　硝石事業への苦情は続き、不満を募らせた人々が王室や裁判所に救済を求めることもあった。苦情は時に評議会の注意は引いたものの、多くはエリザベス朝時代の人々が「ささいなこと」と呼んでいた類のものであった。1606年、議会の議員たちは、「時期をわきまえない」鳩小屋の掘削や「所有者の意思に反する」馬車の徴発について不平をこぼしていたが、その仕事が国家のために「必要」であることは彼らも認めていた。彼らの最大の不満の種は、硝石業者が「戦時中よりも暴力的で非合法な振る舞いをする」こと、そして硝石の一部を私的に流用することだった。ある議員は、「国王がスコットランドから来られてから、硝石も火薬も兵器庫には入らず、外国に運ばれている」と述べている。セシル国王秘書長官（Secretary Cecil）に、「不正を糺す努力をする」よう促す者もいた[*10]。また、エドワード・コーク卿は、ノリッチの判事（magistrates）たちに、「硝石業者が特権を乱用し、補償の相談なしに無許可で住居の床を壊すことができると、無知な人々に信じこませている」と注意を喚起した[*11]。王室が1606年の調達に関する布告で認めたように、「粗野な人間を信頼しなければならないなら、彼らが誤りや乱用を犯さないようにすることなどできない[*12]」。

　国家の安全への外敵の脅威が減少すると、ジェームズ1世時代の硝石産業は低迷し、その腐敗がよりあからさまになった。硝石業者は、硝石の採集や精製を続けたが、王が必要とする以上のものを生産した場合、その余剰分を一般市場で売って利益を得ることが許された。過剰に生産することへの誘惑には抗しがたいものがあった。こうした行為は「国民にとって非常に不快で厄介なも

の」であり、国民から議会への不満の声が上がるだけでなく、資源の浪費や王国の弱体化にもつながった。1606年の硝石に関する報告書には、「陛下も評議会も、毎年何が作られ、誰に売られているのかわからない」と記されている。危険なのは、「性質の悪い者」が兵器用の原料を入手し、キリスト教国の敵に手を貸すことである。この点に関する懸念は、火薬陰謀事件の影響でより一層強まった。もう1つの懸念は、いつまでも過剰生産を続けることは、「正当な理由や王国の必要以上に多くの燃料を浪費する」というものだった。報告書は、「特許権者がこのまま過剰な生産を続ければ、5年以内に硝石の土壌を完全に費消してしまうだろう」と結論付け、余白に「このことは、多くの硝石業者が自ら断言している」と書き添えている。この状況を是正するには、硝石の特許を取り消すか、少なくとも王室と利益を共有できるようにすることであったろう。[13]

　1606年、セルジャンツ法曹院（Serjeants' Inn）（訳注：ロンドンに15世紀半ばに設立された。二つの法曹院からなる）の上級判事たちは、硝石事業の合法性に疑問を投げかけ、硝石業者は守勢に立たされるばかりだった。庶民請願裁判所（the Common Pleas）の裁判長に任命されたばかりのエドワード・コーク卿は、その判決を有名な「報告書」にまとめている。判事たちは、「火薬を作るための硝石の掘削と採取」が王の特権の一つであることを認めた。これは、「すべての国民が恩恵を受ける全国土の防衛」のためであり、王室にとって必要な調達物資であると理解されたのである。しかし、それは「制限」を設けないわけにはいかなかった。国王の臣民を不当に扱わないために、国王の代理人は、作業した土地を「見つけたときと同じように良好な状態」にすることが義務付けられていた。彼らは、建物の壁や土台を「掘り崩したり、脆くしたり、傷つけたり」しない限り、「離れ家、納屋、厩舎、鳩小屋、製粉小屋、その他の建物」を掘ることができた。しかし、個人の住居を掘ることはできない。裁判官たちは、「臣民の居住を保護し維持する」ことに固執した。コーク卿の見解では、必ずしも王室の見解ではないが、「すべての臣民の家は、臣民の城であり要塞であり、危害や暴力から身を守り、そして安らぎの場である」とされた。イギリス人のトウモロコシや干し草を乱したり、馬や牛を追い出したりすべきではない。硝石採取作業は日の出から日没までの適切な時間帯にのみ行い、硝石業者は地主の同意なしに炉や釜を設置してはならない。荷馬車の使用は9マイル

までに制限され、「荷を積んでいてもいなくても」1マイルにつき4ペンスの報酬が支払われた。[*14]

　これに対して火薬関係者は、「家屋、納屋、厩舎の掘削ができなければ、王国の硝石自給は不可能である」と抗議した。ロバート・ジョンソン（Robert Johnson）卿は「人々に迎合すれば不都合な結果をもたらす」と評議会に警告し、単に人々に「迷惑」をかけるだけであり、「王国の安全」の方がより重要であると主張した。彼はまた、「法律に関わるこれらの判断は、評議会の機密事項として扱うべきで、決して漏らしてはならない」とも忠告し、コーク卿の言うように住居が神聖にして犯すべからざるものであるなど、住居の所有者に知られることのないようにと助言した。争点となる法律用語は "arcana imperii"、つまり国家の秘密であり、一般的な言葉では表現できない。しかし、契約を確実にし、また信用を得るために、硝石事業者は他の条件にも同意した。「この王国の硝石の最重要の供給源である鳩小屋」については、1日のうち、9時から3時の間のわずかに30分程度にしか掘らないこと、鳥や卵が「その間に失われた場合、その価値の全額を当事者に補償する」ことを約束したのである。また、壊せば必ず修理するだけでなく、「原状以上に良い状態にする」ことになっていた。[*15]これらの各規定は何年にもわたって試され、そして破られることになる。

政治と利益

　ジャコビアン（ジェームズ1世の治世）時代の硝石の特許をめぐる政治は、複雑で分かりにくいものだった。利益をもたらす特権はすべて所有する価値があり、廷臣たちはできる限り金を儲けるために頭を巡らせた。海軍本部（the Admiralty）、軍需局、枢密院の卿たち、そして多くの顧客やその取り巻きの間で、買収が行われる機会が多くあった。火薬の特許権者たちの「利益の独占」や「汚職」が国家の安全保障にもたらす「危険」を批判する者がいた。エヴリン家は1570年代から火薬を製造しており、問題がないわけではなかったが、ジャコビアン貴族たちは「きちんとした肩書のある人物が管理していないため、この事業には十分な見返りがない」と主張していた。救済策として、ウースター伯（the Earl of Worcester）は1607年5月にイングランドとアイルラン

ドで 21年間硝石と火薬を独占的に製造する許可を得たが、王の意向により取り消された。[16] ウースター伯は1620年1月に独占権を放棄し、その4か月後には王室のお気に入りである海軍卿（the Lord Admiral）（バッキンガム侯爵）、軍需局長官（the Master of Ordnance）（カリュー卿《Lord Carew》）、記録裁判所長官（Court of Wards）（ライオネル・クランフィールド卿《Sir Lionel Cranfield》、後にミドルセックス伯爵）が独占権を手に入れ、バッキンガム公爵とカリューは、クランフィールドが失脚した後の1624年6月に特許を更新した。[17] これらの貴族はもちろん専門家に仕事を委任したため、エヴリン家とその代理人が火薬の粉末化や硝石の精製の仕事を続けた。1620年12月までに、彼らはその年にすでに39ラスト（訳注：約46トン）の火薬を製造し、さらに60ラスト（訳注：約71トン）の火薬を製造するのに十分な硝石を手にしていた。[18]

　時折、新しい起業家が参入し、硝石の製造工程を変えることを約束しては騒動をおこしていた。大陸からの書物や大陸での製法から幾度となく様々なヒントがもたらされた。ジェームズ治世の初期（1607年と思われる）、サイモン・リード（Simon Read）とロバート・ジャクソン（Robert Jackson）は、「一見、硝石や硝酸塩を含有しているかどうか判断のつかない土地や土壌から本物の硝石を作る」新しい方法を知っていると語った。彼らは「放棄され、廃墟となった硝石採取跡の賠償と復元を行う」能力があると主張し、「秘密」を明かさないことを条件に事業の独占を要求した。[19] 1620年、彼らは「新しい方法に基づいて土や石灰などを混ぜて硝石を作る」ことには制限を設けられたが、1623年には「現在の委託業務を妨害しない」という条件で「イングランドとアイルランドで新しい方法で硝石を作ることを認める」許可が新たに交付された。事業全体は、「女王陛下への奉仕と国の安寧に最も役立つ」方法で行われることになっていたが、これは原則へのほとんど信じがたいほどの矛盾であった。[20] 起業家はいつものことながら新しい知識を持っていると主張し秘密保持の保護を要求したが、実際には誰一人実際に生産を拡大し硝石の既得権益を損ねる者などいなかった。

　時折、苦情が寄せられると、政府は秘密保持の保護措置を見直したが、硝石業者が処罰されることはそんなになかった。1618年、「かつて陛下の臣民が荷車の徴発で被ったような不都合を避けるため」、政府は、「荷馬車、荷車、2頭立ての馬」が硝石を運搬する距離を9マイルとし、荷車には1マイルにつき8

ペンスの「前金」を支払うことを再確認したのである。しかし、これらの規則は、いつものことながら、守られるより破られる方が多かった。[21]

　サリー州クロイドンの教区民は、1619年に硝石業者の無理強いに、苦情を申し立てた。硝石業者は、特権を逸脱して決められた距離以上、硝石の原料を運搬するよう強要した。この地域の主要な硝石工場はキングストン・アポン・テムズにあり、教会管理者がクロイドンからそこまでの道を測ると、10マイル以上あったという。また、ある硝石業者は織物職人リチャード・ギルバート（Richard Gilbert）の工房を掘ることを提案し、受け入れなければ滅茶苦茶にするぞと脅した。ギルバートは、生活がかかっている工房だけは勘弁してほしいと懇願し、工房以外の場所なら掘ってもよいと申し出た。[22]ギルバートの問題は、硝石の製造計画がいかに人間臭いどろどろしたものであるか、またジェームズ1世治世下の国家とその臣民との関係がどのようなものかを浮き彫りにしている。

　悲嘆にくれ苦情を申し立てた人々は、政府が自分たちのために何をしてくれるのか知りたがった。しかし、その答えは「何もしない」だった。1618年、ヨーロッパで三十年戦争が勃発し、前よりもひどい強要はしないことを条件に、評議員たちは国民の権利よりも軍備の調達を優先した。「自国の火薬供給に向け国王が硝石の製造を再開」という事態が、これまでにない危機感を生んだ。1620年にウースター伯爵が火薬の契約を破棄したことで、硝石事業は「王国にとって不利益な状態に陥り」、やるべきことが多くあった。[23]

　硝石が最も豊富な場所は地下室、鳩小屋、厩舎にあり、こうした施設は主に土地を保有する地主貴族階級のものであった。そのため、掘削は地主に最も打撃を与えた。地主たちは、憎むべき硝石採取人を阻止するためにさまざまな方法を考えた。最も効果的だったのは、文字通り賄賂で、金を払ってよそに行ってもらうのだが、これでは他の人に迷惑をかけることになる。トーマス・ミドルトンの *A Faire Quarrell*（1617年）の登場人物は、硝石採取人が自分の土地の土壌を「味見」をしに来たときに、「悪党なら賄賂を要求するだろう。我々が頼みとするのは役人だけだ」と言っている。[24]農家の建物の床が固いと、掘削の妨げになることがある。また、農民が畑の肥料のために糞の多い土を掘ると、硝石採取の土地を不用意に荒らすことになる。また、協力しないことでも国家の硝石計画の障害となった。地主は施設への立ち入りを拒み、荷車引き

は「条件次第」では、いかなる代償を払ってでも輸送を拒否した。また、硝石業者を支援するはずの地方の役人、判事、市長、警察、首長も、やる気のない不誠実な態度を示し、硝石事業の障害となった。1620年、業者から国へ硝石事業が移管されている間、ドーセット、ウスターシャー、ノッティンガムシャーの各州の判事たちは硝石業者を数人逮捕した。レスターシャー男爵のジョージ・シャーリー（George Shirley）卿は、1621年1月にラグデールで、クリスマスに硝石採取人が借家を掘り起こし、「貧乏人から住む部屋を奪う」という「無理無体」を訴えている。硝石採取人たちの委任状は、硝石特許が切れたウスター伯爵からのものであり、また委任状は住居には及ばないため、この採取作業は二重に違法であった。シャーリー卿は損害の補償と違反者の処罰を求めたが、おそらくどちらも受けつけられはしなかっただろう[*26]。

戦時の硝石供給

　1620年代、ヨーロッパの情勢が悪化すると、王室は硝石の備蓄にいっそうの注意を払うようになった。ジェームズ1世の政策は平和的であったが、戦争に備えなければならなくなった。1623年1月の布告では、火薬に欠陥があり王室艦船の一部が無防備になっているとの問題を明らかにした。「差し迫った危険な事態」を回避するため、硝石と火薬の製造がより厳密に管理されるようになった。王の火薬樽には今後、「最高級」のものには3つの王冠、「新しくて強力で良質」なものには2つの王冠、「古い火薬、再生火薬（訳注：古い火薬から硝石を再精製し、硫黄、炭を加えて再生した火薬）」だが、まだ使用可能なものには1つの王冠が付けられることになった。火薬に不純物を混ぜて嵩増しをしたり、不正取引が発覚した場合、国王の「憤りと不興」を買うことになり、「星室裁判所による厳しい裁断」の対象となった[*27]。

　開戦の様相が濃厚になるにつれ、硝石の入手が急がれ、海外から供給を確保する動きが活発になった。商人たちは、不足分を補うために再び低地帯諸国（ベルギー、ルクセンブルグ、オランダ）に目を向けた。1624年5月、政府は「大量の火薬を可及的速やかに製造すること」を命じ、硝石業者は「現下の切迫した時代の要求に応じるよう」納入量を倍増することにした。荷車や馬車による硝石運搬の制限は9マイルから12マイルに引き上げられ、拒否した者は国王の

「緊要な任務」を軽んじたとして裁判所に召喚されることになった。新しい硝石の契約では、エリザベス朝時代の戦時のレベルを大幅に上回る年間240ラスト（訳注：約283トン）の硝石を納品することになった。[*28]

　1624年12月には、硝石の採取に直接関係するさらなる布告が出された。同布告では、四半世紀前のエリザベス朝時代の布告を引用して、国王と王国の安全のために、難破や妨害による損失のリスクを軽減し、資金を節約し、貧しい人々の労働力を確保するために、外国の硝石への依存を減らし、国内資源で火薬製造をする利点が再三強調されている。しかし、再び国家の安全が危ぶまれるようになった今、硝石製造計画を妨害する「多くの不心得者の悪だくみ」に立ち向かう時が来た。政府は彼らの手口を知っており、それを阻止しようと考えた。布告では、「煉瓦、石、板、石灰、砂、砂利、その他硝石の醸成と増産に危害を与え、妨害し、棄損するおそれのあるものを、鳩小屋、鳩舎、倉庫の内外、地下室の床や天井、飼い葉桶」などに敷いたり、置いたりすることを禁止した。そして敷地が「我々の任務にふさわしい」状態に保たれているかどうかを確認するための検査が定められた。地主たちは、自分の土地に硝石を含まない土を撒いて「硝石土壌」を破壊してはならず、「腐らせ乾燥させた土や馬糞など硝石をたっぷり含んだまろやかな最高の土」を王の硝石採取人に取っておくことになっていたのである。将来、硝石採取人が「硝石床を増やし醸成させるために」硝石土をまいた場合、「その土地の所有者は、硝石採取人の行為を妨げたり邪魔したりしてはならない」。「自分の土地が掘られないように」賄賂を渡した者は、王の公務を詐取したとして王の怒りを買うことになる。違反者は海軍委員会（the Commissions for the Navy）に送られるか、あるいは星室裁判所で起訴されることになる。この布告は、「いかなる肩書や才能の持ち主」、またいかなる階級や地位を問わず、すべての人に適用された。唯一の例外は、「地下室および貯蔵庫 … 貴族や地主貴族階級が家計のためにワイン、ビール、シードルを貯蔵や保管する場所」であった。それ以外の場所では、硝石採取人は自由に立ち入り、掘ることができた。そして、その布告の最後にとってつけたように、硝石業者による「悪行」に言及し、政府はいかなる臣民の「正当な苦情」も聞き入れると保証している。[*29]

　ジェームズ1世の平和的な外交政策は1624年に終わり、チャールズ皇太子とバッキンガム公が戦争に向けてイングランドを動かしていった。エドワード・

コーク卿は家財保有者の権利に配慮していたが、国家の安全のために、その配慮の影は薄れていった。第二次スチュアート政権が武力行使に出たことで、硝石事業は加速し、そして地方の人々の間で毛嫌いされていった。チャールズ1世の時代には、硝石業者はそれまでの遅れを取り戻すかのように、これまで以上に積極的に硝石採集に励んだ。

5. チャールズ1世の至宝

　1637年、ウィルトシャーの硝石業者トーマス・ソーンヒル（Thomas Thornhill）が東ノイルの教区司祭クリストファー・レン（Christopher Wren）博士と対立し、国王の庇護と権威をめぐる争いが起こった。ソーンヒルの雇人がレンの許可なく鳩小屋の床を掘り起こしたところ、北側の壁が崩れる大きな被害を受け、鳩たちが「鳩舎から飛び去った」という。司祭は「3つ品種の鳩を失い、一番卵を産まない品種でも30か40は卵を産んだはずだ」と言った。ところが、逆にソーンヒル側に鳩小屋が古くなっていたと訴えられることになった。鳩舎は高さ20フィート（訳注：約6メートル）、厚さ3フィート（訳注：約0.9メートル）以上の石造りの建物だったが、硝石採取人が壊してしまった。ソーンヒルは、壁にはすでにひびが入っており、「王国中の至るところで多くの家、納屋、立木が吹き飛ばされた強風の夜に壊れた」のであって、決して自分たちが掘ったことが原因ではないと主張した。ソーンヒルは、国の重要な仕事に従事する王室の使用人として、司祭による「不当な非難」に対し、評議会に救済を求めたのである[*1]。

　しかし、レンは、ウィンザー首席司祭（Dean of Windsor）（訳注：ウィンザー城の聖ジョージ教会の律宗司祭の長）、ガーター勲章登記官（Registrar）、ノリッチの主教の弟という異例の政治力を持っていた。そのため評議会を飛び越えて、聖ジョージ祭の際にチャールズ国王に直接申し入れた。レンはガーター勲章の役員として王室の保護を要求し、王は硝石業者に反対し、登記官であるレンに味方した、財務長官ジュクソン（Juxon）主教率いる委員会は、1638年1月、鳩小屋の倒壊は風や天候によるものではなく、ソーンヒルが掘った結果であり、レンは賠償を求めることができると結論付けた[*2]。鳩小屋事件当時、5歳だった息子の建築家クリストファー・レン・ジュニアは、政治や建物の堅牢性について何かしら学んだかもしれない。

* * *

チャールズ1世の時代、ヨーロッパでは戦争が頻発し、スチュアート家も巻き込まれる恐れがあった。1625年に評議会は「硝石の醸成と増産を一層堅持し、火薬を適正に製造するための」緊急令を発し、軍需産業の動員を急かした。[*3] オランダの発明家コーネリアス・ドレッベル（Cornelius Drebbel）は、1626年に「陛下に自らの技術を役立てる」ために、火薬や砲艦そして潜水艇（訳注：当時現在のような完全水没型の潜水艦は実用化されていない）の製造に携わる外国人専門家の一人であった。[*4] 1625年、軍需局はカディスに真鍮製の攻城砲10門と野戦砲を送ったが、実際に配備された形跡はない（訳注：カディス遠征。チャールズ1世は89隻の遠征艦隊を派遣し、スペインに大敗を喫する）。1627年にレ島（the Isle of Rhé）（訳注：ラ・ロシェル包囲戦。イングランドのバッキンガム公ジョージ・ウイリアムズ指揮でフランス領レ島を攻撃した）に送られたもののいくつかは不良品で、1つは2発目で暴発してしまった。[*5] これらスペインやフランスとの初期の戦争は政治的、財政的に破滅的で、利益も名声も得られなかった。

　チャールズ1世は1629年以降、イングランドを大陸の戦争から遠ざけたが、彼の無謀な宗教政策でスコットランドとの2つの不必要な戦争が起きた。1639年～1640年の主教戦争は、スチュアート三国（訳注：イングランド、スコットランド、アイルランド）のすべてに火をつけ、イギリス諸島全体で10年に及ぶ内戦（訳注：清教徒革命あるいは広義には三王国戦争）の幕開けとなった。この大炎上の前にも、王室は要塞や軍隊、改編された民兵、増強した海軍により多くの火薬を必要としており、危険な世界で国家の安全を等閑視することはできなかった。ポーツマス、ハル、バーウィックの守備隊は、武器と訓練を必要としていた。ダンケルクの急襲団（訳注：Dunkirkers と呼ばれフランドル沿岸のダンケルク、オステンド、ニーウポルトを拠点とする海賊）、バルバリア・コルセア（訳注：オスマン海賊。アルジェ、チュニス、トリポリを拠点とする海賊、海賊）、荒くれ者の海賊に反撃、駆逐しなければならなかった。平時でもチャールズ1世政権の火薬の年間需要は250ラスト（訳注：約295トン）を超え、1638年には292ラスト（訳注：約344.6トン）に達し、エリザベス朝時代の3倍以上となった。イングランドの硝石業者はかつてないほど忙しく、それとともにかつてないほど多くの悪行を行ったのである。

輸入

　1627年の王室の推定では、国家に必要な硝石のうち、国王の領地で生産されたものは3分の1に過ぎなかった。残りは「国外」から輸入され、「危険と運任せ」というあらゆる「不便」が輸入に伴っていた[*6]。その輸入硝石のほとんどは、依然としてハンブルクとアムステルダムからで、エリザベス朝を悩ませた海外調達のあらゆる面倒を伴っていた。チャールズ1世の緊急の軍事増強で、イギリスの軍事物資の調達先は拡大し、政府は新たな供給源を必死に探した。1625年12月、評議会は商人たちに「ドイツや東方諸国」から物資を確保するために仕事に「精励」するよう督励し、東インド貿易の商人たちには「本国行きの船には硝石を積み込むよう」迫った[*7]。1626年1月、評議員たちは再び冒険商人組合（the Merchant Adventurers）（訳注：イギリス中世末期から近世にかけてイギリスからバルト海周辺地域への毛織物輸出を独占した商人の団体）、海外に「硝石や火薬の備蓄があるか」調査するよう要請した。バルト海沿岸地域は特に有望と思われたが、ただデンマーク王がこの地域の硝石を欲しがっていた。イギリス軍需局は依然として「全般的に供給が足りず」、商人たちは「可及的速やかに」できる限り多くの硝石を輸入するよう要請された[*8]。

　国際的取引を行う商人たちは、この呼びかけに積極的に応じた。「陛下のご要望により」、資本家フィリップ・ブーラマーキー（Philip Burlamachi）は「海外から... 硝石100ラスト（訳注：約118トン）か、硝石と火薬合わせて100ラストか、いずれにせよ火薬100ラストに見合う硝石（訳注：70ラスト、約83トン）を提供する」ことに同意したのである。完製品であろうと材料を混ぜ合わせるだけの製品であろうと、「売り物になる程度の状態」の硝石で、戦争に間に合うものであれば、問題なかった[*9]。1627年11月、軍需局はハンブルクとアムステルダムから直接硝石を調達するよう交渉した。しかし、戦争が長引くにつれ1628年1月には、「陛下はオランダから高値で、しかも品質の悪い火薬を購入せざるを得なくなった」[*10]。チャールズ1世の時代、硝石の自給に積極的に取り組んだが、外国からの輸入はずっと続いた。

　アイルランドでも、当局が「アイルランド人に硝石の製法を知られないよう注意」さえすれば、火薬の原料が得られるかもしれないと考える者もいた[*11]。また、イギリスの離島に硝石が埋もれているのではないかと推量する者もいた。

チャールズ1世のスコットランド海軍卿（High Admiral）であったリンリスゴー（Linlithgow）伯爵は、自分の代理人が「硝石、火薬、マッチの正真正銘の製造方法」を発見したと主張し、1628年に硝石製造の特許を取得したが、1634年の「火薬の不足」に関する報告書にはスコットランドには硝石が存在しないことが記載されている。植民地の投資家は、バージニア、バルバドス、コネチカットのいずれかに硝石があることを期待したが、この時期のアメリカの探検では何も得られなかった。[*12]

オランダの先駆的な取り組みに続き、チャールズ1世の時代には東インド会社が硝石の定期的な輸出を始め、1629年には170トン、1630年代には年間200トン以上となった。王室の火薬製造業者たちは、このインド産の硝石の品質の高さに驚いた。国王の貯蔵庫に「十分に供給され」、余った硝石を再輸出できた年には黒字になったこともあった。[*13] イングランドの硝石の未来は、東インドからの供給にかかっていた。しかし、このことは一世代の間誰も気づかなかった。

エリザベス朝とのつながりを復活させたバーバリー（訳注：北アフリカ地方）の商人たちは、国王に貢献した。1627年6月、彼らはモロッコから20トンの硝石を持ち込んだ。1631年には、スペインとの和平により（販売量が減り）利益が減少した時には、販売量よりも在庫量が多いのではないかという（売り惜しみの）苦情が出るほど、彼らの取引は成功した。バーバリーの硝石も「イギリスの硝石と同等の品質」であることがわかり、軍需局も喜んだ。[*14] 1637年、バーバリーの商人ロバート・ブレイク（Robert Blake）は、モロッコの硝石を入手し、イギリス人の捕虜を解放するための巧妙な計画を思いついた。チャールズ1世の臣下、少なくとも1,500人が「トルコ人」や「イスラム教徒」の捕虜となっており、襲撃者（バーバリー海賊）は毎年さらに多くの捕虜を拘束していたのである。計画では、モロッコ人がイギリス人捕虜を解放し硝石を提供するのと引き換えに、布や他の商品、特に大砲の弾をわたすことになった。ニコラス（Nicholas）国務大臣（Secretary of State）はブレイクの提案を支持し、「請願者（訳注：ブレイク）がモロッコ人に硝石を提供することに関し、貴族院（the Lords）は王にその旨上奏する」と記した。この取引の成果として、24トンのバーバリー産硝石が1637年4月にロンドンに到着し、12月にはさらに100トンが到着した。[*15] どれだけの捕虜が帰国したかは不明だが、大主教ラウ

ド（Laud）は「トルコ」の宗教（訳注：イスラム教）を受け入れたイギリス人背教者を許すために、形式に則った礼拝を準備するまでに至っている。その後、（モロッコ側にわたった）どれだけのイギリスの大砲の弾がキリスト教国の船に対して使用されたかは不明である。[*16]

硝石計画

　チャールズ国王が即位して間もない頃、「何百万ポンドもの金で陛下を裕福にする」計画、「大砲を無効にする秘密の方法を工夫する」計画、「未発見の南方の地を発見する」計画など、いろいろな計画を提案する起業家が殺到していた。硝石生産の改良はもちろん、他にも船の速度の向上、「煙に悩まされることのない」ホップや麦芽の乾燥法など、多くの起業家が夢を語っていた。[*17]　コーク法務長官は、「イタリアでは硝石床の技術改善が行われており、このような改善計画がここイングランドでも多く提案されている。うまくいけば国家の支援策でなにがしかの成果を得られるかもしれない[*18]」と同僚たちに同意を求めた。特に戦時中は、国家の「支援策」を求める者が後を絶たなかった。

　エセックスの地主貴族の4人、ウィリアム・ラッキン（William Luckin）卿、ガマリエル・カペル（Gamaliel Capell）卿、詩人フランシス・クオールズ（Francis Quarles）、ウィリアム・ライド（William Lyde）は一緒になって、1626年に議会を説得し、「硝石土壌の保存と硝石製造施設の増設、および臣民が現在被っている苦痛を軽減するために」、自分たちに有利な法案を起草するよう求めた。硝石は「王国の防衛に必要」であり、輸入は「外国の王や国に依存する危険性があり」、従来の国内調達は「臣民の大きな負担、苦労、苦痛の種」であるという、おなじみの主張が繰り返された。また、「陛下の愛する臣民の住居、地下室、麦芽製造所、鳩小屋、納屋、厩舎、その他屋外便所」などに硝石採取人を送るのではなく、代わりに彼ら四人組は、年500トンの硝石を生産できる集約化した生産工程を提案した。詳細には書かれていなかったが、彼らの計画は、「土壌を肥やす新しい方法」で「硝石を醸成する」ために、王国内のすべての「銀細工師、精錬師、染物師、宿屋、ブドウ酒屋、肉屋、床屋、酒屋、屠殺場、タバコ屋」に対して、彼らの「汚水」、汚泥、掃除のゴミを集めるように要求するものだった。この法案は、実際の生産工程についてはほとん

図6　硝石製造

Francis Malthus, *Pratique de la guerre: contenant l'usage de l'artillerie, bombes et mortiers, feux artifi ciels & petards, sappes & mines, ponts & pontons, tranchées & travaux* (Paris, 1681), following p. 150 (Huntington Library, rare book 486839, reproduced by permission of the

ど触れていないが、「頑強に反対する人々... 公共の利益に敵対する人々、必要不可欠な仕事を妨害する人々」にどのような罰を与えるか苦心した。この法案は1626年4月に2回審議され、結局、その後廃案となった。[19]

　1626年、トーマス・ラッセル（Thomas Russell）は、これまでとは異なり、ロンドンで硝石を製造する計画を提案し、議会でチャールズ1世に支援を請願している。ラッセルは以前、ジェームズ1世に硝石の製造を提案したことがあったが、その目的は王国全土で硝石を探し回るのではなく、集約的に硝石を生産することにあった。ラッセルが指摘するジェームズ1世への提案には、現在、硝石は「バーバリー、フランス、ポーランド、ハンブルグ、その他ドイツ各地から」輸入されるか、国内で採取されており、国王の臣民は大きな不利益と不便を被っている、と記してあった。ラッセルの提案は、最近議会に提出された法案とは似ても似つかぬものだった。他方、そこには「これまで知られていなかった新しい方法と手段」と銘打たれていたが、16世紀に初めて発表された硝石床のアイデアと似ていた。ラッセルの新たな計画は、ロンドンの乞食に働かせて、街の小便を集め、特別に用意した土壌に撒くというものだった。そして、「尿が浸透し、土壌が熟した後」、加工に適した良質の硝石を常に豊富に供給するというものである。必要なのは、この施設を稼働させるための2万ポンドだけであった。[20]

　ラッセルの計画は、資金さえ確保できれば、金儲けができ、イギリスをより安全にするものだった。この計画は、議論ばかりで行き当たりばったりの生産工程を、秩序立てた予測可能なシステムに変え、年間500トンの硝石を供給し、国家に社会的、経済的利益をもたらす。政府はラッセルが計画を熟知していると判断し、「臣民の家や小屋も掘らず、馬車も徴発せずに」、硝石という「至宝」を確保するために、この起業家を支援することを決定した。1626年、王室は尿から硝石を作る特許を認め、1627年1月の王室布告では、ラッセルとパートナーのジョン・ブルック（John Brooke）卿が試験採集を行ったロンドンだけでなく、「イングランド王国のすべての都市、町、村」で尿の収集と保管が許可された。尿は、「その用途に適した便利な容器または受け皿」に、「保存、採集できるすべての家畜の糞尿」とともに保管された。そして夏には毎日、冬には一日おきに収集された。「不注意や怠慢で」仕事をしない者は、「我が同胞と国家の両方を軽蔑し、悪影響をあたえるもの」と見なされた。この布

告で「大権」が発動され、続けて町や市に費用の拠出を求める書簡が出され
た。[*21] 王国の防衛のために人々が総動員され、尿と糞の統制経済になったのであ
る。

　ラッセルの尿採集計画を支持する布告は硝石の供給を約束通りに増やし、代
わりに従来の硝石生産を止めることになった。このため、土地所有者たちは
「これでもう協力を免除される」と、硝石業者への協力を拒否するようになっ
た。硝石業者も、新しい制度や業者の選別の下で失業を恐れ、政府との契約更
新を拒否した。心配した軍需局長官トットネス（Totnes）伯爵は、1627年7月、
コーク法務長官に「介入しなければ硝石業は崩壊し、国王の国務に大きな支障
を与えることになるだろう」と警告した。海軍委員会によると、既存の硝石業
者は「あらゆる場所の掘削、より低料金での硝石運搬のための権限、また制限
の無い自由を要求したが、これでは臣民に耐え難い苦痛を与えることは明白で
あった」。[*22] その結果、「これまで認められてきた方法での硝石採集」を保護する
ために、「既存の命令や体制の維持を急かせる」1627年7月23日付の布告が改
めて発出されたのである。そこには、1625年4月の布告にあった鳩小屋、厩舎
そして硝石業者への援助に関する規定がほぼ一字一句違わず繰り返されてい
た。[*23]

　しかし、それにもめげず希望に燃えたトーマス・ラッセルは、1627年12月
に「陛下に一切負担をかけずにまた、臣民を苦しめることもなく、1,000トン
の硝石を生産するという、臣民に大いなる安寧をもたらすことになる新たな計
画を提案した」。尿を採集するのではなく、各家庭で「納屋、馬小屋、小屋の
隅に土を積み、「その土に尿を3か月間かけ、さらに3か月以上放置しておけ
ば、硝石たっぷりの土となる」。ラッセルは、市や町のほかにイングランドに
1万ある村や小教区には平均して40軒の家があり、1軒あたり4人と見積もっ
て、「この荷車40万台分の土壌で10万トンの硝石の溶液ができ、それが1,000
トンの硝石になる」と計算したのである。さらに、余剰分を市場に回せば、王
室は1トンあたり30ポンドの利益を得ることができる。ラッセルは計画を見直
し、「各教区の牧師、司祭、修道士」に誰の尿を混ぜたか監督させ、「尿の供出
を拒む全員の氏名」を記録させることを提案した。この計画は、よく考えられ
独創的ではあったが、あまりにも野心的であり、その実現性の無さから失敗に
終わった。ラッセルは1628年6月にも引き続き議会に支援を要請したが、そ

の努力はついにかなわなかった。[24]

　他の起業家も政府の「支援」を求めていた。デイヴィッド・ラムゼイ（David Ramsey）は硝石を増産する新しい製造方法を見出し、1631年1月にその発明を実用化するための認可を受けた。[25]バートン（Barton）という別の起業家は、「誰も知らず試されてもいない新しい方法で二重精製による硝石を製造する秘訣」を入手し、出資者を募っていた。[26]1634年5月には、ハートフォードシャー州ヤードリーの排水施設業者のフィルベルト・ヴェルナッティ（Philberto Vernatli）卿とジョン・バタリオン（John Battalion）という胡散臭い2人組が、「良質の硝石を作る秘密の方法」を知っていると喧伝した。しかし、その前に、かつてトーマス・ラッセルに許可されたまま施行されていない市の排泄物を利用する特許を、自分たちに独占的に与えることを望んだのだ。[27]1638年4月には、経験豊富な硝石採集者ジョン・モートン（John Morton）が、「主要な硝石床」である鳩小屋からの収量を6倍にする計画を提案した。[28]これらの計画だけでなくその他いずれの計画もが支援と資金を求めている間、硝石業者とその地方代理人によって、探索、掘削、濃縮などの日常的な仕事が続けられた。これらの計画はどれも実現しなかったが、期待を抱かせる計画は次々と湧いて出てきた。1640年代にも、同じような計画が山っ気たっぷりの学者連中のペン先から生まれたが、成功の見込みは全く無かった。[29]

国産硝石

　チャールズ1世の政府は、当初から硝石産業を奨励した。1625年3月、チャールズ1世が即位して数日のうちに硝石業者たちは硝石を240ラスト（訳注：283トン）に倍増することを誓約した。[30]同年4月の新たな委員会では、海軍卿の下で火薬特許権者を再公認し、同月末の布告では、「硝石の醸成と増産、火薬の適正な製造のために、今後、厳正に遵守すべき勅命や規約」を定めている。1625年の布告は、チャールズ1世の政権のいつもの調子で、「陛下の勅令を冒涜する者」に対し王が「著しい不快感」を表明し、王の特権に挑戦する者には星室裁判を開くと脅迫した。[31]

　ジェームズ1世は勅許を濫発したが、チャールズ1世は硝石事業を体制維持の試金石としたのである。イングランドに「硝石鉱山」をもたらしたのは神の

恩寵であり、その硝石を確保するのは自国と国民の利益のための君主の仕事である、と述べたのだ。1625年4月の布告では、「悪弊の改革」がうたわれたが、それは硝石業者が犯した微罪を取り締まるというよりも、硝石業者の仕事を円滑にすることであった。鳩小屋や馬小屋の所有者は、石、レンガ、板、砂利などを床に敷くことを禁じられ、代わりに「床や地面には、硝石土壌や硝石を増産するのに適した糞尿でまろやかな良質の土を撒くように」命じられたのである。また、「良い土壌」を自分のために持ち出したり、建物に床を張ったりした者は、3か月以内に硝石の採取に適した土に戻すよう命じられた。巡査、役人、判事は、硝石採取と運搬を助け、作業を「妨害、拒否」する者は罰するよう命じられた。この布告では、「いかなる土地や場所でも、硝石採取を大目にみてもらうための」賄賂や謝礼の授受を禁じており、とにかく硝石の生産を最大にするよう求めた。しかし、不満を漏らす者への譲歩として、硝石採取を「適切な」時期や季節に限定し、硝石採取人には「土地を、元あったように良好できちんとした状態にする」ことを義務づけた。これらの条項のほとんどは、死期が迫ったジェームズ1世の硝石に関する最後の布告（1624年12月26日）にも記載されていたが、「陛下の王権」が発動されたことにより、より重要な意味を持つようになったのである。苦情と懲罰が繰り返されたことから、硝石業者は日常的に地元の妨害に遭っていたことがうかがえる。[32]

　チャールズ1世の政府は、一部の硝石業者が政府の委託を超えて臣民に負担を負わせることを十分承知していた。硝石採取人の手抜きや居丈高な態度が、「問題や不平」を引き起こした。硝石採取人が私有地に押し入るために「苦情が数多く寄せられ」、彼らの悪名高い汚職体質は「多くの善良な臣民にとって非常に不愉快なもの」であった。しかし、どんなに嫌われる事業であっても、王国の安全のためには続けなければならなかった。硝石許可証の更新に際し、評議会はどうにか「臣民の苦痛を和らげるためにできる限りの配慮をした」と言ったが、「できる限りの配慮」は、多いに議論の余地を残すものとなった。[33]

　不満は硝石採取人が働くところならどこでも聞かれたが、貴族が不満をこぼした場合はより効果があった。ウェールズ北部のフリントシャーの硝石採取人ロバート・リー（またはライト）（Robert Leigh or Light）は、有力者ストレンジ卿の所有地に侵入した際、間違った人を敵に回してしまった。彼は、領主の厠舎に入るために鍵を壊し、床板をはがし、厠舎の土台が倒れかねないほど土台

の根元を深く掘った。さらに、ハワードン城に立ち入ることを明確に禁じられていたにもかかわらず、城中を掘り返すというとんでもない悪行をやってのけた。リーとその手下たちは、国王の従者と称して暴れまわり、町を恐怖に陥れた。夜には「彼らのたまり場で」、「町はわしらのものだ・・・」と叫び、そして家賃も払わずに貧しい住民の家を奪い、「彼らを悲嘆に暮れさせ、驚愕させた」。リーたちは最後に掘削してから3年も経たないうちに同じ場所に戻り、「何もかも壊し」ぱなしにした。ストレンジ卿は、軍需局長官であるトットネス伯爵を頼り、1627年7月にコーク法務長官に、これらの「傍若無人のふるまい」に対する処罰を求める手紙を出した。評議会は告発を受けて申し開きをさせるためにリーを召喚した。結局リーは「傍若無人な振る舞いの咎<ruby>咎<rt>とが</rt></ruby>」を認め、硝石事業から手を引くことになった。^{*34}

　ダンビー伯爵は、1628年4月、オックスフォードシャーの硝石業者ニコラス・スティーヴンス（Nicholas Stephens）の件を持ち出し、バッキンガム公爵に注意を喚起している。というのもバッキンガム公爵が海軍卿として、軍需局長官トットネスと共同で硝石の特許を保有していたからである。スティーヴンスは「この地域の人々に無理を強い」、「さまざまな悪行」で四季裁判所（訳注：年4回開催され、地方の中小の刑事犯罪を扱う裁判所）に召喚されていたが、バッキンガム公爵を通じて保護を要求した。ダンビー伯爵は、バッキンガム公爵が「彼らの唾棄すべき行いを改めるよう注意する」のであれば、硝石業者に対する手続きを中断してもよいと述べた。^{*35}

　この頃、下院では「硝石の入手に関する法律」が審議されていた。この法律は、臣民を救済し、領地を供与することを目的としていたが、法律となることはなかった。議員たちは、いくつかの郡での悪行を引き合いに出し、バークシャーとオックスフォードシャーでの硝石業者の蛮行に焦点を当てた。バッキンガム公爵の硝石委託人であったニコラス・スティーヴンスは、教会や「女性が分娩の最中」に家屋を掘るという悪事を働いていた。特にチッピング・ノートンでは最悪だった。荷車20台分の硝石土を掘り出すために、教会の座席を引きずり出し、「地面を平らにしてしまった」ので、教会には座る場所もひざまずく場所もなくなり、教区の人々は礼拝を挙げることも、「死者を埋葬することもままならなくなった」。教区の教会書記が「神の家は硝石掘りをする場所ではない」と抗議すると、作業員たちは「教会の土は自分たちの仕事には最

高だ。何しろ女が座席で小便をするので、素晴らしい硝石ができる」と卑猥な冗談で答えた。この騒動は外でも続き、スティーヴンスは教会の庭の壁の一部を壊して硝石の濃縮用の大釜を設置し、「硝石精製用の大桶を教会の構内に据え付け、教区の人々が教会に入れなくなるありさまだった」という。ピューリタンや儀式を重んじる人々は一致団結してこのような冒涜的な行為に抗議したが、オックスフォードシャーの事件は決して珍しいことではなかった。スティーヴンスは、コヴェントリー、ウォーウィック、オックスフォードの教会を掘削委託の「対象外ではない」として掘り返し、ウェールズでも同様の「冒涜的な狼藉」が行われていた。[36]セントポール大聖堂でさえ、王室の「緊急の必要性」から、硝石業者が「地下室や地下納骨所室」を危うく掘ろうとした。[37]参事官は時折、硝石委員会に「教会や教会構内、その他の神聖な場所での硝石採集を自制する」よう要請したが、効き目はすぐにはほとんど効果はなかった。[38]

　スティーヴンスは、オックスフォードシャーのブラックバートンにあるアンソニー・ハンガーフォード（Anthony Hungerford）卿の家から、「どうしても必要だ」と言って、所有者の同意なしに荷車7台分の石炭を門を開けて運び出してしまった。公定の料金を提示も支払いもしなかったため、さらに敵を作ることになった。彼は、通常12マイルが限度のところ30マイルも荷車で資材を運ばせ、しかも半分の料金しか払わず、結局1マイルの報酬は公定料金の8ペンスではなく2ペンスでしかなかった。さらにスティーヴンスは、賄賂の料金表まで作り、強制的な運送をしない代わりに10シリングから30シリングの賄賂を受け取っていた。スティーヴンスは、自らの身を護るために、王室からの委任状をこれ見よがしに見せびらかした。そして、この委任状で「同意に反して家を掘ることも、距離を明示せずに運搬する」権限が与えられているのだといった。バッキンガム公爵の権威を武器に、彼は敵対する者には星室裁判所をちらつかせ、侯爵の権威以上の理由がない限り議会への答弁を拒否したのである。[39]

　議会はバッキンガム公爵を弾劾できなかったことをずっと引きずっており、1628年の春、「権利の請願」（王権による侵害に対する臣民の権利の請願）の提出を進めていた。庶民院は、「権利の請願」がまとまったその日のうちに、この悪党硝石業者に対する証人を送り込んだのである。地方の問題は憲法の原則に則って処理されるものであり、硝石に関わる争議は王権に対する挑戦となっ

た。特にジョン・エリオット（John Eliot）卿とロバート・フィリップス（Robert Phelips）卿は、硝石業者の「図々しさ」、「王国全土にわたる大いなる悪行」、「庶民院に対する侮蔑」に対して意見を述べた。憤慨するエリオット卿は、「教会を壊し、国に違法な代価を課すような委任状は、誰をも意のままにする絶大な権力を幾人かの者に与えるには好都合だが、不正極まりない」と、言明した。エドワード・コーク卿は、硝石に対する王の権利は「単なる調達」に過ぎず、個人の家に立ち入る資格はないとするジェームズ1世の時代の主張を繰り返した。「硝石業者はいかなる家も壁も掘ることはできない。というのも住む家を持つことは、国のためだからである。修復できる床や厩舎、地下室、貯蔵室、土壁は掘ってもよいが、鳩小屋や納屋は許されない」。もちろん硝石委員会はこれに反対し、悪行を是正する法案は法制化されなかった。[*40]

　一方、洪水のように苦情が押し寄せ、関心は否応なく高まった。元亜麻織物職人だったロバート・モア（Robert More）は、「硝石採集の経験も知識もなく、その精製の方法も知らなかった」ため、イースト・アングリア（訳注：イングランド東部地方）の人々の土地を「台無しにし、原状回復もできず」、「王の臣民を悩み苦しませました」。また、雇人たちへの給料も払わず、不愉快な思いをしたのは、所有者ではなく、この男たちであった。[*41] エセックスのある大陪審は、硝石採取人が、賄賂を受け取り「掘削しない」と約束したにもかかわらず、ドアを壊し家屋を掘り返した話を聞いている。また、ノーフォークやサフォークからロンドンまで、硝石を運ぶのに費用がかかり、不便だという不満もあった。[*42] エセックスのある領地の執事は、「地下室を掘らないように硝石業者に賄賂として支払った」5シリングの支出を帳簿に記録していた。サフォークのフラムリンガム（サフォーク伯爵がフラムリンガム城を所有していた）では、1630年に役人が、「硝石業者を町から追い出すために」、14シリング4ペンスという大金を支払った。[*43]

　トーマス・ヒリアードは、ドーセット、サマセット、ウィルトシャー、グロスタシャーを領有し、ニコラス・スティーヴンスとともに硝石業界の疫病神として名を馳せていた。フランシス・セイモア（Francis Seymour）卿はコーク法務長官に、ウィルトシャーでのヒリアードの「圧政」について苦言を呈し、ヒリアードとその部下が「誰の家であろうが、どんな部屋であろうが、いつ何時であろうが」好き放題に掘削していると訴えた。また、「硝石業者によくある

悪行」として、麦芽製造所を台無しにし、ホップの植え付けや収穫を妨害し、決められた額の輸送費を支払わないことがあった。[*44] ヒリアードのもう一人の犠牲者トーマス・ボンドは、1630年3月にコーク法務長官に、硝石業者は「貧しい人々を虐げている」と訴え、彼らが裁きを免れれば「国に心底、永遠に絶望し、彼らは金輪際苦情を申し立てることはないだろう」と注意した。ボンドはヒリアードを過度な採取、土地の深堀、馬の虐待、寝室への侵入など「こうした、ありとあらゆる無理無体な行為」で告発したが、ヒリアードは自分ではなく地主に責任を押し付けた。[*45]

1630年の春には、無視できないほど不満の声が大きくなっていた。4ページの報告書には、ヒリアードとスティーヴンスに対する苦情がまとめられ、さらなる調査が勧告された。彼らは「居間、寝室、脱穀場、麦芽製造所、作業小屋など、あらゆる場所を見境なく掘った。もちろん、神の家も見逃さなかった。教会、神聖な礼拝堂、教会の敷地を掘り、墓場から人の骨や灰を引きずり出して火薬の材料とした」。彼らは時や季節を無視して作業をし、鳩小屋をひっくり返し、麦芽を台無しにし、建物の基礎を掘り崩し、「掘った場所を埋めたり修理したりすることはほとんどなく、家や部屋を土、ゴミ、排泄物、泥の山でいっぱいにしてしまう」のである。また、「老人や非力な人、病弱な人や病人、授乳中の婦人、さらには分娩中の女性や死の床にある病人の枕元に硝石の精製桶を置く」など、常識の範囲を超えた行為があった。さらに、「教会で鐘を鳴らし、傍若無人に酒を飲むという冒涜的で不敬な行為」が、人々の反感を呼び起こした。王の名において要求や脅迫を行ったために、硝石業者は王の権威を失墜させることになった。また、自分たちに逆らう者を「ならず者、反逆者、裏切り者」と呼び、人々に反感の種をまいた。この仕事を進めようとするなら、硝石採取人は治安判事の監視の下で「冷静かつ謙虚に」振舞わなければならないだろう。[*46]

しかし、この論争は一方的なものではなかった。土地所有者が地元での硝石業者の悪行を列挙する一方で、硝石業者自身は「何かと逆らう人たちの反対や妨害で、陛下に対する努めが果たせない」と苦情を申し立てたのである。王のために「財産と名誉を捧げた」にもかかわらず、彼らは今や破産に直面していると訴えたのである。硝石業者たちは枢密院に訴え、頑迷固陋な田舎者や怠惰な地方の役人とは対照的、自分たちは王室のために働く忠実な労働者であると

申し立てた。[*47]

　硝石業者のニコラス・スティーヴンスは、彼自らがライバルを脅すために利用した星室裁判所に出廷し、彼に対する裁判手続きの取り下げを訴えた。彼は、王国の火薬貯蔵量が「払底」し「膨大な需要で危機に陥った」時代に働き、国王への義務を果たさなかったことはない、と述べた。また、「不適切な方法で土地をひどく棄損した」にもかかわらず、当局から「毎週2倍の割合で硝石を納入するように」圧力をかけられたと主張した。スティーヴンスは、教会は委託の対象外であり、チッピング・ノートンで「人々の反感」をもたらしたとしても、それは意図したものではなく、他の地域の教会では反対もなく掘っていた、と主張した。彼は反省の証として、一番の悪行に責任がある硝石採取人をオックスフォードの監獄に放り込み、自らは、心を入れ替えると、その覚悟のほどを表明したのである。[*48]

　トーマス・ヒリアードもまた、委任状に押された大きな印章を指さし、この委任状は民間の家屋はもちろん教会を含む「特権のあるすべての場所」を掘る権利を彼に認めていると告げた。彼に逆らう者は、王に逆らうことになり「王の不興を買うという恐るべき脅し」にさらされたのである。[*49]　他の硝石業者は敵対する者を頑迷固陋で邪魔な存在として描き、彼らを非難する者に逆に非難を加えたのである。イースト・アングリア出身の硝石業者ヒュー・グローヴ（Hugh Grove）は「硝石供給の低下」を「所有する土地や家で硝石の醸成を台無しにする」人々のせいだとし、また硝石樽の運搬を拒否する者を処罰するよう求めた。同業者のジョン・ギフォード（Jhon Gifford）は「警告したにもかかわらず半数は荷車をよこさなかった」と不満を漏らしたが、地元の判事は彼らを助けようとはしなかった。トーマス・ソーンヒルは、地下室に石を敷き詰めたり、砂利で埋めたりなど、「陛下の硝石土壌を完全に台無しにする大きな損害と妨害」を加えたロンドン市民を非難した。[*50]

　伝えられるところによると別の地主たちは、鳩小屋を板張りにしたり、厩舎を床張りにしたり、硝石採取人が土壌に近づけないようにしたり、土壌を畑の肥料にしたりするなど国をだましにかかったといわれる。また、かれらは硝石が豊かな土壌への立ち入りを制限し、硝石採取や硝石濃縮を妨害した。また国の硝石事業への反対を煽り、そのため硝石請負人に必要な住居や交通手段、燃料が供給できなかった。このように、問題の核心は、一部の悪党による略奪行

為ではなく、臣民が王室に対して正当な支援を行わないことにあった。枢密顧問官たちは、勅命に違反する者は「王国の安全に必要かつ有用な務めを軽侮し、無視したことへの相応の報いを受けるべき」、と主張した。[*51]

それまでの統治時代と同様、評議会は特定の領地から硝石を供給する契約を毎年結んでいた。土壌が肥沃で人口が多い南部と中部は、一般に北部よりも生産性が高かった。表Ⅰは、1628年5月1日から1629年4月30日までの主な硝石業者の名前、担当する州（counties）、割り当てられた目標、実際に納入した量を示している。この年の野心的な目標は5,234cwt、ほぼ262トンで、316ラスト（訳注：約373トン）の火薬が得られるはずであった。しかし、軍需局は173トン強の3462cwtしか用意できず、210ラスト（訳注：約248トン）の火薬しか生産できなかった。それでもまだ国の需要には足りないが、これらの数字はグローブ、ヒリアード、スティーヴンス、ソーンヒルといった人物が、硝石の自給自足に向けて積極的に努力したことを表している。[*52]

個人支配時代[*]における悪行と不満

＊（訳注：1629年3月から1640年4月の11年間にわたるチャールズ1世とその側近による絶対王政の個人統治）

1630年代初頭には、政治環境が変化し、硝石の需要も一時的に低迷した。1628年にバッキンガム公が暗殺され、何かと物議を醸したバッキンガム公が軍需委員会からいなくなったことで政治的な熱も冷めた。1629年以降、国王は議会抜きで政治を行うことを決定し、地主の不満を訴える場をなくした。最も重要なことは、外国との戦争が終結し、王室の火薬の必要が薄れたことであった。フランスとの和平は1629年4月のスーザ条約で成立し、スペインとの敵対関係も1630年11月のマドリード条約で終結した。年間240ラスト（訳注：約283トン）もの硝石を供給するのに苦労した半世紀後、評議会はその割合を以前の年間120ラスト（訳注：約142トン）まで減らすことを計画した。これに基づき、政府は調達システムの見直しや改革を導入し、素行不良や能力不足と判断された硝石業者を排除できるようになった。[*53]

硝石業者は再び業務の改革に同意し、これまで以上に騒動を招かないよう、

表1 硝石割当

1628-1629

Name and Territory	Assignment	Brought In (to nearest hundredweight)
Nicholas Stephens (Berkshire, Oxfordshire, Warwickshire, Middlesex)	624	552
Thomas Hilliard (Hampshire, Wiltshire, Dorset)	312	347
John Gifford (Gloucestershire, Somerset, Devon, Cornwall)	364	371
William Burrowes (Nottinghamshire, Leicestershire, Staffordshire, Derbyshire)	468	254
Stephen Barratt (Lincolnshire, Rutland, Huntingdonshire, Cambridgeshire)	416	220
Hugh Grove (Essex, Norfolk, Suffolk)	502	378
John Vincent (Surrey, Sussex, Kent)	468	371
Thomas Thornhill (London and two miles compass)	416	312
Edward Thornhill (Bedfordshire, Buckinghamshire, Northamptonshire, Hertfordshire)	572	485
John Melton (Yorkshire, Durham, Northumberland)	312	154
William Richardson (Worcestershire, Shropshire, Herefordshire)	364	112
William Richardson, sr (Wales)	208	0
John Cooper (Cheshire, Lancashire)	208	0
Total:	5,234	3,462 (*recte* 3,556 cwt)

「素面で慎重に硝石を運搬すること」を約束した。(法廷弁護士《common lawyer》の反対にもかかわらず)依然として個人の住居に入ることは許可されていたものの、寝室は掘らないことを約束した。また鳩小屋を掘ることはこれまで通り許可されていたが、今後は鳩の繁殖周期に合わせて作業を行うことになった。輸送を強制する権限はまだ残っていたが、借賃として1マイル4ペンスを支払うことに不承不承同意し、1634年には2倍の8ペンスになった。[*54] 一部の硝石業者は自分に有利になるよう競争相手の硝石業者を非難し、積極的に訴訟を起こした。その結果お互いに仕事が減少していったのである。[*55]

　競争関係にある硝石業者たちは、トーマス・ヒリアードが委任状を失いそうになると、彼の周りに集まってきた。ヒリアードは1628年の議会での攻撃を何とかしのいだが、チャールズ1世の個人統治時代には彼が抱える問題は一層深刻になった。彼が賄賂を受け取って人々の荷車や敷地にお目こぼしをしたことは間違いであり、また務めのために徴用した「荷車とは名ばかりの立派な馬車」に妻を乗せたことは恥ずべき行いではあったが、何よりも国王をだまそうとしたことは許されざる所業であった。ヒリアードは、「私利私欲のためにロンドンでひそかに取引を行っていた疑いをすでにもたれており」、ブリストルの火薬の闇業者に夜に「袋のようなものと樽」を出荷し、ほかにも「自分の利益のために」様々なたくらみをしていたと報告されている。「陛下の硝石を横領した」というのは、臣民の権利を踏みにじるよりもはるかに重大なことで、この事件はヒリアードだけでなく、彼の妻、従業員、仲間そして顧客も巻き込んでいった。1633年にトーマス・ヒリアードに対する星室裁判所の手続きが進められたのは、地方からの苦情もさることながら、このことが原因であった。[*56]

　ヒリアードは王をだまして、王国を弱体化させた。彼の私的な商売や横流しによって、「海軍委員会が外国から高い値段で(硝石を)買わなければならないほど」王室の備蓄が不足したと検察官は主張した。硝石業者の汚職は「王国全土を危険にさらすもの」であった。星室裁判の判事たちは、5000ポンドの罰金、晒し刑、終身禁職という重い判決を要求した。ヒリアードの妻と彼の仲間は、ヒリアードが証人の証言を改ざんするのを手伝った罪で、罰金と制裁を受けることになった。1634年に「硝石業者ヒリアード」逃亡という報告が、彼についての最後の消息となった。[*57]

硝石業者に関わる苦情のほとんどは、王国の利益を理由に解決が図られた。1633年3月、特許権所有者のジョン・ヴィンセント（John Vincent）は、クロイドンのジョージ・マインズ（George Mynnes）を告発した。マインズの使用人は、干し草用の三また（pitchfork）と怒り爪（bill）（訳注：クマやトラなどが攻撃や威嚇の時剥きだす爪のような鉄製の武器）で武装し、公道に鎖を張って、硝石採取人が鳩舎に近づけないようにした。この武装による封鎖が終わったのは、マインズの土地管理人が、彼曰く、主人の土地は硝石採取の務めから免除されている、との特権をかざしたからである。ジョージ・マインズは、ハナパー書記官（訳注：文書管理を担当。裁判所で特許状や勅許を宣読する役割を担う）の監督官として裁判所に伝手を持っており、硝石業者と争う用意があったのだ。この争いは数か月間続き、互いに相手の妨害や違法を主張した。ある時、硝石業者が立ち入りを要求すると、マインズは「静かにしていろ、領主に一言でも言えばみんな吊るされるぞ」と脅した。また、硝石業者がマインズの井戸から水を汲もうとすると、使用人たちは彼らを笑い飛ばして言った。「そこにどんな王の務めがあるかは知らないが、もし王が井戸に行くのであれば、王は領地に入る門の鍵をもっているはずだ」。両者の争いの結末は、ヴィンセントの硝石業者が勝利し、評議会はマインズに「鳩小屋を掘ることを許可する」ように強く指示した。[58]

　エセックス州でも、1633年11月に硝石業者ヒュー・グローブが合法的な活動への妨害について不服を申し立てると、特許権を持つ硝石業者が勝利した。土地所有者たちは王の務めに便利な倉庫を貸すことを拒否し、硝石の精製に必要な灰はすべて石鹸工場用に回され、地元の判事もグローブを全く支援しなかった。グローブがダニエル・チャペル（Daniel Chapell）にマッチング・グリーンにある彼の納屋を引き渡すよう要求すると、この農夫は「中には干し草があり、まもなくトウモロコシも納屋に入れる」と拒否した。この抵抗で、マッチングの人びとはロンドン当局に召喚され、相応の懲罰を受けた後に釈放された。一方、硝石の製造は進められた。[59] バークシャーの騒動を起こした連中も同様に、「硝石の製造を妨げない、邪魔しない」という保証をして釈放された。[60]

　ロンドンでは、「かつて硝石土壌があった地下室、金庫、倉庫、厩舎が舗装やタールなど有害なもので台無しにされている」と硝石業者が訴え、何らかの

緊急措置がなければ「これらの硝石土壌は... 完全に台無しになるだろう」と述べている[*61]。サマセットでは、「硝石土壌が台無しにされ、陛下の硝石業者が損害を受けただけでなく、陛下への大きな災厄となり王国の損失になる」と主張し、（こうした硝石土壌への妨害は）「単なるうっぷん」のせいだとした。ドーセット州では、反対派がシャーボーンの硝石濃縮所への硝石溶解水の運搬を妨害した。バークシャー州の硝石業者リチャード・バグナル（Richard Bagnall）は、「陛下のほとんどの臣民がこの事業の発展のために何もしようとしない」ことが根本的な問題であると忠告した[*62]。グロスターシャー州アルヴトンの硝石業者ウィリアム・ブラウンは、「自分は罪もない正直な人間で、現場で働いている貧乏人を牛耳る者たちが悪意に満ちた迫害を加えている」と訴えた[*63]。

　家に押し入られ、納屋を占拠され、生活が脅かされているときに、国王の努めに協力し感謝されたところで、ほとんど慰めにはならない。ましてや、自分の財産を守るだけで、悪者扱いされるのは辛いことであった。チャールズ1世の政府は、常に「反抗的な」人物に注意を払っていたが、個人統治時代（1629年～1640年）には、そのような人物を見つけるのは困難であった。1634年、軍需局の役人は「鳩舎の床を舗装した者の名前」を明らかにすることを提案し、硝石業者にその旨を伝えた[*64]。

　硝石業者は、いつものことながら、自分たちの不手際を、邪魔な地主、貸し渋りをする荷車屋、役立たずの判事のせいにしていた。また農民たちの近代的な農業の試みを、反政府の動きや農業用建物の改築で王から金を詐取する陰謀に見せかけたのである。鳩小屋に上階を建て増したり床に板を張ったり、また厩舎の床も板張りにしたり砂利を敷き詰めたりなど、農業基盤の整備としては適切だったかもしれないが、硝石事業には問題となった。また、鳩の糞を集めて牧草地に撒くという近代農法も同様である。鳩の糞は牧草に最適な肥料であり、牧畜業者は硝石業者と同様に硝石を価値あるものとみなしていた[*65]。

　鳩小屋や荷車に関する係争は、船舶税（Ship Money）（訳注：チャールズ1世が統治的な王立海軍建設のために、従来の議会の承認の必要のない船舶税を金納で全国的に課税したために、議会の承認のいる税金と変わらなくなり、議会で論争になった）や人身保護（Habeas Corpus）（訳注：国王が不法に臣民を逮捕・拘束した場合の救済手段。チャールズ1世の時代から発達）といった当時の他の問題に比べれば些細なことに思えるかもしれない。しかし、法律と慣習が錯綜する重要な問題だっ

たのである。国王は兵器に必要な硝石を、王の特権によって入手することができた。この仕事は合意に基づき、不利益に対する補償を伴うはずだった。しかし、「イギリス人の家は彼の城」という英国人の根深い感情もあり、対立する財産や名誉にかかわる懸念が生じた。納屋が空いているか、ハトが繁殖しているか、厩舎が掘削に適しているかなどが争点になったが、これらは公平性と統治という根本的な問題にも関わっていた。厩舎の板張りや地下室の砂利敷を禁止することは、硝石土壌を醸成することになるのだが、他方で自分たちの領地の管理は自分たちが一番よく知っていると考える上流階級の利益を損なうことになった。厩舎や鳩小屋は領主にとって特別な施設であり、特権や富の象徴であったため、これら施設の破壊は地主の名誉だけでなく財布にも関わることであった。[66]

　1630年半ば、チャールズ1世が軍備を増強すると、硝石政策は再び変更になった。イングランドはヨーロッパの紛争から距離を置いていたが、軍事的に巻き込まれる脅威は衰えてはいなかった。北アフリカのバーバリーの奴隷商人や海峡を渡ってくるダンケルクの略奪者はより大胆になり、カトリック諸国による侵略も考えられなくはなかった。沿岸の防備を固め、エリザベス朝時代の艦隊を復活させることは、政府にとって果たすべき務めであった。それはまた、イングランドの「海の主権」を回復するという王室の名誉を主張するものでもあった。船舶税時代の王立海軍は34隻で、アルマダの海戦の時代ほど多くはなかったが、そのトン数と火力はほぼ倍増した。1637年に進水した「ソヴリン・オブ・ザ・シーズ」は、総数102門の大砲を備えた最強の砲艦であった。1640年にはチャールズ皇太子の艦隊は、総数、約1,200門の砲を備えていた。スコットランド戦争が始まる前の1638年2月の推定では、チャールズ1世は年間292ラスト（訳注：約345トン）の火薬を必要としており、これはエリザベス朝時代の戦時体制の3倍以上（イギリスの硝石供給量をはるかに上回る）だった。訓練された儀仗隊だけでも、閲兵と訓練に年間94ラスト（訳注：約111トン）を必要とした。[67]祝砲や礼砲も火薬を消費し、そのため、この慣習は縮小せざるを得なかった。1635年に起こった不幸な暴発事故では、来訪したプファルツ選帝侯フリードリッヒ5世に敬意を表して「ペニントン（Pennington）大佐の砲手が礼砲を発砲した際、弾薬の確認をし忘れ」、王の甥の側近5人が死亡した。[68]

チャールズ1世の軍備増強で、硝石業者はさらなる割当をこなすよう圧力を受け、役人は納入が割当量に満たないと苛立ちを募らせた。1630年代半ば以降の火薬の納入契約では、毎年 240 ラスト（訳注：約283トン）の火薬が納入されることになっていたが、王室の火薬製造業者は「陛下の火薬製造所を稼働させるために硝石が欲しい」と繰り返し訴えた。[*69]

　硝石関係者の度重なる陳情活動は、1635年3月の「硝石製造のための敷地の保全と、現在破壊されている敷地の修復、および陛下の硝石製造業者への援助の命令」の布告につながった。この布告では、「硝石の醸成と土壌を損ない、破壊する」「不忠の臣民」を叱責し、「あらゆる不逞の輩」に家屋の舗装や板張り、鳩小屋を高床にしないように勧告している。このような「妨害と損害」に責任がある者は、2か月以内に掘削できるよう所有物を原状復帰しなければならず、判事には、彼らがそれに従うかどうかを確認する権限を与えられていた。我が国と王国の公共の務めと安全にとって非常に重要な問題であるにもかかわらず、「勅命」に背いた「不届き者」は、高等法院から「罰金や刑罰」を受けることになった。国家は、積極的に硝石採集を支援し、一方、逆らう者は不届き者とみなしたのである。しかし、1635年の布告では、チャールズ1世の他の思いにも沿うように、2つの重要な免除規定が設けられた。今後は、硝石委員会の権限により、「全ての聖なる土地の土壌を混ぜ返したり、掘ったり、更地にさせない」と宣命したのである。教会は、ついに立ち入り禁止となった。また、この布告は「あらゆる階級、肩書、身分の臣民」に適用されると主張したにもかかわらず、「聖職者ではないが宗教心の厚い領主および優良地主貴族の厩舎」を、舗装や砂利敷きの禁止から明確に除外している。復活した高等騎士法院によって保護されていた上流階級が、今度は別の特権を手に入れたのである。しかし、同時代のフランスの貴族がそうであったように、必ずしもイギリスの貴族が階級や地位によって硝石採掘業者の関心を免れるということはなかった。1637年、ケント州ローサムのジョン・レイニー（John Rayney）卿が、騎士や男爵の身分を理由に硝石業者との協力を拒否すると、地元の判事は「他の地主貴族と同様に免除されることはない」と反論した。[*70]

　国の後押しを受けた硝石業者は、その後数か月から数年にわたり大活躍することになる。彼らは、王室の権威に護られて、枢密院や火薬調達の担当官の聴聞には自分たちに都合の良い情報を伝えた。彼らは、「大きな損失と費用」を

もたらした「王室への悪意に満ちた行為」を何十件も報告した。ワイト島の微罪判事が自分たちの硝石採集者の一人を「浮浪者、ならず者」と呼び、二晩牢屋に入れたことに、硝石業者は苦情を申し立てた。リッチフィールドの廷吏や役人が「陛下の務め」を妨げたと、彼らは評議会に訴えた。ロンドンの材木商が硝石業者のために石炭を運ぶのを嫌がると、彼らは彼をマーシャルシー（訳注：ロンドンの南部テムズ川沿いのサウスウォークにある悪名高い牢屋）に入れ、裁判で追及した。ケント州の硝石業者フランシス・ヴィンセント（Francis Vincent）の訴えにより、ノートンのトーマス・メイ（Thomas May）は、1635年12月に自分の鳩小屋から土を取り除いたとして刑務所に入れられた。彼は、「硝石の醸成に適したまろやかな土を1フィート敷いて」原状回復することを条件に釈放されたのだった。また、ケント州の地主貴族は、石炭（sea coal）を硝石業者の作業所に運ぶグレイヴゼンドの男たちを「低能」とバカにして、賠償金を払う羽目になった。[*71]

　ノリッチの硝石業者は、「陛下への務めをおろそかにし、効果も上がっていない」と訴え、「陛下の命令を軽んじることに陛下が当然ながらいかに不快を感じているか」、市の役人たちに気づいてほしいと望んだ。市民が硝石業者に「非難がましい言葉」を投げつけたり、硝石採取人の一人が教区の役人を井戸に投げ込むと脅したことから、市民と硝石業者との関係は悪化した。ノリッチの市長は、硝石採取人が市庁舎の基礎を掘り崩したために、「建物全体が倒壊する恐れがある」と文句をつけた。硝石業者は、「危険な」囚人が収容されている刑務所でも、場合によっては「気がふれた狂人が閉じ込められている部屋でも掘る」、と言い張った。[*72] 硝石業者は、もちろん市庁舎に対する暴挙を否定し、被害調査のために派遣された調査員を威嚇した。ノーフォークの他の土地の陳情者たちは、「得手勝手で恥知らずな乱暴な行い」の硝石採取人が「乱暴狼藉をはたらき、無理強いをし、強請りたかりをする」ことに不満を述べている。その中には、「時期をわきまえず家や納屋を壊し、金品を要求し、馬車を遠くまで無理やり引きずり、賄賂を得ることで結局この土地を疲弊させただけだ」という申し立てもあった。こうした硝石業者の中には、「身分の低い者がグレイ・ジャック、ダリーグッドなにがしといった自惚れた名前をつけ、ある場所ではそれを名乗り、別の場所ではそれを伏せて、簡単には素性がばれないようにした」。[*73]

ヘレフォードシャーの硝石業者は、「陛下の務めを誹り侮辱する行為」として硝石の濃縮用の大桶を壊した男を、雇人を使って叩きのめそうとした。また、バークシャー州イドルストンの教区民と巡査たちにも、同様に「大いなる侮辱と怠慢」の責任を取らせようとした。またある硝石業者はケント州のレイニー卿に、隣人を使って、「どんな些細なことでも見逃さずに、あらゆる機会を狙って」四六時中嫌がらせをしたという。イングランド全土で、硝石業者は「家、土地、敷地、私物」を破壊して硝石を掘る「権力、許可、自由、権限」を主張し、慣習法による規制を完全に無視した[*74]。

　オックスフォードとケンブリッジの硝石業者は、大学が硝石採取人の立ち入りを免除されていると主張したことに抗議した。ヒュー・グローブは、ケンブリッジで荷車屋に資材の運搬を断られ、「運搬に助けがなかったために大きな損失」を被ったと不満を述べている。町の人々は大学への愛着を理由に免除特権を主張し、また副学長は大学の職員、敷地、動物は免除すべきと申し立て、誰も必要な荷車を提供しなかった。グローブは、王の務めに対するこのような「侮辱と妨害」への救済策を評議会に求めた[*75]。同様にオックスフォードでは、リチャード・バグナルが硝石精製用の道具を設置するために納屋や小屋を必要としたとき、納屋の所有者リチャード・ネイパー（Richard Napper）が「大学構内やその他の大学および大学職員が所有する場所で硝石を掘ることはすべて禁止されており」、市の5マイル以内ではすべての荷車も同様に特権で保護されていると主張した。バグナルは、評議会がこの申し立てを却下し、ネイパーに「侮辱への責任を取らせる」よう要望した[*76]。

　1636年5月、バグナルがウッドストックの王館で掘削をしようとして、国王は一時的に掘削を止めさせたが、完全に拒否することはできなかった。評議会は、「国王は掘削に完全に同意されているが、硝石業者はまず宮内長官に随行して家政婦長に命令を与えなければならない。宮内長官抜きでは硝石業者は何もしてはならない」と注意した。半年後、バグナルはなおも国王の狩猟小屋で硝石を掘る許可を待っていた。1637年2月、彼はウッドストックの王館を掘ることを再度要請し、元通りに修復することを約束し、4か月後にその要請はまたもや却下された。チャールズ1世自身は硝石業者がウッドストックの王館を掘ることに前向きであったが、再三の申し入れは何度も阻まれた[*77]。

　サマセットでは、硝石の争奪戦は自由の擁護者と権力の擁護者の間で繰り広

げられた。かつて議会で名を馳せたロバート・フィリップス卿は、1636年に硝石業者の石炭を自分の荷車で運ぶことを拒否し、問責された。フィリップスは、評議会書記官に訴え、硝石業者は王の務めに励むよりも自分たちの目的に邁進し、「自らが楽をするために、陛下の臣民を奴隷にしようとしている」と申し立てた。また、硝石業者は国に「莫大な費用」を課し、「陛下の務めと称して、理不尽な要求をしている」とも述べ立てた。もちろんフィリップス卿自身は「陛下の務めに全面的に服従」していたが、硝石業者の「あまりに理不尽」で横柄な態度に難色を示したのである。[78]

　同じく議会の重鎮であったデンジル・ホールズ（Denzil Halles）は、1637年2月、硝石・火薬委員会から、ウィルトシャー州ダメラムの鳩小屋の掘削を許可するよう求められ、これに屈してしまった。ホールズは、当初硝石業者を怒鳴りつけて追い返したが、結局彼らに譲歩して費用を負担しなければならなくなった。1637年6月の硝石に関する新規の委任状では、ホールズやフィリップス卿のような「強情で道理のわからぬ」所有者に対し、「我々の権威と委任状に示された勅命に従わない場合は罰せられる」との警告があった。[79]

　ウィルトシャーでは、一番権勢のある硝石業者トーマス・ソーンヒルとノイル・マグナ（現イースト・ノイル）の学長クリストファー・レンが争うことになる。ちなみにレンは、ウィンザー学長にしてガーター勲章登記官でありノリッチ主教の弟でもあった。ソーンヒルの雇人がノイルのレンの鳩舎を掘ったところ、レンの説明によると、北側の壁が崩れ落ちる大きな被害を受け、鳩たちが「鳩舎から飛び去った」という。学長は「3つの品種を失い、そのうち最も卵を産まない品種でも30から40は卵を産んだはずだ」と言い、一方で鳩小屋が古くなっていたと訴えられることになった。鳩舎は高さ20フィート、厚さ3フィート以上の石造りの建物だったが、以前の硝石作業ですでに弱り、今や廃墟と化していた。ソーンヒル側は、壁にはすでにひびが入っており、「王国中の多くの家、納屋、木が吹き飛ばされた強風の夜に壊れた」のであって、決して自分たちの掘削が原因ではないと主張した。彼は、国の重要な仕事に従事する王室の使用人として、学長の「不当な非難」に対し、評議会に救済を求めたのである。[80]

　しかし、レンは評議会でも地方判事でもなく、聖ジョージ祭の際にチャールズ1世に直々に申し入れた。ガーター勲章登記官であったレンは王室の保護を

要求し、国王は硝石業者に反対し、登記官であるレンに味方した。財務長官ジュクソン主教率いる委員会は、1638年1月、鳩小屋の倒壊は風や天候によるものではなく、ソーンヒルが掘った結果であり、レンは賠償を求めることができると結論付けた。しかし、この時までにソーンヒルの委任状は失効し、彼の義理の息子で同業のリチャード・バグナルが後任となった。この事件では、他では記録に留め置かれないような国王の権威と国王の庇護の対立軸が明らかになった。[81]

　他にも硝石業者に不満を抱く有力者がいた。ミドルセックス伯爵ライオネル・クランフィールドとナイトに叙されたばかりのエセックスの元州長官ジョン・ルーカス（John Lucas）卿である。ミドルセックス伯爵は、元硝石・火薬委員会委員で、「硝石を掘る特許を得たと称する下品で悪辣な連中が」自分の家に「泥棒のように」押し入り、床張りしていない部屋を掘り返したことに憤慨していた。彼は、「いかがわしい無作法な言葉」を使い、荒らした彼の土地に跡を残したこの「ふしだらな連中」に「見せしめとなる」処罰を望んでいた。[82]ルーカスもまた、「町には硝石採取にふさわしい宿屋や家がたくさんあった」にもかかわらず、コルチェスターの母親の家で鍵が壊され「不法」に掘られたことに憤慨していた。しかし、ルーカスは被害よりも彼らの無礼な言動にいらだった。ミドルセックスと同様、ルーカスは、「家の特権を侵害する」硝石採取人たちの横柄で侮辱的な「無礼千万な振舞」に異を唱えた。1640年4月、彼は「自らの権利と自宅の特権を擁護する必要に迫られ」、彼らに対して訴訟を起こした。[83]

　多くの人は、華族や貴族、ガーター勲章の役員に知り合いや関係を持つ人などほとんどいない。財産のあるものの中には、ひそかにぶつくさ不平不満を吐露して我慢するしかなかった。彼らは、硝石事業を邪魔するためにより大胆に、あるいはより巧妙になる者もいた。門に鍵をかけ、荷車を使えなくし、借家人に大騒ぎをさせるなどした。荷馬車は車軸が故障し、馬はよたよた歩き、樽は不可解な事故に見舞われた。硝石の濃縮用の燃料もなく、精製に必要な灰はすべて他の用途に先取りされていた。唯一手に入る木炭は土に混ぜてしまった。硝石業者の報告によると、1638年5月、ハートフォードシャーで彼らに対する「反乱」があり、「陛下の士官と思しき者たちが殺害される危険があった」。[84]リンカンシャーでは夜襲で硝石の大桶をひっくり返され、硝石の濾過水

114

が台無しになったが、地元の判事はその犯人たちに目をつぶった。1639年12月、ケント州では、棍棒を持った「悪党ども」が硝石採取人を殴り、「国王は自分のために誰よりも多くの悪党どもを雇っている」と叫びながら、硝石採取人を牢屋に閉じ込めてしまった。*85 エリオットやフィリップスのような議会派から、ルーカスやレンのような根っからの王党派まで、あらゆる思想を持つ人々から不満の声が上がっていたのだ。他の問題については意見が分かれたが、地主たちは、特に自分たちの領地に関係するときには、王室による硝石の要求に憤懣やるかたない思いで一致した。

　チャールズ1世の硝石事業は、資金不足がさらに大きな重しとなり、中断しそうになった。王室は硝石業者への支払いを滞らせ、一方で硝石業者は労働者の賃金を滞納していると非難された。スコットランドとの戦争で調達に新たな重圧がかかり、役人たちは「火薬がない」と訴え、火薬製造業者は、割り当て分を納入しなかったと硝石業者を非難した。*86 1640年7月、スコットランド戦争が危機的状況に陥ったとき、火薬製造が止まる恐れが出てきた。王室は火薬製造業者であるサミュエル・コードウェル（Samuel Cordwell）に4,000ポンドの債務を負っており、コードウェルは硝石供給業者に代金を支払うことができなかったのである。国内の硝石業者に未払いが発生し、輸入商人にも1,150ポンドの未払いがあった。火薬の問題は、悲惨としかいいようのない選挙戦（訳注：1640年4月の総選挙）期間中におけるもう一つの災いであった。*87

　王室はスコットランドとの戦いのために年間292ラスト（訳注：約345トン）の火薬を必要としていた。*88 しかし、火薬製造業者は240ラスト（訳注：約283トン）しか供給できず、常に割り当てを下回っていた。1640年2月に271ラスト（訳注：約320トン）あった火薬の備蓄は、6月末には196ラスト（訳注：約231トン）まで減少し、その後もさらに不足が続いた。国内の硝石の供給は不安定になり、外国から購入することでしかその不足を埋めることができなくなった。1637年11月までの1年間に王室兵器庫に納められた硝石は243ラスト（訳注：約287トン）に達し、1638年には207ラスト（訳注：約244トン）まで減少し、1639年には237ラスト（280トン）まで回復した。チャールズ1世が「スペインへの好意」としてこの時期に 5,000 ポンド相当の火薬（40ラスト）（訳注：約47トン）を売却したのも無理はない。*89 スコットランド戦争の重要な年である1640年、王室の貯蔵庫に届いた硝石はわずか206ラスト（訳注：約243トン）で、そ

のうち46ラスト（訳注：約54トン）は商船を通じて運ばれてきた。1640年11月から1641年11月（長期議会の最初の年）にかけて、硝石の納入は最低の水準に落ち込み、100ラスト（訳注：約118トン）しか兵器庫に届いていない。^{*90}

　評議会は問題の深刻さを認識し、1639年2月に「王国で作られるすべての硝石は、王の必要を満たすには40ラスト（訳注：約47トン）以上足りない」と指摘し、翌年には「国産の硝石は約80ラスト（訳注：約94トン）不足する」と予想した。^{*91}1639年2月、火薬の価格は1バレル7ポンドを超え、平時の2倍以上となったが、在庫の回復とともに価格は下落した。^{*92}輸入された硝石のみが王立火薬製造所をフル稼働させることができ、国際市場で購入した火薬のみがロンドン塔とポーツマスの火薬庫の危機的な備蓄不足を防いだのである。

ならず者の火薬

　チューダー朝時代から、王室は「イングランドで作られるすべての硝石」を確保し、火薬の製造も王室が独占していた。国防上、重要な戦略物資である火薬の取引に、他国の参入を許すわけにはいかなかったのだ。しかし、1620年代に入ると、この国家独占に時折亀裂が生じるようになった。1625年11月、枢密院は、港湾都市ブリストルに輸入した硝石で自国に必要な火薬を作ることを許可した。このとき、「この王国内で製造された硝石は、女王陛下の委託を受けた者以外が取り扱ってはならない」とされ、転用が禁止された。差し迫った戦争に向けて供給を増やすため、評議会は火薬の製造を「自由化」し、エヴリン家との契約を打ち切ることを検討したが、あまりに急に過ぎるということでいったんは取りやめになった。現状維持を支持する意見として、「臣民は、国王以外の者のために自分の家や地下室を壊されることに譲歩などしない」、また、「でたらめな作り方をすれば、火薬は確実に質が落ちる」というものもあった。^{*93}1626年1月、火薬不足が深刻化していたとき、軍需局長官は「各州や沿岸の町は、国王の在庫に頼らずに自給自足するよう通告し、国内消費用に外国硝石を自由化すべき」と提案した。数か月もたたず、ドーセットとウエスト・ミッドランドで「民間人」が火薬を製造していることが報告された。^{*94}火薬製造の自由化に賛成する者たちは、供給の多角化を高めることは「国の火薬製造にとって大きな負担軽減となる」と考えたが、王室は抵抗した。1627年に

ブリストル、ドーセット、サセックスの無認可の火薬製造所が弾圧され、翌年にチェスターの職人が「火薬製造」によって逮捕された。[*95]

東インド会社はそれ自体がほぼ法律そのものだった。国王の火薬製造所が「公共の務めに必要な火薬を調達するには不十分」と判断した会社は、1624年の後半に独自の火薬製造所を設立し、「外国から硝石を輸入する」ことを決定したのであった。サリー州にあった東インド会社の工場は1626年、輸入した硝石で火薬を製造する許可を得て、免許制で操業していた。しかし、その後、1632年にイギリスの対外戦争への関与が終わると、東インド会社は「陛下から与えられた火薬製造の特許を放棄する」よう求められ、会社の経営者は「どのような硝石と火薬を所有しているか」調査された。[*96] 長い間、東インド会社がイギリスの硝石問題の鍵を握っていたが、チャールズ1世の時代には東インド会社も国王の規律に従うことになった。

ジョン・エヴリンは、国王の委任によってイギリス産の硝石から火薬を製造する権利を独占した。しかし、東インド会社のような企業やブリストルのような港湾都市が輸入原料を使って独自の火薬製造を行う可能性は残されていた。[*97] ブリストルの火薬製造業者に国産の硝石が渡っていたこと、硝石業者トーマス・ヒリアードが国王に納入されるはずの硝石を個人的に販売していたことを知った評議会は憤った。ドーセットやウィルトシャーの自由業者も、無許可で硝石を取引していたことが判明した。地元のヒリアードの共同経営者は、シャーストンの古い鳩舎を利用し、数cwt（訳注：約200～300キロ）の粗悪な硝石を生産していたが、製造を中止させられてしまった。[*98]

1635年、ジョン・エヴリンは新たな契約に基づき、輸入硝石と「イングランド国内で入手、掘削、製造」されたすべての硝石の「精製と火薬への加工」を任されることになった。彼の後継者 サミュエル・コードウェルも同様の条件を手にした。[*99] 国家の独占が再確認されたものの、違法な製造業者をなかなか取り締まることができなかった。ブリストルのウィリアム・ベーバー（William Baber）の工場では、1638年12月までに週に1～2バレル（訳注：約45～90キロ）の火薬が生産されていたが、その品質は必ずしも最良というわけではなかった。この工場は1639年4月に操業停止となり、設備は没収されたが、ブリストルの別の場所で火薬工場はすぐに操業を開始した。火薬委員会は1639年11月にサリー州の違法火薬製造所を取り締まり、翌年の春にはブリストルで再度取

り締まりが行われることになった。[*100]

　政府は、ロンドン塔の陰に隠れて無許可の火薬製造をする業者も追及した。悪名高い個人業の火薬製造人の一人、ロバート・デイヴィス（Robert Davis）は、ホワイトチャペルにある彼の裏庭の工場で起きた事故で隣家が火事になり、火薬の違法製造が見つかってしまった。捜査の結果、デイヴィスは火薬の作り方を本で読んで覚えたと言った。彼はロンドンのバーバリーの商人から直接硝石を買い、また国王の船から横領した火薬も扱っていた。1639年、彼はニューゲート（訳注：ロンドンの城壁の門の一つ。建物の一部が監獄として使用され、犯罪の代名詞となるほど有名だった）に送られたが、二度と火薬を作らないという条件で釈放された。[*101] 1640年末に議会が開かれた時、初めて火薬の王室独占制の廃止が真剣に検討された。

　1625年から1640年にかけて、チャールズ1世はイギリスの土壌から掘削される硝石の量を増やした。チャールズ1世が硝石業者に圧力をかけ、その事業を全面的に支援したことで、「至宝」である硝石の国産比率は3分の1から、時には王国の必要量の3分の2にまで高まった。しかし、この増加がもたらした社会的犠牲は計り知れない。硝石業者が割当量を満たすにつれ、臣民の憤りと失望が募り、個人統治時代の臣民の「苦悩と抑圧」に対する不満が、革命の1640年代の不和に拍車をかけることになった。

6. 硝石革命

　ウィリアム・ベーバーは1630年代にブリストルで違法な火薬製造所を営んでいた。夜なかに硝石を購入し、闇市場で火薬を販売していたのである。1639年初頭、彼は週に1、2バレル（訳注：約45~90キロ）生産していたが、品質が安定せず操業を停止し、設備は押収された。1642年に内戦が勃発すると、ベーバーはその才能を君主のために役立てると、彼の運命は一変した。オックスフォードで国王の火薬製造業者として、ベーバーは多い時には月に32バレル（訳注：約1.4トン）を納入していたが、1643年5月にはこれまでを凌駕する55バレル（訳注：約2.5トン）の火薬を納入した。これは王党派の火薬のほんの一部に過ぎなかったが、その製造には機知と胆力が必要であった。ベーバーはオックスフォードで硝石製造所を運営し、地元の材料を集めて火薬を製造したが、反対する軍需委員会の抵抗に遭った。1643年夏、王党派がブリストルの支配を取り戻すと、ベーバーは自宅に戻り火薬製造を再開し、1645年9月にブリストルが議会派に陥落させられるまで、続けた。当時、ブリストルの防衛には150門以上の大砲が配備されていた。王党派、議会派を問わず、ブリストルの守備隊は火薬を渇望していたが、国産品よりも輸入品に頼っていた。護国卿クロムウェルの下、ブリストルも他の地域と同様に、硝石の供給源を国内から東インドに切り替えたのである。ウィリアム・ベーバーの内戦後の経歴は不明だが、チャールズ1世に仕えて「失脚」し、損失を被ったと語っている。王政復古後、彼は内戦時代の火薬代金の支払いと「無慈悲な債権者」からの救済を求め、訴訟を起こしている。ベーバーの経歴はイギリス革命の全期間にわたり、嫌われ者の渡り硝石採集業者の興隆と衰亡の両方を経験したのである。[*1]

＊ ＊ ＊

　王室の硝石事業が破綻し、王室による火薬の独占も1641年に崩壊し、イギリスは内戦、革命へと突き進んでいく。しかし、国家の安全は火薬に依存して

おり、硝石は無視できない貴重品であった。王党派も議会派も各々の軍に大量の火薬を必要とするようになり、重要な原料である硝石を確保する方法を模索するようになった。起業家たちが再び硝石製造の代替策を売り込み始めたが、1650年代に東インド会社が硝石の供給に革命を起こしたことで、ついに硝石の自給自足が実現した。

硝石革命

　1640年11月に初めて議席を得た長期議会の議員たちは、硝石調達の社会的影響よりも、もっと多くの要求に関心を寄せていた。スコットランド戦争の余波を受け、王室と教会の権威は失墜しつつあった。教皇の陰謀や民衆の騒乱が懸念され、軍事的、財政的、宗教的に切迫した状況による圧力の中で、議会指導部はそれまでの11年間の政策を覆そうと苦闘していた。募る不満が王室の権限に関する議論を促し、硝石業者の強要行為に苦しんでいた人々は、ウエストミンスターでの公聴会で彼らに同情を寄せる声を聞くことができた。

　1641年2月、硝石業者に苦しめられたうちの一人、バークシャー州の農家リチャード・カウドレイ（Richard Cowdrey）は、1年半以上前に硝石業者リチャード・バグナルに納屋を接収され、損失を被ったとして議会に賠償を求める請願を行った。カウドレイによると、バグナルに別の場所に行くよう懇願したが、「同意も合意も」なく、「黙許も契約も」なく、バグナルは「納屋に乱入」し、「滅茶苦茶」にしてしまった。 この問題は、壊された鳩舎や不当な取引の話に絡んだ取るに足らない、またイングランド・スコットランド間の宗教戦争（1639年～1640年）に比べればささいなことだったが、政治的な論議の的であり続けた。ケント州の大地主アンソニー・ウェルドン（Anthony Weldon）卿は、1641年5月、「船舶税や私の知る限りもっと切迫した我々に対する不満」、すなわち地元の「重要な」交通手段である「馬車の傍若無人さ」や法令を無視した「運賃」について、議会の議員に手紙を出した。議会がこの問題に関心を寄せて以来、無礼な振舞をする者たちは「激怒し、より暴力的になり、今でもこのあたりでは相変わらず傍若無人な態度をとっている」。ウェルドン卿は彼らが硝石業者だとははっきりとは言わなかったが、エドワード・デリング（Edward Dering）卿とジョン・カルペパー（Jhon Culpeper）卿に宛てた手紙には、彼ら

の素性を「火薬屋」と認めていた。[*3]

　2つの別々の問題が絡み合うようになった。「独占企業や事業者」に対して、そして彼らを育んできた王室の特権に対して政治的な風当りが強くなった。[*4]同時に議会は、「人の家を掘削する際の硝石業者の手続きの濫用、その他あらゆる手続きの濫用」にも注意を向けた。庶民院と地方の意見は大きく分かれていたが、硝石事業に対する「大きな不満」はイデオロギーの垣根を越えていた。議員たちは、自分たちの土地での硝石採集人の無理無体で横柄なふるまいを自らの体験として語っていた。1641年11月に出された議会の大諫奏（訳注：1641年、スコットランド反乱鎮圧の戦費確保のためにチャールズ1世が召集したイングランド議会において、議会が国王に対して提出した諫奏）では、硝石業者の「はた迷惑で無理無体」な振舞への不満が、みんなの共通の関心事として取り上げられた。[*5]エドワード・コーク卿の「イギリス人の家は彼の城」という主張は、法的にも制度的にも支持されようとしていた。

　1641年、「最も悪質」として、王室による火薬の独占が問題視されるようになった。この年の初め、「志ある者は皆、火薬を作ることができるように」という請願書が庶民院に提出され、既存の火薬製造業者が破綻の危機にさらされた。議会を批判する者たちは、この古い特権的な慣行を「不当な独占であり臣民の自由への逆行」と攻撃したが、サリー州のジョン・エヴリンは予想通り「なんの不満もなければ、不都合もない」と反対した（訳注：エヴリン家は王室火薬の独占権を持っていた）。弁護士ブルストロード・ホワイトロック（Bulstrode Whitelock）は、1641年5月に「硝石の製造は王の特権ではない、なぜなら火薬がいつ最初にイギリスにもたらされたかは皆よく分かっているからだ」と主張した。中世の発明を、古くからの王権に由来する特権として主張することはできない。他のメンバーは、火薬の製造と販売は、自由なイギリス人の権利であると主張した。[*6]

　7月末、議員たちは「火薬と硝石の国外からの自由持ち込み、および我が国における火薬製造の自由化に関する法律」を可決し、王室の火薬製造の独占が事実上終わった。[*7]こうした状況下では、国王の硝石業者がいつも通り働くはずもなかった。1641年の硝石の納入量は月にわずか8ラスト（訳注：約9.4トン）で、以前の年の半分の水準であり、割当量には大きく及ばなかった。[*8]貴族院は、むしろ心配そうに、「本王国における硝石土壌の保存に関して」下院と協

議するよう要請した。[*9]

　1641年10月に政府に硝石を提供していた3人の硝石業者は、「陛下からの委託や権限によって作られた硝石としてではなく、商品としてコードウェル氏（王の火薬製造業者）に販売したことを告知するよう希望した」。王家の特権である御用達はもはや畏敬の念を抱かせるものではなく、硝石は他の物と同様に単なる商品となった。国家的な硝石事業は事実上制限され、政府の火薬供給能力は著しく損なわれた。権力の中枢に吹き荒れた革命の風は、国家の安全保障を危うい状態にした。[*10]1642年2月、心配した兵器担当官は「この 13か月間、ここの火薬庫には火薬が納入されておらず、海軍や陸軍から既に発注された分がすべて支給されると、火薬は4ラスト9cwt（訳注：約5.17トン）しか残らない」と報告している。アイルランド遠征の準備が整う春から夏にかけて「ほとんど残っていないだろう」とジョン・バイロン（John Byron）卿は忠告した。[*11]チャールズ国王の「至宝」はほとんど姿を消していた。

内戦用の硝石

　内戦が近づくにつれ、イングランドでは火薬の価格が高騰した。地元の火薬庫の支配をめぐる争いが、実際の戦闘に先立って小規模衝突を煽った。1642年7月、マンチェスターで弾薬庫の取り合いで市街戦が勃発した。[*12]内戦前夜の戦況予測では、1 万人の野戦軍には歩兵用に7.5トン、大砲用に 10トンの火薬が必要とされていた。しかし、実際の戦闘では、この見積もりは不十分だった。内戦時の軍隊は3万人規模であり、1643年には10万人の兵力数と言われている。1644年のマーストン・ムーアの戦いでは、4万6,000人以上の兵士が戦い、100門の大砲が戦場に据えられた。両軍の司令官は、大砲が大量の火薬を消費するため、慢性的な火薬不足を訴えていた。1645年後半にチェスターを包囲した議会軍は、7週間で7トンの火薬を消費した。[*13]火力は多くの戦闘で決定的となり、兵站将校は火薬樽を満杯にするのに苦労した。

　議会派は、政府の火薬製造所とロンドン、ポーツマス、ハルの火薬庫を制圧し、すぐに優勢に立った。国王が蓄えていた火薬と硝石の大半は、逆に国王に不利に働くことになった。両陣営とも火薬製造所を設置し、硝石や火薬を調達した。王室の火薬製造業者サミュエル・コードウェルは議会派のために火薬製

造を続けた。しかし、サリー州チルワースにあった彼の火薬製造所は、戦争初期の数か月の間に、最初は国王がロンドンに進攻する際に議会派から、次に王党派が撤退する際に王党派から、二度も無視された。議会派はまた、エセックスに火薬製造所を設立したジョン・ベレスフォード（John Beresford）からも火薬の供給を受けた。内戦の最中、議会派は国内から年間およそ150ラスト（訳注：約177トン）の火薬を調達していたが、これはおそらく必要量の半分であった[*14]。

　王党派は各地で火薬製造所を運営したが、特にオックスフォードでは、ブリストルの個人業の火薬製造人ウィリアム・ベーバーが火薬製造所を構えていた。彼はすぐに月に32バレル（訳注：約1.4トン）を生産するようになったが、1643年5月にはこれまでを凌駕する55バレル（訳注：約2.5トン）の火薬を生産した。1644年春、ベーバーがブリストルに戻ると、国王の軍需委員会がオックスフォードの火薬製造所を管理し、生産量を月80バレル（訳注：約3.6トン）すなわち年40ラスト（訳注：約47.2トン）に増加させたと思われる。いずれにせよ、それは彼らの必要量のほんの一部であり、議会派の火薬生産量に大きく劣っていた。輸入品だけが王党派の希望をつないでおり、国王の支配下にあるすべての港には船荷が到着していた[*15]。独学で火薬製造を学んだ国王の火薬製造業者の一人エドワード・モートン（Edward Morton）は、火薬の調合中に暴発し、モートンは吹き飛び、家族と家屋が被害を受けた[*16]。

　この紛争では、いずれの側も粗悪な硝石に手を出した。1642年4月、「アイルランドでは火薬に多大な費用がかかっていること、またこの王国の危機と防衛のために必要な物資であり」、さらに「弾薬庫が近時払底しているため」、硝石関係者は国の硝石事業を再開させるための議会令（Commons order）草案を作成した。彼らは、硝石採集を「現在の安全にとって、連邦にとって非常に有益な事業」と位置づけ、「この事業を今中断すれば、王国の不利益と危険につながることになる」と警告し、「すべての郡で、季節や時を問わず、硝石業者がその目的に適した場所を掘ることができる」よう提案したのである。修正案では、「住居」は周到に除外されたが、「下屋」「鳩舎」「納屋」「便所」の掘削は許可された。また、この計画をより受け入れやすくするために、荷車は2cwt（訳注：約100キロ）以上積んではならず、12マイル以上移動してはならないと規定した。「賄賂を贈った場合は、違反者は罰せられる[*17]」。ウエストミン

スター（議会）からの支援を受けたことで、かつての硝石採集体制の元凶、すなわち硝石採集への不満やあらゆるものが議会の目的のために再び動員されることになった。

　内戦による火薬の需要により、硝石の価値はさらに高まった。1643年の春には、「現下の戦争によって生じた火薬の膨大な出費」が、議会の「海軍、要塞そして陸上兵力」を著しく弱体化させていた。備蓄はほぼ枯渇し、輸入品がかろうじてその穴を埋めている状態であった。その解決策は、硝石計画を再建することであったが、その際、以前のように「臣民に無理強いや迷惑を再びかけることのないように」手だてを講じる必要があった。4月に「国家に硝石を供給するための条例」の制定に着手し、10月までにすべての委員会を通過させることができた。これまでの勅令と同様、この議会条令は国の代理人に「住居、商店、搾乳小屋を除く、すべての鳩舎、厩舎、その他すべての下屋、庭、そして硝石の採掘が可能な場所を、日の出と日の入りの間の適切な時間と時期に硝石を探索、掘削する」権限を与えている。エドワード・コーク卿の懸念を反映したこの制限の範囲内であれば、少なくとも議会の管理下にある地域であれば、国の硝石業者は必要な場所を掘ることができた。硝石業者を拒否する者は、制裁を受ける恐れがあった。彼らは「距離が10マイルを超えなければ」、そして1マイルにつき8ペンスを所有者に支払えば、仕事のために荷車を徴発することができた。もちろん、これまでと同様に、損害を与えた場合は修復し、「掘り返す前と同じように」土地を原状回復することが義務付けられた。この条例は 1644年4月に2年間、1646年2月に3年間以上に延長された[18]。この計画におけるサミュエル・コードウェルの帳簿には、1644年10月から1645年6月にかけて651cwt（約27ラスト）（訳注：約32トン）の硝石をコードウェルに納入した 3 人の硝石業者の記録がある[19]。

　戦時中、「最近はその種の不平や不満が抑えられ封じ込められている」にもかかわらず、硝石業者は当然のように不平をぶちまけた[20]。時折、議会は、数年前にチャールズ1世政府が行ったように、硝石事業を妨げた不届きものに対抗措置をとった。例えば、ドーセット州の二人の男は、「国の硝石業者を徹底的に妨害し」、1646年に両王国委員会（Committee of Both Kingdoms）に召喚された。彼らは「他人を教唆して工場を潰すと脅迫をし、雑多な兵士達を誘い家々に火を放った」とされている。サセックス州の鳩小屋の所有者たちも、同じよ

うに抵抗の姿勢を見せた。彼らは議会当局を「侮蔑」するような態度を示していたが、これは必ずしも王党派に忠誠を示すということではなかった。両王国委員会は、ドーセット州の硝石業者が「平穏かつ安全に仕事を進めることができる」よう指示し、サセックス州の「硝石業で働く者にとにかく正当な奨励策を与えるべき」とした。[21] 若き日のロバート・ボイルは、1646年に「我々が硝石採集人と呼ぶ二本足のモグラに悩まされ」、ドーセット州ストールブリッジの鳩小屋を掘り返され、「もし私が土の中に含まれているものよりもっと高価な鉱物で身代金を払わなかったならば、いずれ私の地下室や厩舎も同じように彼らに掘り起こされることになったでしょう」と記している。ボイルの場合、地主としての憤りは科学者としての好奇心で相殺され、硝石は数年間彼の研究の中心となった。[22]

　硝石は火薬と同様、インドや北アフリカなど海外からイギリスに運ばれていた。1644年4月、議会はバーバリー商人でインド貿易を仲介していたウィリアム・コートン（William Courten）と、600バレル（訳注：約27トン）の火薬を製造するのに十分な量の硝石を契約している。コートンは、同じく国際商人のウィリアム・トゥームズ（William Toomes）と共同で、1644年10月に「1万2,000ポンド相当の量の硝石を毎月1,500ポンド分ずつ」供給することで合意した。[23] これは、1バレルあたり4ポンド10シリングで計算して、総量2,667バレルすなわち3ラスト（訳注：約3.54トン）に相当した。1644年12月の別の条例では、この調達のために「大物品税または新輸入税」から6,000ポンドが確保されたが、数年のうちに支払いは滞ってしまった。1648年3月、議会は、未払いであった硝石業者が仕事を中断したことを知り、軍隊は再び供給不足に陥った。[24]

　イングランドでの内戦が終結しても、国家の火薬需要が減少したわけではない。スコットランドそしてアイルランドでの戦いは膨大な火力を必要とし、共和国（Commonwealth）の海軍は火薬を渇望していた。例えば、1649年8月のオリバー・クロムウェルの砲兵部隊は、56門の「大砲」と600バレル（訳注：約27トン）の火薬を携えていた。[25] イングランドのオランダ戦争（訳注：第1次英蘭戦争）とカリブ海での大英帝国の野心は、さらに軍事費を増加させた。1642年には1,199門の重砲を備え、35隻を擁した共和国艦隊は、1659年までに4,214門の重砲と139隻の艦船に増強された。すべての船が戦役に適していたわけで

はなく、すべての砲が重砲であったわけでもないが、海戦での火薬の需要はこの20年間で4倍に拡大したと思われる。1654年に5万4,000名を数えたクロムウェルの陸軍も、国家の火薬備蓄の規模を拡大した。[*26]

硝石の科学

　火薬の原料となる硝石を確保する方法は、三つしか知られていなかった。第一に、外国から輸入する方法であり、この方法は継続・拡大した。第二に、硝石業者のネットワークによって、硝石の採掘が可能な場所であればどこでも採掘し、その場で加工する方法である（訳注：天然硝石の採集加工法）。最後に、以前からよく提案されていたように、糞尿を加えて硝石の醸成を早める集約的施設を設置することである（訳注：硝石床による人造硝石製造法）。空位時代（Interregnum）には、これらの方法が試みられたが、最終的には輸入に軍配が上がった。

　1646年、ある野心的な起業家のグループが、硝石の集約化、産業化に再び取り組んだ。医師ベンジャミン・ウォーズリーは、実験的自然哲学者の「見えざる大学」のメンバーであり、サミュエル・ハートリブの万物改良計画の仲間であったが、議会に、火薬の供給を確保すると同時に王国の社会・経済問題にも対処する計画を提案した。哲学的で科学的、かつ利他的な事業により、貧しい人々に職を与え、硝石の自給自足を実現し、人間による自然支配を促進するのだ。これは、政治家にとって魅力的に映る類の相乗効果である。ウォーズリーが描いた、大桶と炉、工場と労働者、液体と燃料の組み合わせの根底には、「腐敗を政策に転換する」人間の能力への確信があった。神秘に満ちた「哲学的な糞」を利用することで、排泄物は戦略的に価値のある商品となるであろう。この「神秘の硝石製造会社」の設立費用は、カトリック教徒と税金滞納者の土地の没収で賄うことができると、彼は提案した。[*27]

　ウォーズリーは、国が貧困者のために、男女別々の宿舎を備えた救貧院を設置し、そこで彼ら全員が「排泄」した糞尿を回収して処理することを計画した。そうすれば「各都市の糞尿回収人が彼らの排泄物を回収し、土壌を肥やし硝化のプロセスを促進するための原料を今以上に多く回収できる」。政治的に計算すれば、150人の貧しい人々が「1年で10トンもの硝石を生産する」こと

になり、それは彼らにかかる養護費を十分以上に賄うことができる。この「新しい硝石製造法」は、火薬の自給自足を確保し、国家の財政を救うだけでなく、「いかなる臣民の自由をも侵すことなく、正当な権利」を保証するものであった。これは、16世紀末から17世紀初頭の硝石起業家を思い起こさせるような、よく知られた提案であった。その新奇さは、尿による集約的経済で貧乏人を生産者と加工者の両方にすることにあった。[*28]

　ウォーズリーの壮大な計画は、注目を集め、科学的、哲学的な探究心を刺激したが、結局は失敗に終わった。国務会議（the Council of State）は硝石の「醸成」を奨励したが、新たな投資は行わなかった。[*29] 空位時代初期に、ある種の計画が支持を集め、政府はトーマス・マーチ（Thoma March）に「硝石の醸成または製造のために私有地に侵入せず、硝石を醸成し増産する実験を行う」ことを許可した。1653年には、「火薬の製造用に借り上げ、もしくは使用する土地や家屋において、また硝石の醸成や製造のために工夫、準備された特別な技術によって」硝石業者による土壌の掘削を制限する新しい法律が制定された。これは、ある種の硝石床が存在したことを示唆している。[*30] ハートリブの「見えざる大学」は、実践というより理論的な面で、再び活況を呈した。硝石床の技術は100年前から研究されていたが、イギリスで大規模な事業が成功したことはなかった。また、空位時代の取り組みでも、期待されたほどの量や収益は得られなかった。

　一方、国内での硝石採集は1世紀以上にわたって続けられた。革命政権は、硝石業者の度し難い悪行に対抗するため、硝石事業をより確固たる法的基盤の上に据えることを決定した。1653年2月に施行された新しい「硝石製造法」では、認証を受けた国の代理人が「硝石を含んでいる土壌があるすべての厩舎、地下室、貯蔵庫、倉庫、その他の下屋、庭、その他舗装や板張りのない場所で、適当な時期の日中に、硝石の掘削」を認めた。住居や教会については言及されていないので、おそらくそれらの場所は立ち入り禁止だったのだろう。硝石の採取を妨害したり、採取を拒否した者は、治安判事の前に召喚された。新しい規定では、硝石業者は「いかなる川、泉、池、小川、井戸からポンプや水路で、許可も妨害も受けることなく作業用の水を引く」ことが認められていたが、この行為がしばしば人々との摩擦の原因となっていたようである。鳩の飼い主を苦しめた鳩小屋の掘削は、11時から3時までの日中に限定された。硝石

業者とその作業員は、壊した床や板を修理し、「所有者の満足するような良好かつ元通りにした状態で」土地を返還することを要求された。資材の徴用運搬は7マイルに制限され（1643年には10マイル）、報酬は1マイル12ペンス（従来は8ペンス）とされ、また、硝石業者が賄賂を受け取らないようにするための措置も取られた。この基準に満たない者は、法的な手続きが取られた。これは、財産所有者の特権をあまり侵害することなく、必要な物資を確保することを意図したものであった。1656年の法律の別の条項では、所有者の「許可を得てから」でなければ、硝石を採取し、馬車を徴用してはならないとされている。これは重要で、今後、原則的に調達は合意のもとに行われ、土地所有者は硝石業者の立ち入りを拒否できるようになった。こうした活動に関する記録はほとんどないが、国内の硝石事業は、王政復古後もさほど大きな混乱もなく継続されたようである。

インド産硝石

　イギリスの硝石事業が革命的に変化したのは、技術や科学ではなく、輸入によるものであった。国産を奨励する前に16世紀には君主たちは外国産の硝石に依存していたが、17世紀半ばになると、新たな方向から依存の規模を大きくし、再開したのである。外国産の硝石は、イギリスの軍事産業を勢いづけ、軍事帝国主義国家への拡大につながっていく。

　硝石の供給革命は、ジェームズ1世の治世にひっそりと始まっていた。ジェームズ1世時代の東インド会社の船は、ロンドンにある国王の兵器庫や低地帯諸国の商人から火薬を仕入れていたが、それに代わる供給源を探し始めた。1617年には、硝石が「非常に不足しており、会社の需要に足る十分な量を調達するのは非常に困難である」ことがわかった。1618年には、近くのハンブルクとダンツィヒから出荷されたにもかかわらず、「法外に高価」だった。1620年代初頭、会社はオランダに倣って、インドから直接供給を確保することにした。オランダは既に南インドのコロマンデル海岸から硝石を輸出しており、ベンガルにも大量の硝石の堆積土壌があると報告されていた。1624年2月、東インド会社は、自国での使用に加え、「国への奉仕のために」初めて硝石を持ち帰る契約をした。同年12月、戦争が間近に迫り、国王の火薬製造所では

「軍への供給に不十分」なため、会社は独自の火薬製造所を設立し、「外国から硝石を取り寄せる」ことを決定した。[33] これは火薬製造の王室独占からの逸脱であり、最終的にはイギリス国内の硝石事業が不要となる調達の流れが始まったのである。

インドからの硝石の輸入は、チャールズ1世の初期に細々と始まり、後期スチュアート期には洪水のように輸入量が拡大した。1629年4月、東インド会社は国王の必要量を上回る170トンの硝石を持ち帰り、70トンをオランダに再輸出することを許可された。1630年代半ばには会社は、硝石のほとんどをバラスト（訳注；船体のバランスをとるための重し）として年間最大200トンを輸入し、1cwt（訳注：約50キロ）あたり3ポンドから4ポンドで国王に売却した。一部は会社の火薬製造所に送られ、利益が上がる余剰分は大陸に再輸出された。[34]

インドの硝石は 1640年代に断続的に到着し、内戦の終わる頃には一時的に価格が下落した。東インド会社は、1645年に1cwt 当たり4ポンド10シリング、1646年に4ポンド5シリングを請求したが、1648年9月には1cwt 当たり3ポンド10シリンで硝石を販売するようになった。しかし、1649年8月には、東インド産硝石の価格は再び4ポンド5シリングになった。価格の変動は、軍事的な需要の変化とインド国内の供給の複雑さを反映していた。イギリスは、オランダの競争相手や現地の支配者、総督の策謀や戦争そして定期的な海上交通路の混乱に対処しなければならなかった。[35]

1649年4月、国務会議は「国内生産無き硝石供給」のための委員会を設立した。オランダやバーバリー商人たちは供給できる限りの硝石を提供したが、東インド会社との貿易は硝石供給を際限なく拡大できるように思われた。1649年7月、7隻の東インド会社の船が硝石を積んで到着し、共和国はこれを1cwt（訳注：約50キロ）あたり4ポンド5シリングの適正価格で購入した。9月、国務会議は「共和国軍に必要なだけの硝石を輸入する」ことを決定し、東インド会社から提供されるすべての硝石を購入することに同意した。共和国は定期購入者としての地位を確立し、東インド会社は供給を拡大するための措置を講じた。例えば、1651年9月、軍需局に4,552cwt（訳注：約228トン、190ラスト）の東インド産硝石を引き渡したが、これは1630年代の硝石の年間生産量にほぼ等しい。[36]

東インド会社は、重要な硝石とともに政府に借款を供与し、1657年に新たな貿易特権の勅許を得た。硝石は豊富にあり、オランダ戦争も終結したため、東インド会社は1658年に再び、余剰の硝石をアムステルダム市場に再輸出する許可を得た。[37]

　軍需局が東インド産の硝石を採用したのは、他のインド地域よりも安価で豊富な硝石が存在するベンガル地方に、東インド会社が新たに着目したことと重なる。ベンガルにおける東インド会社の新たな代理店は、硝石を貿易の主要な輸出品目とし、利用可能な資本の50パーセントを当てた。東インド会社はインドで1cwtあたり20シリング以下で硝石を買い、イギリスではその4倍の値段で売ることができた。オランダとの開戦により、ベンガル産の硝石はロンドンではさらに貴重な商品となったが、オランダとの競争で価格は高騰した。[38]

　1660年までには、イギリス国家（British state）の軍事力は20年前に比べて格段に向上していた。復活したチャールズ2世の政権は、装備の整った軍隊、大幅に拡張された海軍、国内で掘削する必要のない硝石の供給を受け継いだのである。革命は報道を開放し、精神を解放し、公共圏を拡大し、そして権威の根拠について尽きない疑問を投げかけることになった。ほとんど偶然に、革命は国家の安全保障の基盤にも革命をもたらし、硝石採集が臣民にもたらした「はた迷惑や無理無体」な問題を鎮静化したのである。その後のイングランドの帝国拡張は、こうした国内に固有の問題なしに進めることができるようになった。

7. グローバル・パワーの硝石

　グズラッタで売られている硝石のほとんどは、アグラから60哩（180マイル）離れたアスメルのもので、長い間採取を休んでいた土地から採れたものだった。他の土地からもいくらか産出されるが、硝石のほとんどは色が一番黒い、肥えた土地から産出する。溝を作り、その中を硝石を含んだ土で満たし、そこに土を浸す程度の水を入れる。そして、より採取効果をあげるために、ドロドロのスープ状になるまで足で土を踏む。土の中にあった硝石がすべて水に溶けだし、その一番透明な上澄み部分を別の溝に移し、そこでさらにこの水溶液を濃縮する。その後、塩を作るように、絶えずアクを取りながら水溶液を煮詰め、濃縮した液を土鍋に入れる。不純物が底にたまり、液が濃くなる。こうして濃縮した液を天日干しにすると固形物になる。それを成型し、ヨーロッパに輸出するのである。ドイツの旅行家ヨーゼフ・アルブレヒト・デ・マンデルスロ（Josepf Albrecht de Mandelslo）は、1630年代後半にインドで粗硝石（訳注：不純物の多い硝石。日本では、さらに灰汁煮を繰り返し、中塩硝、上塩硝を作る）を作ったときのことを以上のように記している。マンデルスロの記録は英語に翻訳され、彼の死後1662年にロンドンで出版されたが、その頃、イギリスはインド産の硝石に頼るようになっていた。マンデルスロは、「硝石はインド亜大陸に自然に生じており、簡単に手に入る」という通説に反し、人や牛の尿や糞を含んだ地面から硝石を製造する苦労を記したのである。旱魃とモンスーンの季節的なサイクルの中で、「ヌニヤ」と呼ばれる特別なカーストが、硝石の採取、散布、浸出、濃縮を行い、地元の商人が未精製のものをまとめてヨーロッパの商人たちに売っていたのである。南アジアの「火薬帝国」に長く貢献してきたこのインド農村部の化学産業は、約200年にわたりオランダ、フランス、イギリスの帝国の権力基盤を支えていた。[*1]

＊＊＊

17世紀後半、イギリスの硝石事業は、豊富な輸入品によって、社会的な問題となっていた掘削と濃縮が不要になり、大きく変貌を遂げた。チャールズ2世の時代には、社会的、法的、技術的な変化ではなく、安価な東インド産の硝石が市場に大量に出回るようになり、硝石業者による臣民への「はた迷惑と無理無体」は終わりを告げた。少数ながら硝石業者の中には引き続き硝石業に励む者もいたが、海外から安価な硝石が大量に輸入されるようになると、硝石を掘る意味がなくなってしまった。東インド貿易は、*deus ex machina*（急場しのぎの解決策）とは言わないが、国家の安全の問題を解決するために、思いがけず外国から調達することになったのである。王政復古期の火薬製造業者や自然哲学者は、硝石が主に輸入品であることは知っていた。ウィリアム・クラークは *Natual History of Nitre*（1620年）の中で、「東インドとバーバリーが主な産地で、多くの場所で硝石が人の手で採取され、私たちのもとに運ばれてきている」と記している。[*2]「我々の硝石調達は現在この貿易だけだが、故国王（訳注：チャールズ1世）の時代にはこの必要不可欠な商品の不足でわが国は非常に苦しんだ」と1681年に東インド貿易のジョサイア・チャイルド（Josiah Child）卿は述べている。[*3] インド貿易が盛んになると、硝石事業が社会に与えた「迷惑」は解消された。国の火薬の需要は確実に保証され、硝石不足は過去のものとなった。

王政復古支援

　昔の硝石業者の生き残り組は、新君主チャールズ2世の下で有利な計らいを求め努力したが、その労苦はあまり報われなかった。これまでと変わらぬ仕事を期待していた誰もが失望した。チャールズ2世のために国内の資源から硝石を作ることを申し出た起業家もいれば、故国王に仕えた際の損失に対する補償を求めた起業家もいた。何人かの起業家は、より良質の硝石を製造する計画や、「自分たちの発明に基づいて硝石を製造する」ことを提案したが、その詳細はほとんど明らかにしなかった。ロバート・リンゼイ（Robert Lindsey）とヘンリー・ホールデン（Henry Holden）は1660年9月に、王室のために硝石を製造する許可を得たが、個人で販売する許可は得られなかった。1660年11月には、長年硝石事業に携わっていたリチャード・バグナルは、チャールズ1世

に納入した硝石の代金が支払われていないとして、硝石を独占的に製造できるよう嘆願した。数年後、医師のヘンリー・スタッブは、ウォーウィックとコヴェントリーで「硝石の製造に従事する」バグナルの作業員たちをじっくり見て、彼らからこの謎に満ちた物質の性質を学んだ。[*4]

　火薬一家の御曹子である日記作家のジョン・エヴリンは、「王国全土における硝石の生成と製造」委員会に任命され、オランダとの戦争のさなかの1666年には、硝石業者の割り当て、あるいは請負人による割り当て分の提供のための令状に署名した。同年7月の王室布告では、王室の代理人に「適切な場所で硝石を探索し、掘削する」ことを許可したが、「現住住居」での活動は禁止された。チャールズ2世の硝石は、原則的には前任者たちよりも厳格に管理されることになったが、その規定が厳密に施行されることはなかった。[*5]

　国内の硝石事業はまだ破綻してはいなかったが、その規模は取るに足らぬほどに縮小した。軍需局の領収書によると、リチャード・バグナルは1660年から1661年にかけて5トン、1666年から1667年にかけて9.5トンの硝石を納入していたが、ほとんど絶滅危惧種の呈であった。内戦以前には、彼は年間20〜30トンを供給していたようだ。1663年から1667年にかけて、ロンドン塔の兵器庫の役人は4万6,051バレル（訳注：約2,072トン）の火薬を調査したが、そのうちイギリス製硝石はわずか2,147バレル（訳注：約97トン）（5％未満）であった。同調査によれば、イギリス産の原料で作られた火薬はインド産の火薬よりも高価で、1バレルあたり1ポンドも高かった。[*6]王立火薬製造業者のダニエル・オニール（Daniel O'Neale）は1663年、「以前の火薬製造業者は常にイギリスの硝石製造業者から硝石を供給されていた」のに対し、アジアからの輸送があてにならないことに対処しなければならなかった、と述べている。[*7]

　この頃、硝石の取引は東インド会社の大きな利益源となっていた。政府が支払ったのは1cwtあたりわずか3ポンドだったが、投資家は4倍の利益を確保できた。軍需局は火薬の原料となる硝石の代金として、1662年に1万800ポンド、1665年に3万7,198ポンド、1669年に4万ポンドを支払った。[*8]ベンガル湾から内陸に入ったパトナ近郊の硝石作業場から大量に出荷され、国産硝石の市場を圧倒した。さらに、コロマンデル海岸、マラバル海岸、ボンベイ海岸からも出荷された。ベンガル硝石の品質は一般に高く評価され、1665年に地元の硝石作業場が会社の監督下に置かれると、品質の安定性が向上した。「資金さ

えあれば、毎年1,000トンは簡単に調達できるだろう」と、ある商売熱心な仲買人は書いている。会社の代理人は、製品の品質が低下するとすぐに調べに入った。[9]

1630年代のチャールズ1世は、年間240ラスト（訳注：約5,760バレル、288トン）の硝石を目標に掲げていたが、その達成は困難であった。一方、チャールズ2世は、在位中に年間1,000トンを輸入していた時期もあった。東インド会社の競争相手は、船荷の硝石が「凝固した塩、土、ゴミ」で汚れていると、よく難癖をつけたが、大口の顧客である軍需局はおおむね満足していたようである。茶色の「粗」硝石は、まず「ウリッジの陛下の硝石貯蔵所」に運ばれ、そこからミノリーズ（ロンドン塔の裏手）やサリー州のチルワースやウェイブリッジの火薬製造所に運ばれて精製・加工された。[10]王室と東インド会社が共に追求したのは、「かつて隣国から調達していたこの商品の供給源をイングランドにするという崇高な...計画」であった。[11]

軍需局の官僚機構は、このような硝石や火薬の流れを管理するために拡大したが、ウィリアム・レッジ（William Legge）大佐が効率的に管理した。レッジは王党派のオックスフォード総督（governor）を務め、王政復古の際に軍需担当中将となった。1672年に息子のジョージ・レッジがその職を継ぎ、1681年にダートマス男爵に叙爵された。硝石や火薬の軍需品の購入を記録した硝石の取引記録は、国立公文書館の軍需局と、スタッフォードシャー記録局のダートマス家文書に分割、保存されている。[12]

ベンガル産硝石の年間輸入量は、1664年から入手可能である。この年、589トンがロンドンに到着している。東インド会社は、1665年に659トン、1669年に1,037トンの硝石を出荷している。1670年代の年間平均輸入量は632トンを超え、1680年代には733トンに達している。このインド産の硝石のほとんどは、一つひとつに番号が振られた重さ1cwt（訳注：約50キロ）から1.5cwt（訳注：約75キロ）の袋詰めにして運ばれてきた。1665年12月、ミノリーズにある国王の火薬製造業者は1,463袋、合計約91トンの硝石を引き取った。1666年2月には、1,007袋、約63トンを受け取った。[13]1664年9月から1665年5月にかけて、東インド会社は730トンの硝石を王室に納品し、1666年3月にはさらに603トンが到着した。[14]帳簿や計算では、もはやラスト（訳注：約24バレル、1.18トン）ではなく、袋（バッグ）（訳注：約60キロ）単位、ポンド（訳注：約0.45キ

ロ）、クォーター（訳注：約12.6キロ）、cwt（handredweigt）（訳注：約50キロ）、トン単位で硝石を計量した。もはや「煩わしさ」の問題ではなく、硝石事業はメートル法の容積と容量、トン数と利益、仕入れと在庫という指標に支配されるようになった。数字の政治の時代には、力と資源を数字で表すことが適切であり、この章以降、このような統一した単位を用いる。

　インドからの硝石の出荷は、対外戦争、現地統治者との紛争、一部の供給地での飢饉による中断にもかかわらず、17世紀後半に増加し続けた。東インド会社は1666年にベンガルから650トン、パトナから200~250トン出荷できるようになった。1668年にはパトナの硝石製造所だけで800~1,000トンの生産が見込まれていた[*15]。1679年の注文は1,318トンであったが、実際に納入されたのは 884トンに過ぎない[*16]。1682年9月の1回の出荷では6,666袋、約400トン。1683年6月の出荷では1万7,300袋、1,000トン以上であった。会社の記録では、1683年7月に王室に納入された硝石の代金として40万463ポンド10シリングを受領している。東インド会社は、「自分たちの商品の不足を防ぐため」に、もぐりの商人の商品を買い上げることもあったと言われている。1684年6月には、東インドのもぐりの商人ロバート・ウーリー（Robert Wooley）が3,082袋、85トン強を東インド会社に納品した[*17]。

　英蘭戦争（1664年~1667年、1672年~1674年）は、火薬の需要をさらに高めた。この戦争では、火薬の備蓄が底をついたが、1666年に111トンの「戦利品」の硝石を、1673年にはオランダ船から156トンを超える硝石を獲得するなど、時折、思いがけない収穫があった。イングランドの敵を阻止し、国内への供給を確保するために、硝石の再輸出が王室の布告で明確に禁止された[*18]。平和が回復するたびに、火薬製造業者はかつての敵であるオランダとの硝石の取引許可を求めていた[*19]。

　軍需局の記録には、硝石の供給規模の変化と、それ以前の時代と比較した場合、供給量がいかに潤沢であったかが記されている。スチュアート朝以降の君主が使用した火薬の量は、過去のすべての戦争で使用したものを凌駕していた。インドから到着する粗硝石や火薬製造業者の硝石の調達により、硝石の貯蔵トン数は月ごとに変動したが、在庫が100トンを下回ることはほとんどなかった。1670年10月初旬、イングランドの硝石貯蔵量は517トンであったが、インドからの大量輸送により在庫は977トン以上に増加した。1672年4月に戦

争が再開したとき、ウリッジとロンドン塔には757トンの硝石があったが、艦隊や部隊に供給するために在庫が急速に減少した。1672年6月中旬（ソール湾の戦いの後）には488トン、10月には127トンになり、1673年2月には最低の43トンにまで落ち込んだ。平時の在庫は1677年8月の685トンから1678年7月に475トン、1679年9月に680トンと変動した。[20]

　1684年7月の「硝石の現状」の詳細な説明では、チャールズ2世の兵器庫に1962トン10cwt4分の3と18ポンド（訳注：約545.6キロ）の硝石があることが判明している。[21]これは、インドからの大量輸送によって増強された、ほとんど帝国規模の膨大な備蓄量である。1685年4月のジェームズ2世の戴冠式までには、さらに 2,015トンにまで膨れ上がる。その後、1686年5月に1,503トン、1687年5月に1,091トン、1688年5月に692トン、そして1689年7月に219トンまで減少した。1689年7月、ジェームズ2世は硝石を「戦力」の要と位置づけ、「この王国の防衛と安全のため」に絶対に必要であるとして、再び無許可での硝石の輸出を禁止した。[22]1689年8月に500トン、1690年6月に1,000トンを新たに東インドから購入し、備蓄の均衡を取り戻したが、ウィリアム3世の戦争によって備蓄は底をついた。[23]

　1688年から1689年にかけてのいわゆる「名誉革命」（Glorious Revolution）は、カソリックのジェームズ2世を退位させ、代わりにプロテスタントの義理の息子ウィリアム3世とその妻メアリー2世の二人が君主として君臨するようになった。イングランドの外交政策は、オランダ総督オレンジ公ウィリアムが王となったことで方向転換した。1690年にアイルランドで行われたボインの戦いで、ウィリアム3世は、大砲の支援を受け6万人もの兵士が戦場を駆け巡ってフランス軍とジェームズ2世の連合軍に勝利し、政権交代を確実にした。ウィリアム3世は、フランスのルイ14世との間で絶え間ない闘争を繰り広げ、その結果、軍事費の支出が増大した。1689年から1697年まで戦争が続き、1702年から1713年までスペイン継承戦争で再び戦いが繰り広げられた。このような火薬を大量消費する紛争では硝石の需要が多く、政治や財政そして旺盛な消費によって一時的に硝石の供給が滞った。

　オランダを阻止するために以前行われていた商業上の制限が、今度はイギリスの物資を守り、フランスを挫くために適用されるようになった。イギリスとオランダは今や同盟国として、ウィリアム3世の敵に対抗して協力できるよう

になった。フランスとの戦争でアジアの海運が時折混乱したため、1690年代にはベンガル硝石の年平均入荷量が337トンを下回ることもあった。しかし、不足分はアムステルダムからの購入で補うことができた。アムステルダムでは、「あまり良質ではない」もののロンドンよりも安価に火薬を入手することができた。[24] 1695年8月、火薬製造業者は東インド会社からの硝石の供給不足を非難したが、財務省は彼らの苦情を「取るに足らぬ」ものと軽視した。新聞によれば、イングランドにおける硝石不足という「悪い状況」がもたらされた原因は、東インド会社による硝石の独占と「国王の船や貯蔵庫からの横領」、「オランダによる火薬の購入」によるとのことだった。[25]

ミスター・ロングの硝石製造

　1690年代には、硝石の供給危機に儲けの機会を見出した数名の投資家が、国内での硝石産業計画を復活させようとした。競争関係にある起業家のグループが火薬用の国内産硝石を国家に供給する特権を得ようと、再び動き出したのである。あるグループは、「両陛下の臣民が未だかつて行ったことのない方法」を発表し、1691年1月に議会で「ここイングランドでの硝石製造を奨励する」法案を後押しした。チャールズ1世の下で軍需局長官だったジョン・ウォンデスフォード（John Wandesford）の後を継ぐ別のグループは、自分たちに硝石製造の特権を割り当てるよう要望した。彼らはロンドン近郊に「何百トンもの硝石になる物質」を備蓄しており、年間100トンを王室に供給することを望んでいると述べた。彼らは「硝石を大量に製造する驚くべき方法」を宣伝していたが、実際に生産を開始する手段はまだ持っていなかった。[26] 政治的、財政的な影響力はあったものの、技術的な知識はほとんどなかったからである。新たに設立した「硝石製造・精製会社」は200トンを供給することを約束し、いつか国に「年間1,000ポンド」（訳注：約450キロ）を供給できると夢見ていた。この会社はまだ硝石を市場に出してはいなかったが、最初に投資してくれた投資家の利益となるように、株価は活発に動いた。[27] 初期のチューダー朝やスチュアート朝をさんざん悩ませた起業家たちのたかりと同様、ウィリアム3世とメアリー2世の治世下でも夢想家たちは多くのことを言い立て、硝石の役に立つ材料どころか調子のよい言辞を弄するだけだった。

1693年から1699年までの「ミスター・ロングの硝石製造所」の口座が残っており、この商売の栄枯盛衰の軌跡を辿ることができる。共同出資者は、ロンドンの商人トーマス・ジェット（Thomas Jett）に「セント・メアリー・ル・ボーン教区のコベントガーデン近くにあるミスター・ロングの硝石製造所という工場で、硝石製造の管理と運営をすべて引き受ける」よう依頼していた。ジェットの任務は、「通常東インドから運ばれてくる粗硝石と同等の品質と価値を持つ、商品性のある硝石を90トン製造すること」であった。そのために大工、レンガ職人、配管工を雇い、蒸留器やガラス製の漏斗などの実験器具を購入し、「硝石製造向上のために硝石の母（訳注：硝化菌）を育てる」ためにロンドン塔から硝石を2度借用している。彼らはロンドンの糞尿を利用した温室や硝石床のようなものを想定していたが、残念ながら実用可能な硝石は得られなかった。1695年4月、株主たちはジェットに「もう一度土の醸成を試し、その硝化の度合いについて最終的な意見を述べる」よう求めたが、結果はまたもや失敗だった。結局、1699年にミスター・ロングの硝石製造所は倒産し、資産は清算され、投資家は借金を背負い恨みだけが残った。イギリスにおける硝石の醸成と製造は、永遠に幕を閉じたのである。[28]

　ウィリアム3世は、国内自給の復活を待ってはいられなかった。議会は硝石輸入を容易にし、逼迫する硝石の需要に対応しようとした。1693年2月に庶民院に提出された法案は、硝石の輸入を航海法（訳注：イギリスが自国船による貿易独占をはかった法律の総称）の制限から解放することを求めるもので、メアリー女王自身も硝石をより多くイングランドに持ち込む方法を強く求めた。[29]1693年に東インド会社と結ばれた新しい政府契約では、東インド会社は平時には1トンあたり45ポンド10シリング、戦時には1トンあたり53ポンド10シリングで年間500トンの硝石を軍需局に供給し、余剰分は自由に市場で販売することを求めた。これは政府にとっては買得であったが、会社にとってはあまりうまみがなかった。政府には1cwt（訳注：約50キロ）あたり2ポンド5シリング6ペンス、市場には2ポンド13シリング6ペンスで販売したが、いずれも50年前の硝石の半値であった。それでもまだ利益はあったが、東インド会社の会計士はこれを「損失価格」と呼んだ。フランスとの戦争が終結したレイスウェイク（Rythwick）の和平（1697年）後、在庫は回復し、1698年にはある議員が「これほど大量の火薬が貯蔵されていたことはない」と感嘆するほどで

あった。硝石は再び潤沢になり、そのほとんどすべてがベンガルから船で運ばれてきた。[*30]

ジョージ王朝の力

18世紀には、イギリスの対外戦争の規模、範囲、期間がさらに拡大し、それに伴って火薬への支出も拡大した。ジョージ王朝の軍隊は、より強力な軍隊と武器を持って、世界のすべての海そしてすべての陸に到達した。16世紀の26年間は戦争に費やされ、17世紀の国内外の戦争は42年間におよび、そして18世紀の戦争はより長く、より頻繁に行われ、55年もの間外国との衝突があった。英国海軍は1740年の195隻から1760年には375隻に膨れ上がり、水兵、海兵隊員の数は3万人弱から8万6,000人以上と3倍近くに増えた。英国陸軍の兵力は、この20年間で4万1,000人から9万9,000人へと2倍以上に増加した。平時の兵力はずっと少なかったが、ジョージ3世の提督たちは、1780年までに9万7,000人以上の水兵を、将軍たちは11万5,000人以上の兵士を指揮下に置いた。[*31]

火薬の消費量は、紛争の激化とともに増加し、七年戦争（1756年~1763年）では年間1万4,493バレル（訳注：約647トン以上）、アメリカ独立戦争（1775年~1783年）では年間3万バレル（訳注：約1600トン以上）であったが、1828年までに、新たな戦争では20万バレル（訳注：約9000トン）が消費されると想定されていた。数百トンの火薬があれば外国との紛争に対処できたチャールズ1世の時代から、兵器の世界は大きく変化していたのである。[*32]

18世紀の最初の60年間、硝石の年間輸入量は、1726年の255トンから1,743年の2,658トンにまで増加した。この増加は、ヨーロッパの軍事情勢の変化だけでなく、東インド会社の利益の見積もりとも関係があった。また、インドの生産状況、市況、降雨量も供給量に影響を与えた。イギリスの硝石の年間平均輸入量は、1700~1709年に538トン、1710~1719年に664トン、1720~1729年に508トン、1730~1739年に840トン、1740~1749年に1,399トン、1750~1759年に964トンであった。1757年のプラッシーの戦いでベンガルを占領したイギリスは、世界の硝石生産の7割を掌握した。フランス勢は撤退し、他のヨーロッパの貿易業者もその勢いを失った。インドからの供給の他に、ロシア、バルト海、北アフリカからもしずくが滴り落ちる程度のわずかではあるが硝石が英

国に流入した。このイギリスのインド支配がもたらした結果は、広範囲に及んだ。七年戦争におけるイギリスの勝利は、他に抜きんでた火薬の供給に負うところが大きく、フランス自身、軍事的後退は硝石の不足に起因するものであると認めた。[33] イギリスは海を支配していたため、火薬では常に優位に立っていたが、だからと言ってそれが常に戦場での勝利につながったわけではない。ジョージ3世の軍隊は、アメリカの反乱軍に対して軍需的な優位を保っていたが、1781年のヨーク・タウンでのアメリカ・フランス連合軍との戦闘ではコーンウォリス（Cornwallis）将軍が敗北した。それは火薬が足らなかったわけではなく、巧みな戦術にしてやられたのである。

　18世紀後半、英国のアジアとの硝石貿易は、あらゆる記録を塗り替えた。ジョージ3世時代の硝石の輸入量は、スチュアート王朝時代の輸入量を凌駕していたジョージ1世時代の3倍から4倍に増えた。1755年から1792年までの東インド会社の「硝石の輸入と政府への供給に関する記録」によると、1755年～1759年の年間平均出荷量は943トン、1760年～1769年は1,731トン、1770年～1779年は1,675トン、1780年～1789年は2,285トンであった。ピーク時の1784年は4,508トンがロンドンに運ばれている。[34] 政府統計からも、これにほぼ匹敵する数字が得られる。1769年から1774年までのイギリス製硝石の輸入量を財務省が調査したところ、1770年のクリスマスまでの1年間に1,648トンが輸入されたことが記されている。1771年は1,985トン、1772年は2,229トン、1774年は2,000トン、1774年は1,837トンであった。数年後の貿易委員会の分析によると、東インド会社は1770年から1779年まで年平均3万83バッグ（訳注：約1,805トン）、1783年から1789年まで年4万4,056バッグ（訳注：約2,643トン）の硝石を王室に提供したが、すべてが政府に売却されることはなく、12袋に1袋は再輸出された。硝石の価格は、1783年に1cwt（訳注：約50キログラム）あたり4ポンド6ペンスから1789年に1ポンド18シリング6ペンスへとどんどん下落した。しかし、火薬の価格には反映されず、1バレル3ポンド10シリング以上の価格が維持された。1780年から1782年にかけては、「わが国はアメリカ、フランス、スペイン、オランダと戦争をしており、その困難さゆえに商業活動はほぼ全面的に停止していた」ため、貿易委員会の分析から省かれている。東インド会社の記録では、1779年と1782年に供給が不足し、ヨーロッパでの購入で補わなければならなかったことが明らかになっている。[35]

アメリカ独立戦争が終結したとき、備蓄は危険なまでに減少した。ジョージ3世政府は、1790年8月に380トンの硝石を備蓄していただけで、フランスとの新たな戦争ともなれば国は危険にさらされることになる。1789年7月に勃発したフランス革命は、全ヨーロッパを危機に陥れた。このような状況下で、政府は再び硝石の輸出禁止、輸入の全面許可、東インド会社との契約を1,000トンに倍増する案を提出した。1791年3月、軍需総監（Master-General of the Ordnance）のリッチモンド（Richmond）公爵は、備蓄量に余裕ができるまでは年間1,250トンを供給するよう申し入れた。[*36]

　フランスとの戦争が再開されると、当然のことながら、ロンドンの硝石価格は1789年の1cwt（訳注：約50キログラム）あたり2ポンド足らずから1792年3月には2ポンド11シリング6ペンス、1792年9月には3ポンド7シリング10ペンス、そして1793年4月のピーク時には5ポンド2シリング2ペンスまで急騰した。ヨーロッパからの購入品だけが、政府の火薬製造所の操業を維持した。イギリスが信頼を寄せていた東インド会社は、気まぐれなパートナーであることが判明した。東インド会社は他の顧客からの利益を優先し、ロンドンにある国王の火薬製造業者よりもオランダ、フランス、ドイツ、ポルトガル、デンマーク、スウェーデン、アメリカに対しては好条件を提示したと批判された。契約の改定と新しい東インド会社設立のための交渉を背景に、政治的、軍事的、商業的な配慮が英国政府と東インド会社との対立を生んだのである。[*37]

　その解決策として、何人かの顧問は、「大改革... つまりインドとの間の輸送貿易を恒久的にわが国につなぎ留めておくこと」、つまりロンドンを「アジア産品の一大拠点」とすることを提案した。会社と王国の利益がより緊密に融合されれば、「より多くの量を... より安い価格で」供給できるようになるだろう。その結果、「1793年から1809年の間に、東インド会社は2万5,168トンの硝石を軍需局に納入し、イギリスの民間火薬製造業者にもほぼ同量を納入した」。輸入総量は年間3,000トンを超えていた。国家への平均納入量は年間1,573トンで、このうち1,000トン近くが商業用であった。[*38]

帝国の力

　19世紀における英国の硝石と火薬の消費量は、その軍事的拡大と世界的な

支配力に比例して増加した。あらゆる指標がさらなる拡大を示していた。ウェリントン将軍配下の陸軍の軍事費支出は1803年の110万ポンドから1812年には430万ポンドに増加し、ネルソン提督配下の海軍の軍事費は同年1,020万ポンドから2,050万ポンドに増加した。[39] 1812年のナポレオン戦争の最盛期には、イギリス陸軍は34万2,273人の兵士、海軍は11万6,923人の水兵と海兵隊員を動員することができた。1830年の平時の陸軍は8万8,848人であったが、1840年には10万人に、1890年には15万3,483人にまで増大した。クリミア戦争（1853年~1856年）では22万3,000人以上、ボーア戦争（1899年~1902年）では43万人の兵士が戦地に赴いた。英国海軍も同様に、1830年の2万9,000人から1840年には3万9,000人、1890年には6万8,880人、そして1900年には11万4,000人以上へと再び拡大した。ヴィクトリア朝中期のイギリスは、本国の要塞と砲台に1,664門の大砲を配備し、さらに帝国全土の駐屯地に4,812門の大砲を配備した。[40] これらの兵器にはすべて火薬が必要である。1812年の半島戦争では、イギリスはシウダード・ロドリゴの包囲戦で30時間に7万4,978ポンド（訳注：約33.5トン）、バダホスの戦いで104時間に22万8,830ポンド（訳注：約102.2トン）、1時間に約1トンの火薬を使用し、激戦を戦った。[41] セバストポリ包囲戦（1854年~1855年）では備蓄が枯渇し、「政府は商人を雇って火薬を植民地まで買いに行き、火薬と硝石が手に入れられる場所ならどこででも購入しなければならなかった」。[42]

　1828年の議会の分析によると、王室は国内および植民地の要塞や火薬庫に27万9,602バレル（100ポンド1バレルとして1万2,482トン）の火薬を備蓄していた。これは備蓄としては余裕はあったが、新たな戦争が始まればたちまち払底してしまう。軍事計画では、年間18万バレル（訳注：約8,036トン）の火薬の製造能力が必要とされていた。このため、硝石の輸入を再び拡大し、火薬の工業化を進めることになった。1830年代に年間960トンの硝石を精製していたウォルサム・アビーの設備は、1890年代には1,880トンにまで精製能力を倍増させた。[43] また、ファバシャムなどの火薬製造所も同様に拡張された。

　こうした需要に応えるため、インドのベンガル地方での硝石の生産量は1830年代の年間1万4,000トンから1850年代には2万5,000トンに増加し、その大部分はイギリスへ運ばれた。ベンガル地方の硝石貿易は、1890年代には年間2万トンとやや横ばいになったが、20世紀最初の10年間は年間1万8,000ト

ンを超えていた。[*44]ロンドンは、18世紀の顧問たちが助言したようにアジア産
品の一大拠点となったが、硝石はすべて英国政府専用とはならなかった。ほぼ
4分の1は再輸出されたのである。南北戦争の影響で、1861年11月、デラウェ
ア州のデュポン社がロンドンで2,000トンの硝石を購入し、さらにインドから
輸入することになった。[*45]1860年代初頭の議会統計では、イギリスは年間1万
8,640トンの硝石を輸入し、4,255トンを再輸出している。[*46]残りの1万4,385トン
の多くは火薬に使用されたが、かなりの量が民間、商業、農業、工業、薬学な
どの用途に使用された。「悪魔の硝石」は、新しい化学工業が、硝石の軍事用
火薬としての中心的な役割に挑戦しようとしたまさにそのとき、多様な用途を
持つ帝国の商品となった。[*47]

　ヴィクトリア女王の軍隊は、化学と弾道学の進歩にもかかわらず、従来の
黒色火薬に依存したままであった。19世紀末になってようやく、新しい化学
合成の装薬と炸薬が旧来の黒色火薬を駆逐するようになった。20世紀初頭の
工業化された戦争でも、黒色火薬の活躍の場は確保されていた。第一次世界
大戦は、コールタール製品、トルオール、フェノール、トリニトロトルエン
（TNT）、硝化グリセリンなどの化学合成火薬で戦われた[*48]、黒色火薬は海でも陸
でも使用されていた。1917年、ロイド・ジョージ内閣の顧問は、「海軍および
軍事目的の無煙火薬の点火薬として黒色火薬に代わるものはまだ見つかってい
ない…　実際、黒色火薬を使用せずに無煙火薬の砲弾を一発たりとも発射する
ことはできない」と述べている。その顧問は、チルワース黒色火薬会社と商業
的にも愛国的にも関係があったT・G・トゥロック（Tulloch）少佐である。トゥ
ロック少佐は、エリザベス1世時代の海外冒険家のように、パレスチナやメソ
ポタミアの英国軍に地質学者や化学者を派遣し、「必要な塩類や鉱物」を探さ
せるよう政府に要請した。この提案は当時の軍需大臣ウィンストン・チャーチ
ルにも届き、「インドの硝酸カリウムの供給で我が国の黒色火薬製造には十分
である」という同省の助言にもかかわらず、彼の提案は支持を得ていった。[*49]

　第一次世界大戦後、従来の装薬に代わって化学合成火薬が使われるようにな
り、黒色火薬の生産は段階的に縮小された。サリー州チルワースの工場は、エ
ヴリン家まで遡る400年の歴史を経て、1920年に閉鎖された。ケント州ファバ
シャムの火薬工場は、1934年に閉鎖された。エセックス州ウォルサム・アビー
の王立火薬工場では、1941年にドイツ軍の爆撃で生産が停止するまで、作業

が続けられていた。現在、これらの工場は歴史遺産として、黒色火薬の苦難の歴史に思いを馳せることができる。黒色火薬の調達は、いまや歴史的好奇心の対象になっているが、数百年もの間、世界の運命を左右していたのである。

8. 新世界とアンシャンレジーム

　後にジョージ・ワシントン（George Washington）の後を継いで大統領となるマサチューセッツのジョン・アダムス（John Adams）は、1775年、「自由と独立は硝石を確保することでしか達成できない」と主張した。徳だけでは足りない。アメリカの硝石の自給自足こそが、イギリスの軍事力に対抗する唯一の手段である。彼の言葉を借りれば、「欠くべからざるもの（unum necessarium）」、勝利に必要なものは硝石である。アダムスは書簡や演説の中で、家族、地域、植民地に対して、硝石の製造を試み、その技術を学び、共有し、革命戦争に向けた努力に貢献するよう呼びかけた。私たちが欲しいのは硝石だけだ... 今が正念場だ... 手に入れなければならないものは... すべての馬屋、鳩小屋、地下室、貯蔵庫などは硝石の鉱山だ[*1]」。アダムスは火薬用の硝石作りは「石鹸作りと同じくらい簡単」だと信じていたのである。啓蒙されたアメリカ人の手にかかれば、その製造説明書は「誰もが理解できるように、簡潔、平易、単純」になるだろう。彼の妻アビゲイル・アダムス（Abigail Adams）も、アメリカ独立戦争が勃発した時期に、裏庭で硝石の製造実験を行った数百人の愛国者たちの1人だった[*2]。 サウスカロライナの大陸会議代表団は、「黒人の家と納屋」の下を掘るよう提案した[*3]。しかし、結局アメリカの勝利は、手作りの硝石ではなく、科学と創意工夫によって硝石の危機を克服したばかりのフランスの硝石供給によってもたらされたのである。

* * *

　17世紀のアメリカに強いあこがれを抱くイギリス人は、新世界には自分たちの儲けになるものがあると期待していた。アメリカから金や銀が出るのなら、硝石も出るのではないか？ アメリカ産の硝石は、「ペルーやメキシコの鉱山よりも価値がある」と、アメリカに期待をかける人々は考えていたのだ[*4]。植民地の起業家たちは、国王のアメリカ領でこれらの資源を探したが、その楽

観主義は報われることはなかった。例えば、1633年、バージニア州のジョン・ハーヴェイ（John Harvey）総督は、ホワイトホールの枢密院で、大量の硝石がまもなく発見されると約束したが、そのような鉱山は100年以上発見されなかった。[5] 17世紀半ば、ニューロンドンの碩学ジョン・ウィンスロップ・ジュニア（John Wnthrop, Jr.）は、ニューイングランド植民地向けの「返品保証付き硝石」を生産する硝石製造所をコネチカット州に建設することを構想したが、この計画は資金不足によりご破算になった。マサチューセッツ州スチュアートに火薬製造所を設立する計画も天然硝石の不足により頓挫したが、1675年にジョン・レヴェレット（John Leverett）知事は再び「我々の手で硝石を醸成する」ことに期待をかけた。[6] そこで、ニューイングランドの沖合にある島々で、鳥の糞を安価に採取することにしたのである。さらに内陸部には「鳩がよく出没する、強い硝酸土壌」があり、これも「強い硝石」の原料になりうると言われていた。トーマス・オーフリー（Thomas Offley）は、1690年に国王に、これらの北米の資源を独占的に利用する権利を請願した。しかし、この計画は何も実現しなかった。[7]

　他の山師たちは、「硝石」の大埋蔵地を発見することを期待して、バルバドス、セント・クリストファー、アンティグアなどの島嶼植民地に目を向けた。1655年にジャマイカがイギリス領になった後、ジャマイカにも「世界のどの場所よりも良質で豊富な」硝石があると信じられていた。1685年に出されたより詳細な報告書によると、アンティグアには確かに硝石があり、ジャマイカにも採算に合うほどではないが、堆積地があると結論付けられている。アンティグアでの火薬製造の試みは、工場が「不幸にも吹き飛び」、スポンサーが「急死」したため、断念された。[8]

　18世紀の楽観主義者たちは硝石の幸運を夢見ていたが、独立革命が切迫するまで、掘削や精製などはほとんど何もしなかった。1726年、ダニエル・デフォー（Daniel Defoe）は、硝石を「ヨーロッパで無限に価値のある商品... その割合は金と同じくらい確実な富」と表現し、南米が火薬の黄金郷になると夢見た。[9] 1740年、ジョージア州の新植民地設立を推進した人々も同様に、硝石事業に理想的な環境を見つけたと考えた。アメリカの硝石は、「戦争の際には、東インドまで行かずとも、イギリス国民に火薬の主成分の貯蔵庫を永久に確保できる」と期待したのである。[10] 1750年の別の論文では、カナダに近い北

部の植民地での「硝石の採集と製造の機会」が紹介され、「モホークスの国では、そこに繁殖する無数の野鳩の群れの糞から無尽蔵の金が得られる」とされたが、御多分に漏れず、これも実現しなかった。[*11]

　硝石の実験を行った入植者はごくわずかであった。泥や糞から硝石を作るよりも、硝石を買う方が簡単だったからである。大英帝国はインド産硝石の大半を支配しており、代替地からの調達はそれほど急務ではなかった。1764年、ジェレマイア・ブラウン（Jeremiah Brown）がバージニア州のタバコ小屋のタバコの葉屑から硝石を作る方法をロンドンで発表したが、これを試そうとするタバコ農家はごくわずかだった。[*12]成熟期を迎えた植民地時代のアメリカは、火薬をロンドンや七年戦争で火薬の余った王室の弾薬庫から購入していた。革命の危機によって自立を余儀なくされて初めて、アメリカ人は火薬の自給について考えるようになった。1774年10月、ジョージ3世がアメリカ植民地への火薬禁輸命令を出したことで、火薬の供給危機が発生し、硝石の自給に一気に関心が集まったのである。[*13]1774年にはペンシルベニア州の作家が「硝石の有用性」を褒めたたえ、その製造を推奨した。ボストンのコラムニストはすでに、「この種の試みが何度か失敗に終わったにもかかわらず、アメリカにもフランスと同じくらい有益な硝石工場が設立されることは間違いないだろう」と示唆していた。[*14]「これまでアメリカの植民地でなされたささやかな進展」について言及した上で、[*15]アメリカ独立戦争の幕開けとともに、硝石製造の大流行がはじまった。

「欠くべからざるもの」硝石

　1775年、フィラデルフィアで開かれた大陸会議は、英国との戦争に直面し、忘れかけていた硝石の製造技術を復活させた。近世のチューダー朝やスチュアート朝のように、「高価で、不確実で、外国からの危険な輸入に頼らずに自国の安全を確保する」ことを目指したのである。エリザベス1世の初期の政府と同様、会議は硝石と国家の生存が等しいことを理解していた。[*16]火薬や硝石の備蓄のほとんどはすべてイギリス帝国の手にあり、反乱軍は即席で火薬や硝石を作るしかなかった。マサチューセッツの商人の一人は、硝石の問題について、「必要は発明の母」と述べている。また、ある商人は、ジョン・アダムス

に「あなたの格言『神は自らを助くる者を助く』が頭をよぎります」と言った。硝石は「防衛のために必要であり、... 非常に多岐にわたり有用な」ため、その供給には「一人ひとりが関心を持つ」だけでなく「公的な支援」が必要であった。この硝石製造を促進することは、「アメリカの救済と繁栄」、そしてアメリカ市民の「生命、自由、財産」を守ることになると、議会は言明していた。1775年10月にウィリアムズバーグで開かれた安全委員会（the Committee of Safety）にバージニア州の代表団が進言したように、「敵の海の中で悪意に満ちた活動や力の故に、不断の努力で硝石製造を推進することが非常に重要で欠くべからざる義務である。... この国内の重要な治安なくしてはアメリカの自由と権利の基盤はおぼつかない[17]」と述べたのであった。「限りなき安全」は、依然として火薬の原料となる硝石に依存していた。

　この問題は熟知されてはいたが、解決は現実には困難であった。植民地には地元で硝石を採集した歴史もなく、専門知識も不足していた。一方、イギリス帝国はインドから年間2,000トン近くを輸入しており、銃砲の火力を濫費する余裕もあった。この怪物に対抗するには、知識、工夫、努力を結集し、アメリカの土壌から有用な原料を得ることが必要であった。植民地の新聞は、ヨーロッパでの硝石製造に関する記事を積極的に掲載し、「記事がこの国に恩恵を与えることができるように」と、実利的な知恵を求めた[18]。ボストンのロイヤル・アメリカン・マガジンは、1775年1月に1764年のバージニアでの硝石実験の報告を転載し、8月にはヴァージニア・ガゼットとペンシルバニア・マーキュリーがそれに続いた[19]。その他の植民地の新聞にも、製造法や説明書、ヒント、解説が掲載され、硝石製造法の説明が独立革命で盛り上がる社会に持ち込まれた。

　大陸議会はアメリカの火薬不足を痛感し、1775年6月に「植民地に硝石製造を導入するための方法と手段を考案する」委員会を設置した。7月には、「硝石の製造に専念するよう」植民地の各地の人々を督励した。彼らは、タバコを生産する植民地の倉庫や作業場には「特に強力に硝石が染み込んでいる」と考えていた。アメリカ科学界、移民の知識、家庭の創意工夫を活用し、植民地の新聞とその読者を動員して、議会は「硝石のいくつかの製造方法」の普及を図ったのであった。火薬の問題は、1776年を通して革命の課題として残り、議会は「硝石の製造を促進するさらなる方法と手段」を何度も議論した[20]。

アメリカの科学者や名士たちは、この愛国的な取り組みに自らの知識を提供した。ベンジャミン・フランクリン（Benjamin Franklin）は、ドイツ旅行でのメモを取り出し、1766年にハノーバーでの硝石製造について説明した。その製造工程は非常に単純で、「文盲の老人とその妻が完璧に製造をこなしていた」と同僚に断言している。ベンジャミン・ラッシュ（Benjamin Rush）は、硝石の化学に関するヨーロッパの知識を、より詳しくより精確に要約し、ドイツとフランスの硝石製造の詳細な説明を行った。ラッシュは、ドイツでは「石灰、あらゆる種類のゴミ、植物に生える粘菌類、灰... を混ぜ合わせ、時々尿で湿らせる」ことで「大成功」を収めたと述べている。フランスでは、植物の茎、舌を刺す苦いハーブ、枯れ葉、鳩の糞、鶏の糞、鳥や鶏の羽、女性がオリモノをとるときに使う灰、... 豚の毛、牛や牛の角、犬が食べない骨などが使われていた」。「古い厩舎の床下の土に、大量の灰を混ぜたもの」など、アメリカ人なら簡単に手に入るものを利用することができるだろう。これを尿で適度に湿らせ、「共に精製すると、硝石の性質や特質を帯びる」と考えられていた。ラッシュ氏によると、タバコの茎からも硝石が取れるという。「多くの実験」によって、タバコには硝石が含まれていることがわかった。濾過と濃縮、分離と精製を繰り返すことで、兵器用の高純度の硝石を得ることができたが、そのほかのありきたりな塩（訳注：硝酸カルシウム、硝酸ナトリウムなど潮解性のある塩）の混入という問題は完全には解決されなかった。ラッシュは、硝石の製造は「この国でもフランス、ドイツ、そして東インドと同じようにうまくできる」と結論付けている。[21]

　フィラデルフィアの安全委員会は、「硝石の抽出と精製の方法」の詳細な説明を公表し、「この国のすべての家庭」に推奨した。愛国者は、「羊、馬、牛の厩舎や小屋、古い下屋、地下室、納屋の下など、普段動物が隠れている場所」の床を探し、採取した硝石土壌に水を加え、上澄み液を濾過、濃縮、結晶化、精製する。ある計算では、2万世帯が5ポンドの硝石を作れば、「大軍の火薬の備蓄ができ、要塞や砲台用そして野戦用の大砲にも十分な量を確保できる」。このような取り組みで、1週間に45トンの火薬を生産し、軍事的均衡がアメリカに有利になる。議会はこのプロジェクトを「一般家庭」に適していると考え、1776年初頭には、硝石製造は「家庭での製造が広まった」と言われている。[22]

戦争委員会（the Board of War）の委員長であったマサチューセッツ州のジョン・アダムスは、硝石の自給自足を最も強力に推進する人物となった。彼は、硝石はアメリカの生存と勝利のための「必要欠くべからざるもの（unum necessarium）」であると宣言したのである。アダムスは書簡の中で、また演説の中で、繰り返し硝石と火薬の調達先を見つけるよう同僚たちに督促した。「我々は硝石を調達しなければならず、神はそれを望んでおられる... 我々は硝石以外何も望まない... 今こそ天下分け目の時である」。1775年10月には、「私は硝石のことを決して忘れず、将来にわたってすべての手紙に硝石に関する一文を入れることを決意した。必ず手に入れなければならない」と公言していた。彼は、「すべての馬小屋、鳩小屋、地下室、貯蔵庫などは、硝石の鉱山である」という言葉を広めるよう、誰彼となく説得したのである。[*23]

　マサチューセッツ州では、1775年2月に早くも硝石探しを開始していた。ケンブリッジで開催されたマサチューセッツ州議会は、「硝石の製造方法を簡単でわかりやすい形で説明書を作成する」委員会を設置し、説明書を印刷してそのコピーをすべての町や地区に送るように命じた。住民は軍に供給する硝石を作り、国はこの非常時の硝石に1cwt（訳注：約50キロ）当たり14ポンドを支払った。イギリスがインドから1cwt当たり4ポンドの硝石を購入していた時代に、である。[*24]しかし、地元の技術者はなかなか見つからず、マサチューセッツ州は6月にウィリアム・ホワイティング（William Whiting）博士をニューヨークに派遣し、「硝石の製造に関する最も詳細で具体的、かつ分かりやすい説明」を求め、「硝石の製造に従事したことのある卓越した人物」が見つかれば採用するよう求めていた。[*25]

　1775年の夏、ホワイティングは「硝石の製造に関する知識を求めて」植民地連合のうち6か所を旅した。彼は、ニューヨークのホワイトプレーンズの近くで目的を達成した。そこではグラハム（Graham）博士が、「雇って損はないドイツ人の召使いを使って」、「1シーズンで8から9cwt（訳注：約400~450キロ）の良質な硝石」を生産していたのである。ここにもアメリカ人が見倣うべき手本があった。グラハムは、厩舎の土を使う代わりに、古い建物の下から土を掘り出し、「匂いが強く、舌触りがやや苦いかミョウバンの味がする」ものを選んだ。この土を入れた桶に水を流し、したたり落ちた水を沸騰させ、灰で濾過し、さらに沸騰させて濃縮すると、粗硝石が結晶化する。さらに精製すると、

「包装して販売するのに適した」ケーキ状の硝石ができた。ホワイティングは、この発見を印刷物にして報告し、「アメリカの救済と繁栄を心から願うすべての紳士が、同様の事業に専念するように」と願った。ここに「簡単で、単純で、好結果をもたらす」硝石の製造方法があり、他の人々も「簡単で絶対確実な」方法であると納得した。この製法を知ったマサチューセッツの商人は、「簡単そのもの」と表した。グレート・バリントンの集会所の土壌からは良い報告が期待され、土1ブッシェル（訳注：約35リットル）から1ポンド（訳注：約0.45kg）の硝石が得られるとのことだった。[*26]

　独立革命初期の数か月は、植民地の至るところで試行錯誤が繰り返された。1775年7月、フィラデルフィアでは、有望なスタートが切られた。ジョン・アダムスはジョサイア・クインシー（Josiah Quincy）に、「自前の」硝石と火薬の両方を見たことがあると報告した。プライヤー（Pryor）大尉とトーマス・ペイン（Thomas Paine）はフィラデルフィアで実験を行い、「一般家庭で簡単に、安く、早く硝石を作る方法」を実証した。ロードアイランド州プロヴィデンスのニコラス・クック（Nicholas Cooke）は、「フィラデルフィアのフランクリン博士とラッシュ博士が硝石工場を設立し、小規模な実験を行ったところ、彼らの予想をはるかに超える結果を得た」という報告を伝えた。最終的には、硝石製造を後押しする者たちは、「アメリカ全土で7年間続く戦争に耐えられる」火薬の原料となる硝石を作ろうと考えたのである。[*27] フランクリンは1775年9月、ペンシルベニア州ヨーク郡のバルツァー・ムーディ（Baltzer Moody）とジョージ・ガーヴァー（George Garver）が「厩舎や小屋などを掘って」117ポンドの硝石を生産し、「おそらくヨーロッパから輸入したものと同程度の品質のもの」を生産したことを知った。この年の終わりには、彼はフランスの特派員に「我々はできうる限りの産業を動員して硝石を作る努力をしており、日々成果は拡大している」と報告している。[*28]

　1775年9月、ジョン・アダムスはコネチカット州から「ノリッチとウィンダムに住むオランダ系のデ・ウィットという名前の二人の人物が硝石を作り、成功した... そして大量生産する予定だ」との話を聞いた。12月には、マサチューセッツでさらに「重要な実験」が行われていることを知り、その中には「石鹸を作るように簡単なもの」もあった。[*29] 11月には、「バージニア州に派遣された熟練の労働者が、そこで硝石の公共事業に従事し、十分な援助があれ

ば、報告書にある量に相当する硝石を生産することができる」という報告がもたらされた。議会は各植民地連合に対して、「現在、硝石を作るのに適した土を掘り起こし、土や原料をすべて集めて、小屋の敷きわらや壁に置くように」要請した。愛国心は広まったが、こうした努力にもかかわらず、1775年11月、トーマス・リンチ（Thomas Lynch）は「硝石がなかなか入手できない」と述べている。[*30]

　独立革命に自前で弾薬の原料を供給することは、無理無体やはた迷惑ではなく、自由のための仕事である。政府のある出版物は、「地方の紳士たちは、この種の立派な仕事をすれば、楽しくて有益な娯楽になる」と記している。また、別の熱狂的な支援者は、この労働は「楽しい娯楽であり、祖国を愛するすべての人々が自らすすんで実践すべきものである」と手紙を書いている。仕事は自発的に共同して協力的に行い、各植民地間で自由に知識を交換することができた。1775年12月のエセックス・ジャーナルには、「硝石の製造に関する知識は、この重要な時期に国益を切望する多くの人々の関心を集めている」と書いている。[*31] アメリカの愛国的ボランティア精神は、東インドからの硝石輸入時代以前に近世イングランドを悩ませた、国家による強制的で毛嫌いされた硝石事業とは際立った対照を見せていた。革命家は、憎き硝石業者の家宅侵入に抵抗するのではなく、自らが硝石業者となるのである。

　アメリカでは、硝石の作り方を紹介する冊子が大量に印刷された。ある冊子では、硝石床を作るには「自分の家で集めた尿を穴に流し込み、また十分な量を得ようとすれば、隣人からできるだけ多くの尿を集めなければならない」と助言している。また「常に使われている厩舎では、飼葉桶の近くにある土を使わなければならない。そうしないと、動物の尿や糞が多く混じり、硝石ではなく塩化アンモニウムが生成する」とも忠告している。また、「北米の北東風は一般に湿気を帯びていて、硝石の醸成に適していない。したがって、硝石の原料が含まれている家は、この国では北西の風に当てなければならない」といった具合である。ジョン・アダムスが主張した基本的な指示は、「誰もが理解できるように、簡潔、平易、単純」にということである。だが、これは楽観的すぎた。[*32] 1776年1月、ロバート・トリート・ペイン（Robert Treat Paine）はフィリップ・スカイラー（Philip Schuyler）に「硝石の簡単でわかりやすい作り方を書いた新聞」を送り、それまでの助言が複雑すぎたことを指摘した。4月には、

「ニューイングランドで成功した製法が掲載された」新聞がさらに送られ、ペインはスカイラーに対して、「直ちに断固として実行に移すよう、貴兄の権威ある命令とともに」、記事を配布するよう求めた。[*33]

　マサチューセッツのアビゲイル・アダムスと彼女の隣人たちは、裏庭で化学実験をする愛国者仲間であった。1776年4月にアビゲイルが夫に宛てた手紙では、ニューイングランド地方での硝石計画について説明し、「大砲、小銃、ピストルに適した様々な火薬の比率を説明した」原稿をジョン・アダムスに送ると申し出ている。彼女自身はまだ硝石の製造に成功していなかったが、テルティアス・バス（Tertias Bass）氏は「ほぼ1cwt（訳注：約50キロ）に近い硝石を手に入れ、非常に品質の良いことがわかった」。[*34]製造業者が当初の困難を克服したことで、1776年の春と夏にはニューイングランド全域で硝石の製造が「盛んに」行われた。1776年5月にジョン・アダムスに報告したサミュエル・クーパー（Samuel Cooper）は、「14トンが州の店に持ち込まれ、懸賞金が支払われた。これを超える植民地があっただろうか」、と驚いた。[*35]

　マサチューセッツ州の記録でも、その進展をたどることができる。軍用に硝石を提供する住民は、治安判事の前で「現在提供されている硝石の製造は、この植民地の範囲内で開始、実施、終了したこと、および外国の硝石が混入されていないこと」を誓わなければならなかった。現存するこの証明書からは、1776年2月から7月にかけて、数ポンド（訳注：約2.3キロ）から数cwt（訳注：約250キロ）の硝石を供給し、地元企業が急成長していることがうかがえる。例えば、マサチューセッツ州エイムズベリーのエノク・バグリー（Enoch Bagley）、ヘンリー・クインビー（Henry Quinby）、ジェームズ・ベイリー（James Bayley）の3人は、1776年2月に3cwt（訳注：約150キロ）の商品価値のある硝石を製造している。セーラムのナサニエル・フェルト（Nathniel Felt）は5月に8ポンド（訳注：約3.6キロ）、バーナードストンのイライジャ・シェルドン（Elijah Sheldon）は1ポンド（訳注：約0.45キロ）を持ち込んだだけだった。硝石を作ろうとしたのはアビゲイル・アダムスだけではなかったことは、ウースターのハンナ・ミード（Hnnah Mead）が5月に出品した9ポンド（訳注：約4.1キロ）の硝石が「自作品」という証明書や、ハンプシャー郡のメアリー・レナード（Mary Leonard）が6月に21ポンド（訳注：約9.5キロ）の硝石を「綿の小袋に入れて」武器商店に持ち込んだことからもうかがえる。[*36]

さらにフロンティアを目指し南下した起業家たちは、バージニア州のブルーリッジ山脈で「硝石鉱」（saltpeter rocks）の有望な採掘場を発見した。ペイトン・ランドルフ（Peyton Rnadolph）は、1775年10月、ジョン・アダムスに、「慎重かつ懐疑的で、名誉を重んじる多くのバージニアの紳士たち」がこの物質をテストし、有望なことを確認したと報告している。バージニア州ベッドフォードのチャールズ・リンチ（Charles Lynch）（「リンチ法」の名の由来）は、この硝石の露頭を利用した火薬工場をいち早く設立した。1775年12月のヴァージニア・ガゼットへの寄稿では、フランス語から翻訳した *New Chymical Dictionary* から火薬の調合についてさらに助言を加えている[*37]。ノースカロライナ州議会は、州内で「商品価値の高い硝石」を製造するため、バージニア州に人を派遣し、「この工程の最も効果的な方法についての説明と情報」を入手した。1776年4月、ノースカロライナ州ハリファックスの硝石実験工場が操業を開始したが、1年半後に放棄されてしまった[*38]。サウスカロライナ州の議員団は、「黒人の家や納屋」の下を掘ることを推奨した[*39]。

　いくつかの州は、管轄内で製造された硝石に報奨金や謝礼金を出す一方、「不純物の混じった基準に適合しない硝石」を除外するために分析官や検査官を任命した。植民地内の起業家たちはこの難題に取り組んだ。ニューヨーク州オレンジ郡のジェームズ・カーギル（James Cargill）は、1776年8月に「硝石の製造に支障をきたす」という理由で兵役の免除を求めた一人である。また、デイヴィッド・ゲルストン（David Gelston）は、イギリス軍が侵攻してくる前に、ロングアイランドでほぼ500キロの硝石を製造していた。1777年5月には、コネチカット州のイースト・ハッダム、シャロン、ダラム、ポムレットの硝石メーカーも注目を集めた。彼らは、120ポンド（訳注：約54キロ）から360ポンド（訳注：約162キロ）の「純度が高く混じりけのない、乾燥した」硝石を生産したが、書類上の不備があり、報奨金の支払いを求めて訴えた[*40]。

　アメリカは、火薬の自給自足を確実にするために、まさに身を切る思いで、国内での硝石事業を開始した。1776年3月、議会は、「植民地連合の安全、自由、富は硝石にかかっている」と宣言している。最大の関心事は、製造法がわかればだが、「一般の家庭で硝石を作れるようにすること」だった。オリヴァー・ウォルコット（Oliver Walcott）は、「硝石は、我々が身を委ねることのできる独立国家をもたらしてくれるだろう」と手紙に記している[*41]。しかし、

この仕事は大の硝石支持者の素人が想像していたよりも難しく、できあがった硝石の品質管理に悩まされることになった。情報や助言は相次いだが、技術や経験には限界があった。国内からの供給は予想以上に遅れ、国産の硝石にはありふれた塩が多く混入していた。小規模の実験では、なかなか工業的な大規模生産に結びつかない。各地で数百ポンド（訳注：約225kg）の硝石を確実に生産できたとしても、それでは革命軍をまかなうことはできなかった。

　しかし、忍耐が功を奏した。マサチューセッツ州では1776年の真夏までに45トンの硝石を生産し、コンネチカット州では30トンを生産した。それでも、軍に必要な全体量のほんの一部に過ぎなかったが、アメリカがこの難局に立ち向かえることを証明したのである。「1年前、我々は火薬のために、後世の人が面目を失うほどの苦境に立たされた。このような苦境はもう終わった」と、ジョン・アダムスは1776年6月に宣言している[42]。「しかし、細心の注意を払わないと、火薬を作る際にすべてが台無しになる」と、9月にロバート・トリート・ペインは警告している。というのも、国内で製造した火薬のほとんどが「哀れなほどにゴミ」だったからである。皮肉なもので、「自由か奴隷かを決める日に、自分たちの火薬の欠陥によって天秤が自分たちに不利に傾くとは、なんと残念無念なことであろうか」[43]。

　今度は火薬の製造技術に注目が集まり、以前の硝石の製造作戦と同様に専門知識を追い求めることになった。この問題は、1777年に、「硝石の濾過と精製、火薬の製造の最良の方式に基づく火薬製造所の建設、要するに火薬の製造に関係するすべてのことに完全に精通していた」ニコラ・フーケ（Nicolas Fouquet）がフランスからやってきたことで解決されたが、それは部分的な解決にしか過ぎなかった。むしろアントワーヌ・ローラン・ド・ラヴォアジェの火薬公社（Régie des Poudres）（フランスで新たに設立された非常に効率的な火薬管理組織）の仕事に関連した革新的技術が、アメリカの火薬産業をより強固な科学的基盤の上に据えることに役立った[44]。

　しかし、フランスはイングランドの敵に必要な火薬のすべてを喜んで供給したため、こうした地元での火薬製造の努力は不要になった。フランス製火薬の多くは、西インド諸島を経由して運ばれた。オランダとスペインも、シント・ユースタティウス島を主要な中継地とする島嶼植民地を通じて、積極的に火薬を輸送した。（訳注：イギリスによる）封鎖の解除には、硝石の製造と同じくら

い多くの労力が費やされたが、硝石製造よりもずっと早く成功した。1776年2月、国内での生産がわずかで実験レベルであったのに対し、120トンの外国の硝石がフィラデルフィアに到着し、さらに30トンの硝石が到着することになっていた。1777年秋までに、213トン以上の輸入硝石と649トン以上のヨーロッパ製火薬がアメリカの独立軍に届けられたが、その大部分はフィラデルフィアにやってきた。努力と熱意は高まったにもかかわらず、アメリカ軍がイギリス軍と戦うために使用した火薬のうち、自国産のものは10％にも満たなかった。独立軍は依然として深刻な物資不足に直面していたが、火薬や硝石の輸入に成功し、勝利に十分な弾薬を得ることができたのである。[*45]

　独立したアメリカ合衆国は、後年、産業よりも貿易によって、軍事力を強化し続けた。フランスは依然として重要な硝石の供給源であったが、アメリカの商人は、イギリスの軍需品の調達先だったアジアにますます目を向けるようになった。1788年、一隻の船、ロードアイランドのヒドラ号だけが一回の航海で168トンのベンガル硝石を運んだ。[*46] 当然のことながら、イギリスの関係者は、王国の軍と競合しないように、アメリカ人をインドの硝石貿易から排除しようとした。1790年代、「アメリカは硝石の自給に乏しい」ため、アメリカ人は「硝石を求めてインドに向かいかねない」と、イギリスの関係者たちは懸念していた。金属、帆柱、丸太材、その他の「自国の天然産物」の取引で有利な立場にある新興のアメリカに対抗しなければ、アメリカは「英国を完全に凌駕する」。[*47]（1791年7月に英国の貿易委員会がウォード・ニコラス・ボイルストン《Ward Nicholas Bylston》に30トンの硝石を米国に輸出する許可を与えたことは例外であった）。[*48]

　イギリスの規制は、アメリカの硝石業者をさらに発奮させ、彼らは自国での硝石の抽出、結晶化、精製を行うようになった。ニュージャージー州モリス郡のイスラエル・エイバー（Israel Aber）は、1796年に、書き物の中で、「もしアメリカの硝石事業が普及し実現すれば」、「ペルーの鉱山に匹敵する富の源泉となる」と改めて主張した。1776年の冊子作成者と同様、彼は硝石を利益だけでなく自由と結びつけたが、チューダー朝やスチュアート朝のイングランドの硝石事業の起業家と同様に、彼の計画はほとんどが新味のない夢物語だった。[*49] アメリカの硝石製造は、1770年代半ばの緊急の努力の後、低迷し、1780年1月には「危険な状態にある」と言われていた。[*50]

アメリカ国内の火薬産業は、1800年にフランスのラヴォアジェから化学を学んだエレウテール・イレネー・デュポン（1771-1834）が到着するまで遅れ、発展はしなかった。1802年に設立されたデュポン社は、火薬、無煙火薬、ダイナマイト、ニトログリセリンの大手納入業者となり、その後多角化を進め、化学を基盤とする多国籍の巨大企業となった。しかし、デュポン社の硝石は、そのほとんどがインドから直接、またはイギリスから再輸入されたものであった。[*51] 南部では南北戦争のときだけ、地元での硝石製造が再び真剣に検討された。[*52] 19世紀末には、アメリカのインドからの硝石の輸入量は、イギリスのそれを上回った。[*53]

硝石業者と科学者たち

フランスでは順序が異なり、ガリア（フランス）硝石は独自の紆余曲折を経験した。フランスは硝石の自給自足を目指し、国際的な安全保障、商業、科学に影響を与えた。

フランスは近世の大半において、人口、軍事力ともにイギリスより強力であった。硝石や火薬の需要もイギリスをしのぐ勢いであった。15世紀半ばのフランス軍は、10トンの火薬と40人の優秀な砲手を必要としていたが、1500年には60トンと100人の砲手を必要とするようになった。16世紀半ば、フランシス1世の死後には、フランス王室は275人の砲手を雇い、年間250トンの火薬を消費した。フランス艦隊とフランス陸軍は17世紀を通じて増強され、ルイ14世の軍隊はヨーロッパで最強になった。[*54]

16世紀および17世紀のフランスでは、近世のイギリスと同様に、国家は硝石製造の独占を護り、王室の役人を派遣して納屋、地下室、鳥小屋、個人の住居から硝石を採集してきた。フランス国王は必要な物資を徴発する権利を主張し、その代理人や植民地の弁務官らが王室への硝石や火薬の供給を確保した。主要な町では、一世帯あたり約1ポンドの硝石を国王に納める義務があった。フランスの硝石事業は全国的に集約化され、テール（土地税）、ガベル（塩税）の徴税体制同様に税体制が分けられていた。1544年の国家納入の割り当て分は、300人の硝石業者が地元から原料を調達し、803ミリエール（訳注：約400トン）の硝石が要求された。当然のように腐敗や目こぼし、脱税もあったが、

フランシス1世（在位1515年-1547年）からルイ15世（在位1715年-1774年）まで
は、地方の硝石業者から砲兵総監（Grand Master of Artillery）までの権力のピ
ラミッドが、フランスの領土保全と軍事力の展開に役立った。[*55]

　慣習法の伝統がなく、個人の権利を支持する者も少ないフランスでは、地主
たちは国家の要求に抗することはほとんどできなかった。イギリスの作家ヘ
ンリー・スタッブは1670年に次のように述べている。「フランスでは、王国の
各地に配備された砲兵部隊の主要な将校たちは、公私を問わずすべての家に
入って硝石土壌を探し出すよう命じられ、私人は、それが王への奉仕であると
の理由で我慢を強いられている」。王室の硝石業者たちは、どんな土地にも入
り、どんな家でも掘り、必要な燃料を奪って、割り当てを満たすことができ
た。彼らの雇人たちは、硝石採集人の飾り帯を腰につけていた。帯には王立陸
軍（Royal Arms）と総監（Grand Master）の紋章が描かれていた。王の特権的
な奉仕者であるフランスの硝石業者は、テール（土地税）の支払いを免除され
た。貴族と聖職者だけは、硝石業者の立ち入りを免除された。ルイ14世の時
代には免除制度が改訂され、火薬製造の「農民」や独占権保有者に、使用可能
な硝石の探索と掘削の特権が与えらた。[*56]

　フランスの技術者たちは、イギリスの技術者たちと同じように諸外国の出
版物を借用した。皮肉なことに、ルイ14世治下のフランス火薬総監を務めた
フランシス・マルサス（Francis Malthus）は、硝石とその用途について説明し
た論文 "Pratique de la guerre" を執筆している。[*57] ピエール・スリリー・ド・
サン・レミー（Pierre Suriney de Saint-Rémy）が描いた美しい図解入り記録
Memoires d'artillerie（Paris, 1697; Amsterdam, 1702）には、パリ工廠での硝石製
造について、12の濾過桶が稼働していたことが紹介されている（図7参照）。そ
の目的は、「硬く、白く、透明で、油分を含まず、塩分をよく濾過した」「良質
の硝石」を製造し、王立火薬製造所に納めることであった。硝石の精製からは
塩（訳注：塩化ナトリウムなどの一般塩）が取れ、フランスでは塩に高い税金が
かかっていたため、この工程は不正な利益を得る機会でもあった。投機家はし
ばしばそれを夢見たが、集約化、統合化、規模のいずれにおいてもこれほどの
硝石工場はイギリスにはなかった。[*58]

　フランスもイギリスと同様、海外に代替資源を求め、18世紀初頭にはイン
ドで成功を収めた。その出荷量はイギリスやオランダには及ばなかったが、フ

ランス東インド会社は、硝石の輸入を扱う倉庫をブルターニュ半島の大西洋岸にあるポール・ルイとロリアンに設置した。17世紀末にはフランス船がベンガルで貿易を行い、1720年代にはインド会社が設立された。フランス国内の火薬製造業者は、アジアからの輸入原料に依存するようになり、国内事業が疎かになっていった。しかし、18世紀後半になると、イギリスの軍事力によってフランスはインド貿易から排除され、硝石の供給も絶たれた。1757年のプラッシーの戦いは、帝国支配の転換を告げるものであった。フランスは弱体化し、七年戦争（1756年~1763年）の敗北は火薬不足に原因があった。[*59]

　世界の主要な硝石源から排除されたフランスは、国産化への再編と技術・科学の向上を余儀なくされた。ルイ16世の財務総監（Controller-General）であったアンヌ＝ロベール＝ジャック・チュルゴ（Turgot, Anne-Robert-Jacqes）男爵は、1775年にフランスの硝石計画の改革に着手し、政府の管理体制を強化した。彼は「自然の秘密」を解明するために王立科学アカデミーに協力を求め、フランス随一の化学者でフランス・アカデミーの議長であったラヴォアジェ（1743年−1794年）を採用し、硝石の製造方法を改善させた。ラヴォアジェは、火薬行政を担う新組織火薬公社の長官となり、火薬と燃焼の科学・技術に専念することになる。彼の助手の一人であるニコラ・フーケは、1777年にアメリカ独立軍の火薬生産を支援するためにアメリカに派遣された。[*60][*61]

　ラヴォアジェが1777年に出版した『硝石の成立と硝石の製造に関する訓令』には、重要な液体を検査するための比重計の使用など、浸出と精製に関する詳細な指示が記されている。正確な測定と綿密な記録は、ラヴォアジェの仕事の特徴であった。ラヴォアジェは、チュルゴ男爵の説得により、硝石の生成方法と最も効率的な抽出方法の解明に対してアカデミーが授与する「特別賞」の授与を監督することになった。彼は、フランスの硝石事業を科学的に確固たるものにするため、「硝石の成立と製造に関する回顧録」を編集し、最終的に『硝石の成立と製造に関する回顧録集』（1786年）として出版した。その過程で、彼は化学工業に向けた近代的な科学を創始した。[*62]こうした進展は、資材と専門知識に飢えていたアメリカ人の間で硝石への関心が急速に高まった時期と重なった。

　ラヴォアジェは、兵器工廠の実験室で実験を行う傍ら、フランスの十数都市にある硝石の精製所を監督していた。彼はまた、掘削を不要にするよう硝石床

図7　フランスの硝石製造

Pierre Surirey de Saint-Rémy, *Mémoires d'artillerie où, il est traité des mortiers, petards, arque-buses à croc, mousquets, fusils, &c.* (Amsterdam, 1702), following p. 100 (Huntington Library, rare book 16395, vol. 2, reproduced by permission of the Huntington).

と小屋からなる硝石醸成システムを提案し、ワインセラーや個人宅への硝石業者の立ち入りを禁止した。さらに彼は、貴族の所有地での掘削の制限を解除したが、これ（訳注：民衆への譲歩）は革命の際にはほとんど役に立たなかった。ラヴォアジェは、行政上の工夫と科学の進歩により、フランスの硝石の生産量を1775年の170万リーブル（訳注：約832トン）から1777年の200万リーブル（訳注：約979トン）、1784年の260万リーブル（訳注：約1273トン）へと増加させた。フランスの硝石の生産量を5倍にしたのはラヴォアジェであるとの説もある。フランスの火薬の備蓄量は500万リーブル（訳注：約2500トン）に達し、その品質は世界最高水準に達していた。1789年、ラヴォアジェは「北アメリカの自由はフランス硝石とフランス火薬のおかげである」と述べているが、まさにフランスがアメリカ革命を支援している時期に、このような変化が起こったのである。実際、アメリカ人が独立を勝ち取るために使用した軍需品のほとんどは、フランス原産である。[63] イギリスは、1791年に再び対外戦争の危機が訪れたとき、「フランスは自国の消費に必要な量をはるかに超える硝石を生産している」ことを知り、警戒の念をもって4、5年分の硝石を確保した。[64]

　貴族階級のラヴォアジェは1793年に逮捕され、同年科学アカデミーが廃止された。そしてルイ16世はギロチンにかけられた。革命期のフランスは、イギリスやオランダと戦争をしており、あらゆる武器が必要であったが、その火薬計画の頭脳が牢獄につながれていたのである。1794年、ラヴォアジェは断頭の刑に処されたが、フランス軍の硝石の供給はすぐには落ち込まなかった。王室による調達体制が崩れると、市民が自由に硝石を利用できるようになり、「無許可硝石採取人」は、信用を失った火薬公社よりも多く生産するようになった。レスール（Lesueur）兄弟が描いた絵には、革命派の労働者たちが「硝石製造」に楽しそうに取り組んでいる姿が描かれている。恐怖政治の指導者たちは、「民衆の化学」があるのに、誰がアカデミックな化学を必要とするだろうか、と問いかけた。革命は、少なくとも短期的には市民の硝石に依存し、愛国心は共和国の武器となった。アメリカ人のウィリアム・ジャクソン（William Jachson）が、1794年のフランスの恐怖政治の最盛期に観察したように、「あらゆる配慮が公共の必要性のために犠牲にされる... 不本意でも、テロは愛国心の欠如を補い、十分に効果を発揮する。当初は、若者と男らしさを演出するための雷鳴を大地から（後には

化学の洗練によって植物から）抽出するために時が費やされた。革命的な硝石は、ナポレオン時代まで世界中に響いた雷鳴の物質を供給した。[*65]そしてインドの硝石から作られたイギリスの火薬は、祖国の土壌から作られたフランスの火薬と対決することになったのである。

終　章

　私たちが辿った硝石の道は、近世イングランドの社会史、法学史、政治史、経済史、科学史、軍事史の間に思いがけないつながりをもたらしている。また、多くの専門分野の学問が交差し、大砲の計算や人間の排泄物の経済といった事柄も明らかにされている。本書の企画は、錬金術的、哲学的、物質的、さらには神秘的な次元を持つものである。化学の専門家にとって硝石が学問の境界を破り、様々な分野に挑戦したように、歴史家にとって硝石は、「軍事革命」、「科学革命」そしてスチュアート朝の諸革命を関連付ける多面的な性格を帯びている。塩や砂糖のような単なる物質や商品ではなく、硝石は王家の特権に関係し、また農業の諸関係、国際的な商業、帝国の拡張に影響を及ぼした。硝石は火力を供給し、国家を安全にした。

　この問題の核心は、尿と排泄物の生命力と、インドであれエセックスであれ、硝酸塩の豊富な土壌がもたらす奇跡にあった。同様に火薬の原料である、膨大な量の硝酸カリウムをもたらす土壌を作る工夫も重要であった。有機物を国家安全保障のために、社会的、政治的、経済的にあまり負担をかけずに利用することが重要であった。そのために政府は、国際的な専門家による技術移転に関与し、科学者や硝石業者への支援を拡大し、市民の土地や家屋への立ち入りなど国民の怒りを買う危険を冒しながら、必要な物資の供給を確保してきた。イングランドの硝石事業は、個人の権利に対する王権の試金石となり、中央集権的な権力の形成を早めることになった。その実践者たちは、私的、公的、家庭や、さらには教会の空間の境界を探っていた。様々な視点、例えば枢密顧問官と法廷弁護士、砲兵と戦略家、自然哲学者と貪欲な起業家、王と国民の目を通して、硝石経済は神秘的で奇跡的、非道で厄介、有益で不可欠な、初期近代国家の基礎となる経験であったことが明らかになった。

　ヘンリー8世の即位からウィリアム3世の死までの間、イングランドは軍用火薬の不足や信頼性が低い状態から、豊富に弾薬のある状態へと変化した。18世紀と19世紀には、十分に武装した産業大国の帝国が世界的な支配力を持つ

ようになった。この変革に伴い、化学理論も次第に進歩し、実用的な問題解決のための創意工夫がなされるようになった。

　イングランドの国力増強に伴い、硝石への依存度は高まり、国内、ヨーロッパ、北アフリカ、東インドなど、さまざまな供給源からの硝石で満たされるようになった。16世紀には年間100トン分にも満たなかった軍需局の硝石予算は、18世紀には1000トン分以上に膨れ上がった。19世紀半ばには、イギリスの輸入量は年間2万トンを超えた。硝石の需要は、パトナ（訳注：インド北東部ビハール州の州都）からパトニー（訳注：ロンドンの南西にある地区）まで、ガンジス川からテムズ川まで、調達と精製のシステムを活気づかせた。しかし、事業規模が拡大するにつれ、事業が社会にもたらす悪影響は少なくなくなっていった。帝国の威圧的で暴力的な態度が人々を抑え込んでいったからである。その抑圧的な姿勢が帝国の「商品」となった。

　エリザベス朝、スチュアート朝初期の政府は自国での硝石の確保に力を入れたが、実際にはその大部分は海外の商人によって調達された。エリザベス女王の治世の最初の10年間は、イングランドの硝石の90パーセントが輸入され、そのほとんどがヨーロッパ北西部からであった。イギリスの硝石業者は、東インドからの出荷が増加する前には、国産の割合を、1560年代の約10パーセントから、1590年代には30パーセント、1600年代には50パーセント、そして1630年代のピーク時には70パーセントにまで懸命になって引き上げたのである。それでも国内の硝石業者は、1660年代には国の需要の10％未満しか生産しておらず、17世紀末にはイングランドの硝石のほとんどはアジアから輸入されていた。17世紀には、イギリスの大地から兵器級の硝石を作るという1世紀にわたる試みはついに放棄された。

　このような硝石の調達先と調達方法の変化は、イングランドの富と安全に大きな影響を与えたが、同時にイングランドの政治を形成することにもつながった。エリザベス朝時代の「限りなき安全」の追求とスチュアート朝初期の「至宝」の要求は、王室とその臣民を苦しめ、王権の限界の試金石となった。チャールズ1世の時代に最盛期を迎えた国内の硝石事業は、東インドからの輸入品によって硝石採掘による家屋の負担が軽減されるまで、多くの人を煩わせ、少数の人間には利益をもたらした。私有地を掘った硝石業者や私有地採掘に代わる案を提示した起業家は、強欲で押しが強く、商売気たっぷり、金に汚

く、不道徳で、嫌われ者で、時にはこれらすべての性質を兼ね備えていた。劇作家トーマス・ミドルトンの言う「必要悪」、ロバート・ボイルの言う「二本足の穴掘りもぐら」である初期近代イングランドの硝石業者には仲間も後継者も少なかった。1763年、ウィリアム・ピット（William Pitt）（大ピット）は「イギリス人の家は彼の城であり、・・・イングランド国王も入ることができない」と明言したように、政府はその時にはすでに家の床下の糞を掘るのをやめていた。

　本書での硝石の探求は、近世のイングランドと産業革命前のイギリス（Britain）に焦点を当て、アメリカとフランスも比較しながら見てきた。その結果、軍事衝突の様相が変化するにつれ、戦略家たちがいかにして弾薬の供給と「軍需品」の調達を迫られていたかが明らかになった。このため、火薬の最大の原料（訳注：火薬の6~7割）であり、またそれ以上の価値を持つ（硝石なくしてマスケット銃や大砲を撃つことはできない）硝石の確保に積極的に取り組むことになった。硝石事業は、国王の臣民である硝石採掘人や事業管理者の集団を社会的に受け入れ、彼らが行う取引や彼らが抱く不満が政策、商業、法律を形成した。

　より広い視野に立つと、より大きな問いが見えてくる。国家安全保障の追求がもたらす社会的、法的、政治的影響について、硝石の歴史から現代と比較して、どのような教訓が得られるのだろうか。個人の権利はどこまでで、国家の権力はどこまで拡大できるのか。政府は必要な防衛手段をどのような対価を払って手に入れるのだろうか。ウィリアム・セシル卿、エドワード・コーク卿、空位時代（Interregnum）の条例の立案者などの法理論家や実務家の中には、アメリカやフランスの革命の立案者と同様に、こうした問題に心を動かされた人々がいた。今日、警戒心の強い市民は、このような問題に関心を示すことだろう。

　科学と戦争の関係や、政府の軍備計画の知的帰結について、もっと学ぶべきことがあるかもしれない。かつての軍需産業の調達方法は、基礎科学や技術にどのような影響を及ぼし、その関係はどのように変化したのか。硝石業者、砲術家、錬金術時代後の自然哲学者の世界はどのようにつながり、彼らはどのように知識を共有していたのか？　近世の火薬製造国家は、秘密主義と開放主義のどちらが優れていたのか、また、そのような専門知識はどのように管理され

るべきなのか。国家安全保障の要請は、思想、技術、社会の発展をどのような形で制約、あるいは促進しているのだろうか。これらは、今後も議論を続けるべき問題であり、さらなる研究のテーマである。

訳者あとがき

　本書の主題は硝石から見た、英国を中心にした大国の興亡史である。原著の題名にあるように「火薬の母」と呼ばれる硝石は黒色火薬の主原料であり、核兵器のウランにも匹敵する戦略物資である。化学合成火薬が登場するまで、硝石を制する国が世界を支配したのである。その国こそ大英帝国である。序章にあるように、「硝石は、半世紀にわたるイギリスとヨーロッパの歴史を形作った火薬の心臓であり魂であった。その入手には、錬金術の知識、外来の技術、人々の日常生活の犠牲、そして最終的には世界の海を支配することが必要となった」のである。

　本書は、管見の限り、硝石をテーマにした世界で唯一の学術書であろう。「本書は、世界支配への道を歩み始めたイギリスを中心に、ルネサンス期のヨーロッパ、アンシャン・レジーム期のフランス、革命期のアメリカなどの世界を結びつけて考察する。また『科学革命』『軍事革命』『政治革命』という近代初期の3つの革命の相互の関係を探求し、同時代の人々にとって『硝石』がいかに重要であったかを明らかにする」。この目的に沿って本書は、「契約書、帳簿、報告書、目録、周旋書、檄文などに書かれた記録」や、政治、経済、科学（化学）、社会など様々な分野の浩瀚な資料に基づいて、硝石が英国の内政、外交、社会そして国際関係にどのような影響を与えたかを丁寧に描いている。本書は、硝石という視点から、これまでの世界史を塗り替える可能性を秘めている。

　硝石をめぐる大国の興亡史で注目すべきは、イギリス、フランス、アメリカである。硝石がこの3か国の運命を決したのである。硝石には天然硝石と人造硝石の2種類がある。イギリスはついに人造硝石を造ることができなかった。いや造る必要がなかった。天然硝石の豊富なインドを植民地にすることで、国内で硝石採集人が臣民の抵抗を受けながら硝石を採集する必要もなく、人造硝石を造る試みも必要なくなったからである。このきっかけになったのが、インドをめぐる1757年のプラッシーの戦いである。この戦いを契機にイギリスは

インド植民地支配を確立した。インドを手に入れたことでイギリスは、まさに大英帝国の軍事的基盤を確固なものとしたのである。

　一方、インドを失ったフランスは国内で硝石を調達するしかなかった。そこで火薬公社の火薬監督官となった王立アカデミー議長ラヴォアジェが人造硝石を効率的に生産する方法を確立した。このラヴォアジェの人造硝石生産の取り組みが近代化学の基礎を築くのである。しかしラヴォアジェはフランス革命で断頭台の露と消え、革命政権は人造硝石の取り組みをやめる。ラヴォアジェの取り組みは、イギリスと独立戦争を戦うアメリカに技術移転される。その中心的人物が、フランス革命でアメリカに亡命したデュポンである。ラヴォアジェの近代化学に基づく硝石づくりはアメリカで開花する。フランスは、ラヴォアジェを失ったことで、近代化学の発展が遅れた。アメリカでは技術移転された近代化学を基礎にデュポン社を中心に化学工業の発展の道をたどる。一方イギリスは、なまじインド産硝石が潤沢にあったために、化学工業などの分野で近代化が遅れた。英仏米3か国の運命は、硝石という戦略物資によって決まったといってもよいだろう。

　ところで硝石について、本書では意図的にかどうかはわからないが、あまり詳細に論じていないことがある。それは木灰のことである。

　硝石は硝酸カリウム（KNO_3）である。天然硝石であれ人造硝石であれ、基本的には有機物を硝化菌によって硝化し、硝酸基を生成する。この際、カリウム分の多い植物を動物の糞尿とともに堆肥を造るように混ぜ合わせる。植物に含まれるカリウムと糞尿の硝酸基によって硝酸カリウムができる。しかし、実際には、硝酸カリウムの他に、硝酸カルシュウムや硝酸ナトリウムなど潮解性の高い他の塩も含まれるため、カリウムを加えて他の塩を潮解性の無い硝酸カリウムに置換する必要がある。その時に、必要な作業が、日本では灰汁煮と呼ばれる、硝石土壌を水に混ぜその上澄み液に木灰を加えて煮詰める作業である。明治の初めまで五箇山や白川郷での硝石づくりでは、灰汁煮を3回繰り返し、純度99パーセントの上塩硝を精製していた。つまり、硝酸カリウムを精製するためには、硝酸だけでなく木灰のカリウムが必要不可欠なのである。

　インドでもイギリスに輸出する硝石も、現地で灰汁煮が行われている。ただ1回か2回の灰汁煮で、日本でいえば荒塩硝か中塩硝の段階で輸出された。イギリス本国では硝石をもう一度水に溶かして灰汁煮をしたと思われる。その時

に大量の木灰が必要である。一体その木灰をイギリスはどのように調達していたのだろうか。

木灰を造るには大量の樹木が必要となる。また木灰は火薬製造だけでなく、染色や石鹸、ガラス製造などほかにも多くの用途がある。19世紀半ばにドイツでカリウム鉱山が発見されるまで、カリウムは植物すなわち木灰から採るしかなかった。つまり、硝石と同等に木灰もまた戦略物資なのである。さらに木灰を造る樹木は硝石を精製するための燃料でもあった。つまり、硝石を精製するためには莫大な量の樹木を必要としたのである。森林もまた軍事力を支える重要資源だったのである。島国イギリスでは森林そのものに限界があり、とりわけモミなどカリウムを多く含んだ木は限られ国内調達には限界がある。本書にも簡単に触れられているが、エリザベス朝時代の16世紀後半にはイングランドはすでに木材の深刻な不足に悩んでいたのである。この事態に、火薬を管理していたジョン・エヴリンは英国で初めて植林に関する本を出版し、火薬だけでなく、製鉄や暖房の燃料、造船、家屋の建築の資材など増大する材木の需要に対応しようとした。

訳者の長年の仮説ではあるが、イギリスが北米大陸に進出しようとした理由の一つは、森林にあったのではないだろうか。独立後、アメリカからイギリスへの輸出品目の第一位は「パール・アッシュ」と呼ばれる木灰を精製した炭酸カリウムであった。この製法には、1790年にアメリカ初の特許が与えられ、独立後のアメリカ経済を支えた。つまり大英帝国を支えたのは、インドの糞尿由来の硝酸とアメリカの森林由来のカリウムだったのである。

大英帝国の力が衰えるのは、ドイツのハーバー・ボッシュが空中窒素固定法で空気から硝酸の基となるアンモニアを製造する技術を開発したこと、一方塩化カリウム鉱山がドイツで発見されたことにある。いずれも無機物から火薬を無尽蔵に合成できるようになり、ドイツは化学工業で一気に軍事力を高めた。空中窒素固定法の成功を聞いたウイルヘルム2世はこれで心置きなく戦いができると言ったという。そして、このドイツに対抗できたのは、デュポンが基礎を築いた化学工業技術とイギリス起源の規格化による大量生産システムを備えたアメリカであった。硝石をめぐる技術革新が大英帝国の衰亡とアメリカ興隆の原因となった。

蛇足ながら訳者が本書を翻訳しようとした動機を記しておく。訳者もまた、

クレッシー同様に、硝石に関心を持ち、20年以上にわたって研究を続けてきた。そのきっかけもクレッシー同様にささいなものであった。湾岸戦争を契機に軍事革命について研究をしていたところ、ジェフリー・パーカーの『長篠合戦の世界史』にめぐりあった。パーカーは長篠の合戦での三段撃ちを軍事革命として描いていたのである。同書を読んで、ふと疑問が湧いた。大量の火薬はどうやって調達したのか。その時初めて硝石について関心が向いた。

黒色火薬の成分は硝石と硫黄と木炭である。硫黄も木炭も日本で調達できる。しかし火薬の主成分である硝石は日本のどこで産出するのか。それを調べるうちに、硝石が日本史や世界史を書き換える可能性を秘めた戦略物質であることに気付いた。

2010年と2017年の2回それぞれ3年間ずつ科研の助成を受け、調査を重ねてきた。ウイルミントンのデュポン社のハグレー博物館、蝙蝠の糞を採取したケンタッキーの洞窟、チリ硝石採鉱跡のアタカマ砂漠、農民ロケットで火薬製造の伝統のある雲南省のタイ族の村、タイやラオスの農村そして我が国の五箇山、白川郷、種子島など、硝石に関連する世界中の主だった場所を現地調査した。本書にもでてくる英国のファバァシャム、ウォルサム・アビーの王立火薬工場跡やインドのパトナも訪れた。アメリカでは議会図書館、イギリスでは英国図書館や、オックスフォード大学で調査したが、調査能力の不足で十分な資料を見つけることはできなかった。

クレッシーの研究で英国における硝石の研究は一気に進んだ。翻って、我が国をはじめ、アジアにおける硝石製造についてはまだ多くが未解明である。日本で硝石製造の技法がどのように伝わってきたのか、あるいは独自に開発したのか。ヨーロッパ型の硝石床は種子島にしか見られないが、鉄砲伝来とともにポルトガル人が伝えたのか。五箇山や白川郷の堆肥法による硝石づくりはどこから伝わったのか。古来からの堆肥づくりの延長線上で独自に開発したのか。日本の戦国時代の銃砲の数は欧州諸国に引けを取らない。であればこそ、戦国武将たちは、英国の国王たちが苦労したように、硝石をどのようにして調達したのだろうか。クレッシーに倣って、我が国の硝石をめぐる政治、経済、社会、技術等多岐にわたる分野の研究を進めていきたい。

なお、本書の訳出にあたっては、下訳をDeepL、校閲にはBingとChatGPTを利用した。誤訳、誤り等は、AIではなく、すべて訳者の責任であ

る。

　最後になりましたが、厳しい出版事情にもかかわらず、出版をご快諾いただいたあけび書房の岡林信一さんには、満腔より感謝申し上げます。いくつもの出版社に断られ、ほとんど出版をあきらめていたところ、二つ返事で引き受けていただきました。感謝以外の言葉が見つかりません。本当にありがとうございました。

2023年12月8日

加藤 朗

（以下の注および参考文献は原文をそのまま掲載する。筆者の説明注はほとんどなく、翻訳の必要はない。また浩瀚な参考文献リストは、後学のための貴重な道標となるだろう）

NOTES

Preface

1. Ronald Edward Zupko, *A Dictionary of English Weights and Measures from Anglo-Saxon Times to the Nineteenth Century* (Madison, Wis., and London, 1968); Ronald Edward Zupko, *British Weights and Measures: A History from Antiquity to the Seventeenth Century* (Madison, Wis., 1977).
2. TNA, SP 12/209/37, f. 53.

Introduction

1. John Bate, *The Mysteryes of Nature and Art* (1634), 55.
2. William Bourne, *The Arte of Shooting in Great Ordnaunce* (1587), 5–7; Nathaniel Nye, *The Art of Gunnery* (1647), 4–9, 19.
3. *By the King. A Proclamation for the better making of Saltpeter within this Kingdome*, 2 January 1627; TNA, SP 12/275/76, f. 125.
4. *Remonstrance of the State of the Kingdom* (1641), nos. 29, 36.
5. Thomas Henshaw, 'The History of the Making of Salt-Peter', in Thomas Sprat, *The History of the Royal-Society of London, For the Improving of Natural Knowledge* (1667), 274.
6. William Shakespeare, *Henry IV, Part I*, Act 1, scene 3. This is Hotspur reporting the womanly words of a popinjay lord.
7. William Harrison, *The Description of England*, ed. Georges Edelen (Ithaca, N.Y., 1968), 362, 364; TNA, SP 12/286/42, f. 102; *By the King. A Proclamation for the maintenance and encrease of the Mines of Saltpeter, and the true making of Gunpowder, and reforming abuses concerning the same*, 13 April 1625.
8. TNA, CAB 21/120. See also E. A. Brayley Hodgetts (ed.), *The Rise and Progress of the British Explosives Industry* (1909).
9. Gerald Aylmer, *The King's Servants: The Civil Service of Charles I, 1625–1642* (1961), 284–5.
10. Kelly DeVries, 'Sites of Military Science and Technology', in Katherine Park and Lorraine Daston (eds.), *The Cambridge History of Science. Vol. 3. Early Modern Science* (Cambridge, 2006), 311.
11. TNA, SP 1/10, f. 154; C 1/1193/73–75. *Letters and Papers, Foreign and Domestic, of the Reign of Henry VIII*, vol. 2, pt. 1, 111.
12. *CSP Foreign 1562–1563*, 228–9, 239.

13. Robert J. Taylor (ed.), *Papers of John Adams*, 15 vols. (Cambridge, Mass., 1977–2010), vol. 3, 221; Paul H. Smith (ed.), *Letters of Delegates to Congress 1774–1789*, 26 vols. (Washington, D.C., 1976–2000), vol. 2, 121.

Chapter 1

1. *The Correspondence of Robert Boyle. Vol. 1. 1636–61,* ed. Michael Hunter, Antonio Clericuzio, and Lawrence M. Principe (2001), 42–4; Robert Boyle, 'A Physico-Chymical Essay, Containing an Experiment, with some Considerations Touching the Differing Parts and Redintegration of Salt-Petre', in Robert Boyle, *Certain Physiological Essays* (1661), 108.
2. Gábor Ágoston, *Guns for the Sultan: Military Power and the Weapons Industry in the Ottoman Empire* (Cambridge, 2005); Weston F. Cook, Jr, *The Hundred Years War for Morocco: Gunpowder and the Military Revolution in the Early Modern Muslim World* (Boulder, San Francisco, and Oxford, 1994); Yar Muhammad Khan, 'Bārūd', *Encyclopedia of Islam*, (2nd edn., Leiden, Brill Online, http://www.paulyonline.brill.nl, accessed May 2009); William H. McNeill, *The Pursuit of Power: Technology, Armed Force, and Society since A.D. 1000* (Chicago, 1982); Arnold Pacey, *Technology in World Civilization: A Thousand-Year History* (Oxford, 1990), 73–91; Geoffrey Parker, *The Military Revolution: Military Innovation and the Rise of the West, 1500–1800* (2nd edn., Cambridge, 1996); Clifford J. Rogers (ed.), *The Military Revolution Debate: Readings on the Military Transformation of Early Modern Europe* (Boulder, 1995); Jan Glete, *Warfare at Sea 1500–1650: Maritime Conflicts and the Transformation of Europe* (1999). For criticism of the term 'gunpowder empires' see Stephen F. Dale, *The Muslim Empires of the Ottomans, Safavids, and Mughals* (Cambridge, 2010), 5–6.
3. For the history of gunpowder and explosives see, E. A. Brayley Hodgetts (ed.), *The Rise and Progress of the British Explosives Industry* (1909); J. R. Partington, *A History of Greek Fire and Gunpowder* (Cambridge, 1960; 2nd edn., Baltimore, Md., 1998); Joseph Needham, *Science and Civilisation in China. Vol. 5. Chemistry and Chemical Technology, Part 7: Military Technology: The Gunpowder Epic* (Cambridge, 1986); Brenda J. Buchanan (ed.), *Gunpowder: The History of an International Technology* (Bath, 1996); Glenys Crocker, *The Gunpowder Industry* (2nd edn., Princes Risborough, 1999); Brenda J. Buchanan, '"The Art and Mystery of Making Gunpowder": The English Experience in the Seventeenth and Eighteenth Centuries', in Brett D. Steele and Tamera Dorland (eds.), *The Heirs of Archimedes: Science and the Art of War through the Age of Enlightenment* (Cambridge, Mass., 2005), 233–74; Robert A. Howard, 'Realities and Perceptions in the Evolution of Black Powder Making', in Brenda J. Buchanan (ed.), *Gunpowder, Explosives and the State: A Technological History* (Aldershot, 2006), 22–5. For some of its cultural resonances see J. R. Hale, *Renaissance War Studies* (1983), 389–410. For gunpowder recipes see Niccolò Tartaglia, *Quesiti et inventioni diverse* (Venice, 1546), sig. L; Nathaniel Nye, *The Art of Gunnery* (1647), 4–9; Thomas Henshaw, 'The History of Making Gun-Powder', in Thomas Sprat, *The History of the Royal-Society of London,*

For the Improving of Natural Knowledge (1667), 278; Henry Stubbe, *Legends no Histories: Or, A Specimen of Some Animadversions Upon the History of the Royal Society* (1670), 94–5, 114–19. For accessible accounts of burning rates, shockwaves, physico-chemical phenomena, and combustion reactions, see E. Gray, H. Marsh, and M. McLaren, 'A Short History of Gunpowder and the Role of Charcoal in its Manufacture', *Journal of Materials Science*, 17 (1982), 3385–400; Jaime Wisniak, 'The History of Saltpeter Production with a Bit of Pyrotechnics and Lavoisier', *Chemical Educator*, 5 (2000), 205–9.

4. Roger Bacon in the 1260s, quoted in Robert Friedel, *A Culture of Improvement: Technology and the Western Millennium* (Cambridge, Mass., 2007), 85, 87. Cf. Francis Bacon, *The New Organon*, ed. Lisa Jardine and Michael Silverthorne (Cambridge, 2000), 166–7, on the 'marvellous conflict' that caused the 'blasting flames and fiery winds' of a gunpowder explosion. For the ranges of early modern European ordnance, see John Smith, *An Accidence for the Sea* (1636), 50, and William Eldred, *The Gunners Glasse* (1646), 90. Battlefields, of course, varied enormously in size, but a commonly used demi-culverin needed nine pounds of gunpowder to fire a nine-pound shot over half a mile. A heavy cannon could shoot an iron projectile as far as 1,950 yards with a muzzle velocity of 500 feet per second, James Raymond, *Henry VIII's Military Revolution: The Armies of Sixteenth-Century Britain and Europe* (London and New York, 2007), 27.

5. Friedel, *Culture of Improvement*, 86. See, however, Tadeusz Urbanski, *Chemistry and Technology of Explosives*, 3 vols. (New York, 1964–7), vol. 3, 322–42; Seymour H. Mauskopf, 'Bridging Chemistry and Physics in the Experimental Study of Gunpowder', in Frederick L. Holmes and Trevor H. Levere (eds.), *Instruments and Experimentation in the History of Chemistry* (Cambridge, Mass., 2000), 335–65.

6. *Oxford English Dictionary*, 'serpentine', noun, 2 and 6; William Bourne, *The Arte of Shooting in Great Ordnaunce. Contayning very Necessary Matters for all sortes of Servitoures eyther by Sea or by Lande* (1587), 6; William Clarke, *The Natural History of Nitre: or, a Philosophical Discourse of the Nature, Generation, Place, and Artificial Extraction of Nitre, with its Vertues and Uses* (1670), 88; Bert S. Hall, 'The Corning of Gunpowder and the Development of Firearms in the Renaissance', in Brenda J. Buchanan (ed.), *Gunpowder: The History of an International Technology* (Bath, 1996), 87–120, esp. 94–5. Corned powder was moistened to a paste and pressed through a sieve to improve its granular and surface properties. See also John F. Guilmartin, 'The Earliest Shipboard Gunpowder Ordnance: An Analysis of its Technicalities, Parameters and Tactical Capabilities', *Journal of Military History*, 71 (2007), 649–69.

7. Peter Whitehorne, *Certain Waies for the orderyng of Souldiers in battelray...And moreover, howe to make Saltpeter, Gunpoulder, and divers sortes of Fireworkes*, appended to his translation of Niccolò Machiavelli's *Arte of Warr* (1562), f. 27v.

8. Robert Norton, *The Gunner: Shewing the Whole Practise of Artillerie* (1628), 145, 149.

9. C. G. Cruickshank, *Army Royal: Henry VIII's Invasion of France 1513* (Oxford, 1969), 79; Thomas Binning, *A Light to the Art of Gunnery* (1703), 129.

10. Whitehorne, *Certain Waies for the orderyng of Souldiers*, f. 28.

11. BL, Add. Ms. 29303, f. 10v, on the composition of gunpowder in the time of James I; Norton, *Gunner*, 144; Nye, *Art of Gunnery*, 4–9, 19. Tartaglia, *Quesiti et inventioni diverse*, sig. L, listed twenty-three different recipes. See also Stubbe, *Legends no Histories*, 94–5, 114–16, for various continental formulae; Partington, *History of Greek Fire and Gunpowder*, 324–5; Howard, 'Realities and Perceptions in the Evolution of Black Powder Making', 22–5; Andrew Ure, *A Dictionary of Arts, Manufactures, and Mines: Containing a Clear Exposition of their Principles and Practice*, 2 vols. (4th edn., Boston, 1853), vol. 1, 976–8; Arthur Pine Van Gelder and Hugo Schlatter, *History of the Explosives Industry in America* (New York, 1927), 20. For the repair of powder that was decayed or spoiled, see Norton, *Gunner*, 146; William Salmon, *Seplasium. The Compleat English Physician* (1693), 95.

12. Henshaw, 'History of the Making of Gun-powder', 278. Henshaw was a close friend of John Evelyn, the descendant of gunpowder manufacturers, and had ample opportunity to learn their craft.

13. For the manufacture of charcoal, see John Evelyn, *Sylva: or, A Discourse of Forest-Trees* (1664), 100–3. Norton, *Gunner*, 144, recommended charcoal from 'hazel, alder, willow or birch . . . without bark or knots therein'. Salmon, *Seplasium*, 91, preferred charcoal made from hazel, ash, or juniper.

14. William Harrison, *The Description of England*, ed. Georges Edelen (Ithaca, N.Y., 1968), 289, 362. Advisors to the Muscovy Company in 1580 recommended their merchants to carry 'brimstone, to try the vent of the same, because we abound of it in the realm', Richard Hakluyt, *Divers Voyages Touching the Discoverie of America, and the Ilands adjacent unto the Same* (1582), sig. I4.

15. On the 'subterranean treasures' belonging to the crown by royal prerogative, see Sir John Pettus, *Fodinae regales. Or the History, Laws and Places of the Chief Mines and Mineral Works in England, Wales, and the English Pale in Ireland* (1670) 5, 21, 28. The royal mines were primarily of gold and silver, but Pettus included saltpeter among 'minerals and other products . . . beneficial to the kingdom'.

16. For the furnishing of saltpeter in continental Europe see Walter Panciera, 'Saltpetre Production in the Republic of Venice from the Sixteenth to the Eighteenth Century', *Icon: Journal of the International Committee for the History of Technology*, 3 (1977), 155–66; Bengt Åhslund, 'The Saltpetre Boilers of the Swedish Crown', in Brenda J. Buchanan (ed.), *Gunpowder: The History of an International Technology* (Bath, 1996), 163–81; John U. Nef, *Industry and Government in France and England, 1540–1640* (Philadelphia, 1940), 58–68, 97–8; Surirey de Saint-Rémy, 'The Manufacture of Gunpowder in France (1702). Part 1: Saltpetre, Sulphur and Charcoal', ed. and trans. David H. Roberts, *Journal of the Ordnance Society*, 5 (1993), 47; Robert P. Multhauf, 'The French Crash Program for Saltpeter Production, 1776–94', *Technology and Culture*, 12 (1971), 163–81.

17. Salmon, *Seplasium*, 90. Modern scholarship concludes that ancient 'nitre' was most likely soda (i.e. sodium carbonate) and that the properties of saltpeter

were unknown, Partington, *History of Greek Fire and Gunpowder*, 298–314. R. Abraham Portaleone, *Shilte ha-Gibborim* [Shields of the Heroes] (Mantua, 1612; Jerusalem, 1970), ch. 41, claims that ancient Hebrews were familiar with gunpowder artillery, a reference I owe to Matt Goldish.

18. William Eamon, *Science and the Secrets of Nature: Books of Secrets in Medieval and Early Modern Culture* (Princeton, 1994); Tara Nummedal, *Alchemy and Authority in the Holy Roman Empire* (Chicago and London, 2007); William R. Newman, 'From Alchemy to "Chymistry"', in Katherine Park and Lorraine Daston (eds.), *The Cambridge History of Science. Vol. 3. Early Modern Science* (Cambridge, 2006), 497–517; *The Hartlib Papers* (University of Sheffield, CD-ROM, 2nd edn., 2002), 13/223A; 39/1/11B; Boyle, 'Physico-Chymical Essay', 108.

19. Whitehorne, *Certain Waies for the orderyng of Souldiers*, fos. 21v–22.

20. Joseph Duchesne [as Iosephus Quersitanus], *The Practise of Chymicall, and Hermeticall Physicke, for the Preservation of Health*, trans. Thomas Timme (1605), sig. Pv; Allen G. Debus, *The Chemical Philosophy: Paracelsian Science and Medicine in the Sixteenth and Seventeenth Centuries* (New York, 1977), 432; Allen G. Debus, 'The Paracelsian Aerial Niter', *Isis*, 55 (1964), 43–61; Anna Marie Roos, *The Salt of the Earth: Natural Philosophy, Medicine, and Chymistry in England, 1650–1750* (Leiden and Boston, 2007).

21. Norton, *Gunner*, 7, 142.

22. Francis Bacon, *Sylva sylvarum or A Naturall History in Ten Centuries* (1627), 10; Francis Bacon, *The Historie of Life and Death* (1638), 158.

23. Boyle, 'Physico-Chymical Essay', 107–35.

24. Stubbe, *Legends no Histories*, 45; Henshaw, 'History of the Making of Gunpowder', 274–5; Clarke, *Natural History of Nitre*, 19, 53; Herman Boerhaave, *A New Method of Chemistry, Including the Theory and Practice of that Art* (1727), 109.

25. *Elements of the Theory and Practice of Chymistry* (translated from the French of Pierre-Joseph Macquer, Edinburgh, 1777), 182.

26. J. W. Leather and Jatindra Nath Mukerji, *The Indian Saltpetre Industry* (Calcutta, 1911), 14.

27. H. Lee and J. H. Quastel, 'Biochemistry of Nitrification in Soil', *Biochemical Journal*, 40 (1946), 803–28; J. H. Quastel and P. G. Scholefield, 'Biochemistry of Nitrification in Soil', *Bacteriological Reviews*, 15 (1951), 1–53. I am grateful to Gideon Fraenkel, Newman Professor of Chemistry at Ohio State University, and to Margaret Mathies, Weinberg Professor Emerita in Joint Science at the Claremont Colleges, for advice on this topic.

28. Vannoccio Biringuccio, *De la pirotechnia* (Venice, 1540); Cyril Stanley Smith and Martha Teach Gnudi (eds.), *The Pirotechnia of Vannoccio Biringuccio* (New York, 1942).

29. Georgius Agricola, *De re metallica* (Basel, 1556); Herbert Clark Hoover and Lou Henry Hoover (eds.), *Georgius Agricola, De re metallica. Translated from the First Latin Edition of 1556* (New York, 1950), 561–4.

30. TNA, SP 12/16/29; A. R. Williams, 'The Production of Saltpetre in the Middle Ages', *Ambix: The Journal of the Society for the History of Alchemy and Chemistry*, 22 (1975), 128–30. See below, Chapter 3.

31. Whitehorne, *Certain Waies for the orderyng of Souldiers*, fos. 21v–28v; reprinted 1574 and 1588.

32. Whitehorne, *Certain Waies*, fos. 21v–25.

33. Whitehorne, *Certain Waies*, fos. 21v–22.

34. Whitehorne, *Certain Waies*, fos. 22–3.

35. Whitehorne, *Certain Waies*, fos. 26–27v.

36. Whitehorne, *Certain Waies*, fos. 26–27v.

37. Williams, 'Production of Saltpetre in the Middle Ages', 127; Partington, *History of Greek Fire and Gunpowder*, 314–16.

38. Cyprian Lucar, *Colloquies Concerning the Arte of Shooting in Great and Small Peeces of Artillerie* (1588), Appendix, 5–11.

39. Lucar, *Colloquies*, Appendix, 5–11.

40. Bourne, *Arte of Shooting in Great Ordnaunce*. 5–7. For similar concerns among later artillerymen, see Norton, *Gunner*, 144–7, and Nye, *Art of Gunnery*, 19–20. William Cecil had earlier been informed that in Germany 'their cattle be kept with straw for the most part in the house, and of the ground where they stand is made the great plenty of saltpeter which the English lack', *CSP Foreign 1547–1553*, 96.

41. TNA, SP 12/106/53; SP 15/30, f. 213, and examples in Chapters 3 and 5, below.

42. See, for example, Nye, *Art of Gunnery*, 9–17.

43. *Lazarus Ercker's Treatise on Ores and Assaying translated from the German edition of 1580*, trans. Anneliese Grünhaldt Sisco and Cyril Stanley Smith (Chicago, 1951), 291–310. First published in Prague in 1574, the work was reprinted in Frankfurt in 1580, 1598, 1629, and 1672. Much of Ercker is translated in Sir John Pettus, *Fleta minor. The Laws of Art and Nature* (1683; reprinted 1685 and 1686). His treatise on 'the manner of boiling saltpeter' also appears in John Rudolph Glauber, *The Works of the Highly Experienced and Famous Chymist John Rudolph Glauber* (1689). According to Henry Stubbe, *Legends no Histories*, 87–8, Henshaw's 'History of the Making of Salt-Peter' was also heavily plagiarized from Ercker. See also R. J. W. Evans, *Rudolf II and his World: A Study in Intellectual History 1576–1612* (1997), 215.

44. HMC, *Calendar of the Manuscripts of the Most Hon. the Marquis of Salisbury, Preserved at Hatfield House*, 14 (1923), 339; Salisbury Ms. 276, no. 5, in Folger Shakespeare Library microfilm 164.70, partially transcribed in Gary C. Grassl, 'Joachim Gans of Prague: The First Jew in English America', *American Jewish History*, 86 (1998), 195–217, appendix. See below, Chapter 3, on Joachim Gaunz in Elizabethan England.

45. Charles Webster, *The Great Instauration: Science, Medicine and Reform 1626–1660* (New York, 1975), 378–81; Charles Webster, 'Benjamin Worsley: Engineering for Universal Reform from the Invisible College to the Navigation Act', in Mark Greengrass, Michael Leslie, and Timothy Raylor (eds.), *Samuel Hartlib and Universal Reformation: Studies in Intellectual Communication* (Cambridge, 1994), 215–17; Boyle, 'Physico-Chymical Essay', 107–8, 125; Robert Boyle, *The Sceptical Chymist* (1661), in *The Works of the Honourable Robert Boyle*, 6 vols. (1772), vol. 1, 566; Michael Hunter, *Boyle between God and Science* (New

Haven and London, 2009), 104–20; Thomas Leng, *Benjamin Worsley (1618–1677): Trade, Interest and the Spirit in Revolutionary England* (Woodbridge, 2008), 18–25. See also Samuel Worsley, 'De nitro theses quaedam', in *Hartlib Papers*, 39/1/16A, and 'Animadversions upon the fore-said observations', 39/1/11B.

46. Henshaw, 'History of the Making of Salt-Peter' and 'History of the Making of Gun-powder', in Sprat, *History of the Royal-Society*, 260–76, 277–83. Henshaw's account was popularized in John Houghton (ed.), *A Collection for the Improvement of Husbandry and Trade* (1696 and later editions), and repeated in subsequent collections of Royal Society transactions.

47. Henshaw, 'History of the Making of Salt-Peter', 266. See below, Chapter 5, for digging for saltpeter in churches.

48. Henshaw, 'History of the Making of Salt-Peter', 274–5.

49. Stubbe, *Legends no Histories*, 44, 76.

50. Joseph M. Levine, *Between the Ancients and the Moderns: Baroque Culture in Restoration England* (New Haven and London, 1999), 28.

51. Stubbe, *Legends no Histories*, 81, 87–8. *The Compleat Gunner* (1672), another Restoration compendium on gunpowder, drew on 'Casimir, Diego, Ussano, Hexam, and other authors', and based its treatment of ballistics on 'Galiaeus and Torricellio…with some excellent observations out of Mersennus and other famous authors', title page.

52. Thomas Chaloner, *A Shorte Discourse of the Most Rare and Excellent Vertue of Nitre* (1584), fos. 2–22.

53. Boyle, 'Physico-Chymical Essay', 115, describing the practice of 'that profound naturalist Lord Verulam' (Francis Bacon).

54. *Evening Post*, 17 October 1745; *St. James's Evening Post*, 14 November 1745; *London Evening Post*, 29 September 1747, on saltpeter for horned cattle.

55. Robert Lovell, *Panoryktologia. Sive Pammineralogicon. Or An Universal History of Mineralls* (Oxford, 1661), 45–7.

56. William Thraster, *The Marrow of Chymical Physic; or, The Practice of Making Chymical Medicines* (1669; 1679 edn.), 111–15.

57. Clarke, *Natural History of Nitre*, epistle dedicatory, 15, 19, 20, 23–31. 51–9, 65, 68–9, 71, 86, 91–2. See also Edward Jorden, *A Discourse of Naturall Bathes, and Minerall Waters* (1673), 44–57; John Mayow, *Tractatus quinque medico-physici. Quorum primus agit de sal-nitro, et spiritu nitro-aereo* (Oxford, 1674).

58. TNA, PC 2/46, 126; *CSPD 1665–1666*, 354.

59. Salmon, *Seplasium*, 50–3, 90–5.

60. George Wilson, *A Compleat Course of Chemistry* (1699), 'to the reader', 160–1; Nicolas Lémery, *A Course of Chymistry: Containing the Easiest Manner of Performing those Operations* (1677).

61. Boerhaave, *New Method of Chemistry*; Godfrey Smith, *The Laboratory, or School of Arts* (1738); George Wilson, *A Course of Practical Chemistry* (1746); [Macquer], *Elements of the Theory and Practice of Chymistry* (Edinburgh, 1777); Peter Shaw, *Chemical Lectures* (1734); Richard Watson, *Chemical Essays* (1781).

62. *Several Methods of Making Salt-Petre, Recommended to the Inhabitants of the United Colonies, by the Honorable Continental Congress, and Re-published by*

Order of the General Assembly of the Colony of Massachusetts (Watertown, Mass., 1775), 20.

63. BL, Add. Ms. 49093, Napier Papers, vol. 8, fos. 3–14.

64. W. C. D., *Considerations on the Importance of the Production of Saltpetre in England and its Dependencies* (1783), 5, 16, 32.

65. TNA, BT 6/184/36. See below, Chapter 8.

66. Multhauf, 'French Crash Program for Saltpeter Production', 163–81; Tony Travis, 'Revolutions and Gunpowder: Antoine Lavoisier', *Chemistry and Industry*, 9 (1994), 333–8; Jean-Pierre Poirier, *Lavoisier: Chemist, Biologist, Economist* (Philadelphia, 1996), 89–96; Arthur Donovan, *Antoine Lavoisier: Science, Administration, and Revolution* (Cambridge, 1996), 190–7; Seymour H. Mauskopf, 'Gunpowder and the Chemical Revolution', *Osiris*, 2nd ser., 4 (1988), 92–118. On the backwardness of English academic chemistry see Jan Golinski, *Science as Public Culture: Chemistry and Enlightenment in Britain, 1760–1820* (Cambridge, 1992), 129–36.

67. TNA, SUPP 5/762/6.

68. Seymour H. Mauskopf, ' "From an Instrument of War to an Instrument of the Laboratory: the Affinities do not Change": Chemists and the Development of Munitions, 1785–1885', *Bulletin of the History of Chemistry*, 24 (1999), 1–15; Arnold Burgen, 'An Explosive Story', *European Review*, 12 (2004), 209–15; Stephen R. Bown, *A Most Damnable Invention: Dynamite, Nitrates, and the Making of the Modern World* (Toronto and London, 2005).

69. Jean L'hirondel and Jean-Louis L'hirondel, *Nitrate and Man: Toxic, Harmless or Beneficial?* (Wallingford and New York, 2002).

70. George W. Rich and David F. Jacobs, 'Saltpeter: A Folkloric Adjustment to Acculturation Stress', *Western Folklore*, 32 (1973), 164–79; Jeff Schogol, 'Are New Recruits Secretly Given Saltpeter?' *Stars and Stripes* (http:www.stripes.com/blogs/the-rumor-doctor, accessed June 2010).

71. Burgen, 'Explosive Story', 209–15; William D. Steers, 'Viagra—After One Year', *Urology*, 54 (1999), 12–17.

Chapter 2

1. TNA, C 1/1120/52. For a map of early Tudor Shrewsbury showing the river and barges, see BL, Royal Ms. 18 DIII, f. 90.

2. For Bosworth battlefield archaeology, see *Guardian*, 28 October 2009. For late-medieval ordnance see Bert S. Hall, *Weapons and Warfare in Renaissance Europe: Gunpowder, Technology, and Tactics* (Baltimore, Md., 1997); Michael Prestwich, *Armies and Warfare in the Middle Ages: The English Experience* (New Haven and London, 1996), 287–93; Kelly DeVries, 'Sites of Military Science and Technology', in Katherine Park and Lorraine Daston (eds.), *The Cambridge History of Science. Vol. 3. Early Modern Science* (Cambridge, 2006), 308–11; Mark Charles Fissel, *English Warfare 1511–1642* (2001), 44, 52. Cf. Geoffrey Parker (ed.), *The Cambridge Illustrated History of Warfare: The Triumph of the West* (Cambridge, 1995), 115.

3. Kelly DeVries, 'Gunpowder Weaponry and the Rise of the Early Modern State', *War in History*, 5 (1998), 127–45, quote from 130; James Raymond, *Henry*

VIII's Military Revolution: The Armies of Sixteenth-Century Britain and Europe (London and New York, 2007), 3, 28; Fissel, *English Warfare*, 44.

4. Steven Gunn, 'Archery Practice in Early Tudor England', *Past and Present*, no. 209 (2010), 75–7.

5. Fissel, *English Warfare*, 4–16; C. G. Cruickshank, *Army Royal: Henry VIII's Invasion of France 1513* (Oxford, 1969), 76; Raymond, *Henry VIII's Military Revolution*, 30, 44; Paul E. J. Hammer, *Elizabeth's Wars: War, Government and Society in Tudor England, 1544–1604* (Basingstoke and New York, 2003), 18.

6. C. S. Knighton and D. M. Loades (eds.), *The Anthony Roll of Henry VIII's Navy* (Navy Records Society, 2000), 41–106; Geoffrey Parker, 'The Dreadnought Revolution of Tudor England', *Mariner's Mirror*, 82 (1996), 270; N. A. M. Rodger, *The Safeguard of the Sea: A Naval History of Britain 660–1649* (1997), 485.

7. TNA, C 1/108/61; C 1/308/71; *Letters and Papers, Foreign and Domestic, of the Reign of Henry VIII*, vol. 1, pt. 2, 206, 334, 400, 401.

8. *Letters and Papers…Henry VIII*, vol. 1, pt. 1, 670; vol.1, pt. 2, 404, 588; TNA, SP 1/8, f.1.

9. *Letters and Papers…Henry VIII*, vol.1, pt. 2, 2, 6, 13, 18, 20, 21, 23, and passim; TNA, SP 1/4, f. 66; SP 1/8, f. 1.

10. *Calendar of the Patent Rolls…1485–1494* (1914), 395; *Calendar of the Patent Rolls…1494–1509* (1916), 233; A. R. Williams, 'The Production of Saltpetre in the Middle Ages', *Ambix: The Journal of the Society for the History of Alchemy and Chemistry*, 22 (1975), 126. See TNA, SP 1/3, fos. 64, 75, and SP 1/229, f. 32, for payment to Arthur Somerset for making gunpowder in 1510, and to Thomas Hart for making gunpowder at Portchester castle in 1511 and 1512.

11. TNA, STAC 2/15, fos. 23–31; *Letters and Papers…Henry VIII*, vol. 3, pt. 1, 478, for reference to Fawkener, deceased.

12. *Letters and Papers…Henry VIII*, vol. 1, pt. 1, 670. Other contemporary saltpeter accounts refer to John Stangate of London.

13. *Letters and Papers…Henry VIII*, vol. 2, pt. 1, 1111; TNA, SP 1/10, f. 154. Hans Wolf's receipt for saltpeter, brimstone, and coal powder (i.e. charcoal) in 1514 is in SP 1/7, fos. 168–72.

14. *Letters and Papers…Henry VIII*, vol. 5, 153.

15. TNA, C 1/1120/52. The case can be dated no more precisely than April 1544 to February 1547.

16. TNA, C 1/1193/73–75.

17. Niccolò Tartaglia, *Quesiti et inventioni diverse* (Venice, 1546), 'Libro Terzo. Delle specie di salnitrii et delle varie compositioni delle polvere'; *Letters and Papers…Henry VIII*, vol. 21, pt. 1, 739.

18. *Letters and Papers…Henry VIII*, vol. 20, pt. 2, 16; B. H. St J. O'Neil, 'Stefan von Haschenperg, an Engineer to King Henry VIII, and his Work', *Archaeologia*, 91 (1945), 137–55; Williams, 'Production of Saltpetre in the Middle Ages', 125–6.

19. *Letters and Papers…Henry VIII*, vol. 3, pt. 2, 1394; TNA, SP 1/102, f. 31.

20. *APC 1542–1547*, 332.
21. *Letters and Papers... Henry VIII*, vol. 19, pt. 2, 12, 382, 426; TNA, SP 1/191, ff. 40, 191, 230; SP 1/195, f. 138, also SP 1/216, f. 84, in April 1546.
22. TNA, C 1/1159/30-32.
23. TNA, E 315/255, f. xxiii.
24. *CSP Foreign, Edward VI*, 34; *APC 1547–1550*, 500.
25. *CSP Foreign, Edward VI*, 96.
26. *CSP Foreign, Mary*, 190, 197, 201, 363, 368.

Chapter 3

1. BL, Lansdowne Ms. 24, fos. 137, 139; Lansdowne Ms. 25, f. 138.
2. *APC 1577–1578*, 140, 142, 159–61, 170–1; BL, Lansdowne Ms. 28, fos. 13, 23, 141, 145, 147, 149, 152; E. C. Wrey, 'Saltpetre House, Ashurst Wood, Colbury', *Papers and Proceedings of the Hampshire Field Club and Archaeological Society*, 18 (1954), 335–6.
3. *CSP Foreign 1559–1560*, 557; John William Burgon, *The Life and Times of Sir Thomas Gresham*, 2 vols. (1839), vol. 1, 294; Paul E. J. Hammer, *Elizabeth's Wars: War, Government and Society in Tudor England, 1544–1604* (Basingstoke and New York, 2003), 56.
4. Geoffrey Parker, *The Military Revolution* (2nd edn., Cambridge, 1996); Clifford J. Rogers (ed.), *The Military Revolution Debate: Readings on the Military Transformation of Early Modern Europe* (Boulder, 1995).
5. Geoffrey Parker, 'The *Dreadnought* Revolution of Tudor England', *Mariner's Mirror*, 82 (1996), 273; N. A. M. Rodger, *The Safeguard of the Sea: A Naval History of Britain 660–1649* (1997), 486–7. For more on the guns of' 1588, see Colin Martin and Geoffrey Parker, *The Spanish Armada* (1988); Paul E. J. Hammer, *Elizabeth's Wars* (Basingstoke and New York, 2003), 149, where Elizabeth's thirty-four ships sport 883 cannon; Huntington Library, Ellesmere Ms. 6206b, fos. 15v–16, 20v–21, for the 1578 survey; BL, Royal Ms. 17 AXXXI, fos. 25v–26, for the survey of 1603. The queen's ships also carried large numbers of arquebuses and hand guns, with appropriate gunpowder.
6. William Bourne, *The Arte of Shooting in Great Ordnaunce* (1587), 72–3; Richard Winship Stewart, *The English Ordnance Office 1585–1625: A Case Study in Bureaucracy* (Woodbridge, 1996), 92–3.
7. 'Munition requisite to be provided and kept always in store for 1000 men', in *Cabala, sive Scrinia sacra: Mysteries of State and Government... Second Part* (1691), 97.
8. Stewart, *English Ordnance Office*, 80–95; TNA, SP 12/275/76, for 'infinite security'.
9. *CSPD 1547–1580*, 117; TNA, SP 12/1/31, f. 66.
10. *CSP Foreign 1558–1559*, 201.
11. *CSPD 1547–1580*, 117; *CSP Foreign 1558–1559*, 582.
12. *CSPD 1547–1580*, 172; TNA, SP 12/1/31, f. 66; *CSP Foreign 1561–1562*, 1–2, 22.
13. *CSP Foreign 1558–1559*, 28, 61, 121, 153; *CSP Foreign 1559–1560*, 48, 338, 434, 436, 544; *CSP Foreign 1560–1561*, 49, 677, 155; Hammer, *Elizabeth's Wars*, 56.

14. *CSP Foreign 1558–1559*, 121; *CSP Foreign 1561–1562*, 2.

15. *CSP Foreign 1562–1563*, 228–9, 239.

16. TNA, SP 12/228, f. 101, SP 12/253 f. 149, *CSP Foreign 1559–1560*, 18, 544; *CSP Foreign 1561–1562*, 319; *Oxford Dictionary of National Biography*, sub 'Stephen Borough'.

17. TNA, SP 15/24 f. 141; E. W. Bovill, 'Queen Elizabeth's Gunpowder', *Mariner's Mirror*, 33 (1947), 179–86; 'The Ambassage of M. Edmund Hogan' (to Morocco) in Richard Hakluyt, *The Principal Navigations Voyages Traffiques & Discoveries of the English Nation*, 12 vols. (Glasgow, 1903), vol. 6, 290–1. On English dealings with Morocco, see N. I. Matar, *Britain and Barbary, 1589–1689* (Gainesville, Fla., 2005).

18. HMC, *Calendar of the Manuscripts of the Most Hon. the Marquis of Salisbury, Preserved at Hatfield House*, 23 vols. (1883–1973) (hereafter HMC, *Salisbury*), vol. 2, 394; W. H. Overall and H. C. Overall (eds.), *Analytical Index to the Series of Records known as the Remembrancia* (1878), 406.

19. TNA, SP 12/223, f. 77. 'The Description of the Countrey of Russia' (1588), in Hakluyt, *Principal Navigations*, vol. 3, 369, notes that 'saltpeter they make in many places...but want skill to refine it.'

20. BL, Cotton Ms. Galba, D XIII, f. 90; *CSPD 1591–1594*, 99, 158; *CSPD 1595–1597*, 152.

21. *CSP Venice*, vol. 8, no. 811.

22. TNA, SP 12/275/76.

23. TNA, SP 12/275/76; SP 15/24, f. 141.

24. TNA, SP 12/16/28, f. 55.

25. TNA, SP 12/16/30, f. 59; BL, Lansdowne Ms. 5, f. 98; *Calendar of the Patent Rolls 1560–1563* (1948), 98, 104.

26. Peter Whitehorne, *Certain Waies for the orderyng of Souldiers in battelray*, appended to his translation of Niccolò Machiavelli's *Arte of Warr* (1562), fols. 21v–27. See also, Bourne, *Arte of Shooting in Great Ordnaunce*, 5. See above, Chapter 1, for the science and technology of saltpeter extraction.

27. The Master, Lieutenant, and Surveyor of the Ordnance supervised a staff of gunners and gun-founders, engineers and saltpeter-makers. A table of fees *c.*1578 showed the Master of the Ordnance was paid £151 11s. 4d a year, and the saltpetermaker 6d. per diem or £9 2s. 6d. a year, Huntington Library, Ellesmere Ms. 6206b, f. 40.

28. TNA, SP12/286/42, f. 100; SP 12/21, fos. 106, 107; SP 12/229, f. 54.

29. TNA, SP 12/83, f. 102; SP 12/224/114, f. 175.

30. BL, Lansdowne Ms. 57, f. 144.

31. Surrey History Centre, Guildford, More Molyneux Correspondence, 6729/10/13; 2/91/44, f. 99.

32. TNA, E 101/64/8.

33. TNA, SP 12 106/53, f. 115.

34. *CSPD 1547–1580*, 53, 68; *CSPD 1581–1590*, 4; TNA, SP 12/106/1, f. 115; SP 15/24/68, f. 175; SP 12/147/42, f. 88; BL, Lansdowne Ms. 80, f. 93; HMC, *Salisbury*, vol. 13, 597.

35. TNA, SP 12/83, f. 102.

36. TNA, SP 15/24/50, f. 141.

37. BL, Lansdowne Ms. 24, f. 143; TNA, SP 12/228/38, f. 101.

38. BL, Lansdowne Ms. 24, fos. 137, 139; Lansdowne Ms. 25, f. 138; *APC 1577–1578*, 171.

39. Hatfield House, Cecil Papers 9/110.

40. *APC 1577–1578*, 140, 142, 159–61, 170–1; BL, Lansdowne Ms. 25, f. 138; BL, Lansdowne Ms. 28, fos. 13, 23, 141, 145, 147, 149, 152.

41. *CSPD 1547–1580*, 658; TNA, SP 12/139/1; BL, Lansdowne Ms. 30, f. 6, 7.

42. Wrey, 'Saltpetre House, Ashurst Wood', 335–6; Brenda Buchanan, '"The Art and Mystery of Making Gunpowder": The English Experience in the Seventeenth and Eighteenth Centuries', in Brett D. Steele and Tamera Dorland (eds.), *The Heirs of Archimedes* (Cambridge, Mass., 2005), 238; Brenda J. Buchanan, 'Saltpetre: a Commodity of Empire', in Brenda J. Buchanan (ed.), *Gunpowder, Explosives and the State* (Aldershot, 2006), 71.

43. TNA, SP 12/161/11 f. 30.

44. TNA, SP 12/286/42, f. 101; *By the Queene. A Proclamation for the calling in and frustrating all commissions for the making of salt-peeter*, 13 January 1590.

45. TNA, SP 12.225/55, f. 89; SP 12/227/3, f. 5.

46. *By the Queene. A Proclamation for the calling in and frustrating all Commissions for the making of Salt-peter*, 13 January 1590; Stewart, *English Ordnance Office*, 86–7.

47. See note 5, above.

48. TNA, SP 12/209/37, f. 53; SP 12/219/7, f. 18.

49. *CSPD 1591–1594*, 1, 95.

50. TNA, SP 12/225/47, f. 76; SP 12/225/55, f. 89.

51. BL, Lansdowne Ms. 57, f. 144.

52. TNA, SP 15/30, f. 213; BL, Lansdowne Ms. 58, f. 150.

53. HMC, *Salisbury*, vol. 14, 339; Hatfield House, Cecil Papers, 276/5; Folger Shakespeare Library, Washington, D.C., microfilm 164.70, partially transcribed in Gary C. Grassl, 'Joachim Gans of Prague: The First Jew in English America', *American Jewish History*, 86 (1998), pp. 195–217, appendix. See *CSPD 1581–1589*, 617, and TNA, SP 12/226/40, for reports from Bristol that Joachim Gaunz, now residing at Blackfriars, London, denied Christ to be son of God and thereby showed himself 'a most wicked infidel, and not meet to be suffered among Christians'.

54. TNA, SP 12/224/114, f. 175; SP 12/227/4, f. 8.

55. *APC 1590–1591*, 21.

56. HMC, *Salisbury*, vol. 4. 263; *CSPD 1595–1597*, 153; TNA, SP 12/255/63, f. 96.

57. Hugh Plat, *The Jewell House of Art and Nature* (1594), 76; Malcolm Thick, *Sir Hugh Plat: The Search for Useful Knowledge in Early Modern London* (Totnes, 2010), 255, 259, 278–9, 293.

58. HMC, *Salisbury*, vol. 14, 238–9; HMC, *Salisbury*, vol. 12, 542.

59. BL, Lansdowne Ms. 103, no. 44, f. 104; TNA, SP 12/275/76, f. 125.

60. *CSPD 1547–1580*, 511; *CSPD Addenda 1566–1579*, 495; TNA, SP 15/24/50, f. 141; BL, Lansdowne Ms. 31, f. 188; Lansdowne Ms 57, f. 144.

61. BL, Lansdowne Ms. 24, f. 139.

62. BL, Lansdowne Ms. 58, f. 150.

63. Surrey History Centre, More Molyneux Correspondence, 6729/7/39, corre-
spondence concerning the 'willful and headstrong' saltpeterman Mr Cresswell.

64. BL, Lansdowne Ms. 61, no. 72.

65. BL, Lansdowne Ms. 84, no. 63, fos. 145–6.

66. *Calendar of the Patent Rolls 1560–1563*, for the 1561 patent; TNA, SP 12/91/44,
f. 99, for the 1573 commission.

67. *By the Queene. A Proclamation for the calling in and frustrating all commissions
for the making of salt-peeter*, 13 January 1590.

68. TNA, SP 12/225/63, f. 96; *APC 1595–1596*, 11; Overall and Overall (eds.),
Analytical Index to the . . . Remembrancia, 214.

69. HMC, *Salisbury*, 14, 1596–1597, 238; TNA, SP 12/275/76, transcribed in the
appendix to this chapter.

70. *APC 1599–1600*, 818.

71. TNA, SP 12/225/47, f. 76/55, f. 89/56, f. 91/57, f.92; BL, Lansdowne Ms. 103, no.
44, fos. 104, 104v.

72. TNA, SP 12/225/61, f. 96; SP 12/226/31, f. 35; SP 12/224/114, f. 175; SP 12/227, f. 8.

73. BL, Lansdowne Ms. 113, f. 167; TNA, E 133/7/1045–8. Further com-
plaints against Powell for his mismanagement of the ordnance stores are in
E 133/71052 and 1071. George Evelyn allegedly said 'that the queen's majesty
did take not part with any but with beggars, as the king of Navarre and such
like, and that it was pity that her highness had no better counsel, and that the
Spaniards living in his house in Queen Mary's time were good men and
bountiful, or words to that effect'. For accounts of 'decayed and unserviceable
gunpowder and saltpeter . . . new wrought and made good' by John and Robert
Evelyn, 1595–1603, see TNA, E 351/2708.

74. *By the Queene. A Proclamation for the reformation of many abuses and mis-
demeanours committed by Patentees*, 28 November 1601; HMC Salisbury, vol. 12,
63–4.

75. TNA, SP 12/286/42. Another version is in BL, Cotton Ms. Ortho E VII, fos.
94–9, 105–105v. A court case in 1602 confirmed the royal privilege of digging
saltpeter for the defence of the realm: *Darcy v. Allen*, King's Bench, Easter
1602, in Sir Francis Moore, *Cases Collect & Report* (1688), 672.

76. TNA, SP 12/286/42, SP 16/275/76.

77. TNA, SP 16/275/76. An abbreviated version appears in *CSPD 1598–1601*,
470–2.

Chapter 4

1. Thomas Middleton, *A Faire Quarrell* (1617), Act 1, scene 1.

2. BL, Royal Ms. 17 A XXXI, fos. 31–31v; Yale Center for British Art, New
Haven, B. 1977.14.17888; John Nichols (ed.), *The Progresses, Processions, and
Magnificent Festivities of King James the First*, 4 vols. (1828), vol. 1, 63, 66.

3. BL, Royal Ms. 17 A XXXI, f. 4v.

4. *CSP Venetian*, vol. 9, 1155; *CSP Venetian*, vol.10, 35, 274, 313. The Venetian Sen-
ate instructed its ambassador in England to pay as much as 130 ducats a ton
for refined saltpeter, 'consigned to our arsenal at Venice'.

5. *CSPD Addenda 1580–1625*, 522; BL, Cotton Ms. Ortho E VII, f. 78.

6. David Cressy, *Bonfires and Bells: National Memory and the Protestant Calendar in Elizabethan and Stuart England* (1989), 87–9; *The Mariage of Prince Fredericke, and the Kings Daughter, the Lady Elizabeth* (1613), sig. A.

7. *CSPD 1603–1610*, 6; TNA, SP 14/1/64.

8. BL, Add. Ms 41613, f. 111v; BL, Royal Ms. 17 A XXXI, f. 29v; TNA, SP 14/11/68; *CSPD 1603–1610*, 156. Richard Evelyn's account book includes 'a bill of the charges for the making of saltpeter, 1611', with payments for labour and equipment, BL, Add. Ms. 78278, fos. 4–4v.

9. Folger Shakespeare Library, Washington, Ms. Z.e.26, saltpeter receipts January–June 1605.

10. David Harris Willson (ed.), *The Parliamentary Diary of Robert Bowyer 1606–1607* (Minneapolis, 1931), 131–2, 156; Wallace Notestein, *The House of Commons, 1604–1610* (New Haven and London, 1971), 168; Sir Robert Johnson to Secretary Cecil, October 1606, HMC, *Salisbury*, vol. 18, 335–6.

11. BL, Harley Ms. 6070, f. 413v.

12. *By the King. A Proclamation for prevention of future abuses in Purveyance*, 23 April 1606.

13. BL, Add. Ms. 41613, fos. 111v–114.

14. Sir Edward Coke, *The Twelfth Part of the Reports* (1656), 12–15; Sir Edward Coke, *The Third Part of the Institutes of the Laws of England* (1644), 162; Sir Edward Coke, *Quinta pars relationum . . . The Fift Part of the Reports* (1612), fos. 91–92, citing Semayne's Case. See also Henry Rolle, *Les reports de Henry Rolle* (1675), 182, citing a finding in 1606 'per touts justices, l'officiers del Roy ne poient enfreinder le inner mese d'un subject pur saltpeeter etsi soit pur le bien publique, mes outer mese ils potent'. These Jacobean judgments were recited in parliament in 1628 when grievances against the saltpetermen were again in debate, Robert C. Johnson, Maija Jansson Cole, et al. (eds.), *Commons Debates 1628*, 6 vols. (New Haven, 1977–1983), vol. 1, 110; vol. 2, 46; vol. 3, 71. See also 'The Lord Cookes charge given at Norwiche Assizes the 4 of August 1606 against the abuses and corruptions of officers, amongst whom saltpeter menn', BL, Harley Ms. 6070, f. 413v.

15. HMC, *Salisbury*, vol. 18, 335–6; BL, Cotton Ms. Ortho E VII, f. 102–102v.

16. HMC, *Salisbury*, vol. 24, 135–6; *CSPD 1603–1610*, 356; W. H. Overall and H. C. Overall (eds.), *Analytical Index to the Series of Records known as the Remembrancia* (1878), 218, 219. See TNA, SP 16/189/10 for a review of the saltpeter patent, looking back from 1630.

17. *CSPD 1619–1623*, 179, 205; *APC 1619–1621*, 188; *CSPD 1623–1625*, 286, 300.

18. TNA, SP 14/118/73 & 74.

19. HMC, *Salisbury*, vol. 24, 136.

20. *APC 1619–1621*, 177, 188; *CSPD 1623–1625*, 25.

21. HMC, *Salisbury*, vol. 21, 365; *APC 1617–1619*, 248.

22. *CSPD 1610–1623*, 79; TNA, SP 14/110/67.

23. *CSPD 1619–1623*, 189; *APC 1619–1621*, 177.

24. Middleton, *Faire Quarrell*, Act 1, scene 1.

25. *APC 1617–1619*, 248; *APC 1619–1621*, 323, 330, 341.

26. *CSPD 1619–1623*, 216; TNA, SP 14/119/45.

27. *By the King. A Proclamation for prevention of abuses touching Gunpowder and Saltpeeter*, 16 January 1623.

28. *APC 1623–1625*, 215; TNA, SP 16/361/9; Richard Winship Stewart, *The English Ordnance Office 1585–1625* (Woodbridge, 1996), 88–92.

29. *By the King. A Proclamation for the preservation of Grounds for making of Salt-Peeter, and to restore such Grounds which now are destroyed*, 26 December 1624.

Chapter 5

1. *CSPD 1637*, 61, 187, 259; TNA, SP 16/355/55; SP 16/361/8; SP 16/362/101.

2. *CSPD 1637*, 353, 531; *CSPD 1637–1638*, 37, 144–5; TNA, SP 16/371/67; SP 16/378/21.

3. *By the King. A Proclamation for the maintenance and encrease of the Mines of Saltpeter, and the true making of Gunpowder, and reforming abuses concerning the same*, 13 April 1625; *APC 1625–1626*, 14, 18; *CSPD 1625–1626*, 4, 9.

4. TNA, SP 16/31/14; L. E. Harris, *The Two Netherlanders: Humphrey Bradley and Cornelius Drebbel* (Leiden, 1961), 194; Gerrit Tierie, *Cornelius Drebbel (1572–1633)* (Amsterdam, 1932), 10–11, 72–3.

5. Richard W. Stewart, 'Arms and Expeditions: the Ordnance Office and the Assaults on Cadiz (1625) and the Isle of Rhé (1627)', in Mark Charles Fissel (ed.), *War and Government in Britain, 1598–1650* (Manchester and New York, 1991), 118, 125; Andrew Thrush, 'The Ordnance Office and the Navy, 1625–40', *Mariner's Mirror*, 77 (1991), 339–54.

6. *By the King. A Proclamation for the better making of Saltpeter within this King-dome*, 2 January 1627.

7. TNA, SP 16/11/24.

8. *CSPD 1625–1626*, 214; *APC 1625–1626*, 375–6.

9. TNA, SP 16/19/63; E 44/431.

10. *CSPD 1627–1628*, 452; *APC September 1627–June 1628*, 250.

11. TNA, SP 16/11/24.

12. *The Register of the Privy Council of Scotland…1627–1628*, 332, 333; *CSPD 1628–1629*, 16. *CSPD 1625–1649*, 307; *CSPD 1628–1629*, 436; *CSPD 1633–1634*, 433; *CSPD 1637–1638*, 273; *CSP Colonial, America*, vol. 1, 112–14, 156; TNA, SP 16/126/54; SP 16/259/42.

13. *APC July 1628–April 1629*, 395, also *APC May 1629–May 1630*, 154; *CSPD 1629–1631*, 84; *CSPD 1633–1634*, 493; *CSPD 1635*, 45, 246; *CSPD 1636–1637*, 354; *CSP Colonial, East Indies, 1630–1634*, 256, 329; *CSPD 1639–40*, 101; K. N. Chaudhuri, *The English East India Company: The Study of an Early Joint-Stock Company 1600–1640* (New York and London, 1965), 189–90.

14. TNA, SP 16/82/2; SP 16/292, fos. 36, 38; *APC 1627 January–August*, 261, 263, 360; *APC June 1630–June 1631*, 202; *CSPD 1640*, 326.

15. HMC, *Report on the Manuscripts of Earl Cowper*, 3 vols. (1888–89), vol. 1, 231; TNA, SP 16/306/85; BL, Add. Ms. 72419, fos. 17–21; Dorset Record Office, Dorchester, D/BOC/Box 22, 48 (Diary of Dennis Bond); *CSPD 1636–1637*, 440; *CSPD 1637*, 11; *CSPD 1637–1638*, 8.

16. *CSPD 1637,* 507–8; *The Works of the Most Reverend Father in God, William Laud,* ed. James Bliss, 7 vols. (Oxford, 1853), vol. 5, 372. For more on 'the Barbary business', see *CSPD 1638,* 130, 281, 501. On the scale and dynamics of North African slavery see Robert Davis, *Christian Slaves, Muslim Masters: White Slavery in the Mediterranean, the Barbary Coast and Italy, 1500–1800* (Basingstoke and New York, 2003).

17. *CSPD 1625–6,* 206; *CSPD 1635–36,* 34.

18. TNA, SP 16/11/24.

19. Parliamentary Archives, House of Lords Main Papers, HL/PO/JO/10/1/31, 22 April 1626.

20. Thomas Russell, *To the Kings most Excellent Maiestie, the Lords Spirituall and Temporall, and the Commons in this Present Parliament* (1626), broadsheet.

21. William B. Bidwell and Maija Jansson (eds.), *Proceedings in Parliament 1626,* 4 vols. (New Haven, 1991–6), vol. 1, 197, 208; Robert C. Johnson, Maija Jansson Cole, et al. (eds.), *Commons Debates 1628,* 6 vols. (New Haven, 1977–1983), vol. 4, 388 note, citing *Calendar of Patent Rolls; By the King. A Proclamation for the better making of Saltpeter within this Kingdome,* 2 January 1627; *CSPD 1627–1628,* 303.

22. *CSPD 1627–1628,* 263–4; TNA, SP 16/71/54.

23. *By the King. A Proclamation for the maintaining and increase of the Mines of Saltpeter, and the true making and working of Saltpeter and Gunpowder, and reforming of all abuses concerning the same,* 23 July 1627.

24. *APC September 1627–June 1628,* 192–3; TNA, SP 16/180/4; Johnson, Cole, et al. (eds.), *Commons Debates 1628,* vol. 4, 390, 396.

25. *CSPD 1629–1631,* 382, 483, 554; TNA, SP 16/175/58.

26. BL, Add. Ms. 4458, f. 48, undated.

27. *CSPD 1634–1635,* 29; TNA, SP 16/268/24.

28. *CSPD 1637–1638,* 371.

29. Thomas Leng, *Benjamin Worsley (1618–1677): Trade, Interest and the Spirit in Revolutionary England* (Woodbridge, 2008), 18–25, and below, Chapter 6.

30. TNA, SP 16/1/15.

31. *APC 1625–1626,* 14, 18; *CSPD 1625–1626,* 4, 9; *By the King. A Proclamation for the maintenance and encrease of the Mines of Saltpeter, and the true making of Gunpowder, and reforming abuses concerning the same,* 13 April 1625.

32. *By the King. A Proclamation for the maintenance and encrease of the Mines of Saltpeter, and the true making of Gunpowder, and reforming abuses concerning the same,* 13 April 1625.

33. Russell, *To the Kings most Excellent Maiestie; By the King. A Proclamation for the better making of Saltpeter within this Kingdome,* 2 January 1627; *APC July 1628–April 1629,* 235–6, 241; *APC May 1629–May 1630,* 19–20.

34. TNA, SP 16/70/12; PC 2/39, 100–1; *APC 1627 January–August,* 408; *APC July 1628–April 1629,* 339–40; *CSPD 1637–1638,* 96. Cf. George Peirce's complaint to the king's secretary when saltpetermen dug his stables and damaged his dovecotes at Richmond, Surrey, TNA, SP 16/236/35.

35. TNA, SP 16/101/46.

36. Johnson, Cole, et al. (eds.), *Commons Debates 1628*, vol. 2, 41, 387; vol. 3, 623, 629; vol. 4, 347, 350, 353, 355; *CSPD 1629–1631*, 206, 386; TNA, SP 16/162/40; SP 16/169/46.; SP 16/169/47. For William Laud's reaction to 'sacrilegious abuse' by saltpetermen in Wales in 1624, see his diary in Laud, *Works*, vol. 3, 155.

37. *APC 1625–1626*, 482.

38. For example, Oxfordshire Record Office, Oxford, PAR 207/4/F1/1, fos. 116, 182, for 'the pissing place' at St Martin's, Oxford, a reference I owe to John Craig. A saltpeter warrant of April 1631 urging 'restraint of digging in churches' is in BL, Harley Ms. 1576, f. 164v. The natural philosopher Henry Stubbe later explained that unpaved floors of churches or 'seats that are loosely boarded' could be rich in saltpeter because those places allowed 'long putrefication' where 'the earth be animated and impregnated by the air', Henry Stubbe, *Legends no Histories: Or, A Specimen of Some Animadversions Upon the History of the Royal Society* (1670), 51, 85.

39. Johnson, Cole, et al. (eds.), *Commons Debates 1628*, vol. 3, 629; vol. 4, 347.

40. Johnson, Cole, et al. (eds.), *Commons Debates 1628*, vol. 2, 46; vol. 3, 623, 629; vol. 4, 348, 350. Coke's view, first articulated in 1605, was also rehearsed at length in the 'Resolutions of all the Judges of England concerning digging of Saltpeter', dated 24 June 1625. Here it was insisted that 'the king's ministers . . . cannot dig the floor of any mansion houses which serve for the habitation of man', and 'in all places where they dig they ought to make the places as commodious for the owner as the same were before', BL, Sloane MS 1039, fos, 93-93v.

41. *CSPD 1628–1629*, 540; TNA, SP 16/142/32 and 42.

42. Essex Record Office, Q/SR 267/18 (1629), Q/SR 269/13 (1630), and similarly Q/SR300/34, Q/SBa 2/30 (1638); Essex Record Office, T/A 418/107/20 (1630).

43. TNA, SP 46/77, f. 33 (Bayning papers, 1637). Suffolk, Record Office, Ipswich, FC 101/E2/19, Framlingham accounts.

44. *CSPD 1625–1649*, 464; *CSPD 1629–1631*, 188; TNA, SP 16/161/1. Hilliard's saltpeter warrant also included Cheshire, Lancashire, Cumberland, and Westmorland, TNA, PC2/39, 258.

45. TNA, SP 16/163/40; SP 16/171/79; BL, Harley Ms. 1576, fos. 186–7. See also Gloucestershire Archives, Gloucester, D7115/1, 36, for another copy of Bond's complaint.

46. TNA, SP 16/165/38; Gloucestershire Archives, D7115/1, 38.

47. *APC July 1628–April 1629*, 235; *CSPD 1629–1631*, 219, 238.

48. TNA, SP 16/169/46.; SP 16/169/47; *CSPD 1629–1631*, 386.

49. *CSPD 1629–1631*, 318; TNA, SP 16/171/79; BL, Harley Ms. 1576, f. 186v.

50. *CSPD 1628–1629*, 101; *CSPD 1629–1631*, 193; *CSPD 1628–1629*, 386; *CSPD 1629–1631*, 539; TNA, SP 16/121/10; SP 16/186/102; PC 2/39, 257–8.

51. TNA, PC 2/42, 19–20.

52. *CSPD Addenda 1625–1649*, 340; TNA, SP 16/530/45. For new saltpeter warrants in May 1629 see *APC May 1629–May 1630*, 19–20 and SP 16/142/42. For similar assignments in 1630 see SP 16/165/51-54; SP 16/180/1–2.

53. TNA, SP 16/180/3 and 10.

54. *CSPD 1631–1633*, 29, 50, 62, 97; *CSPD 1633–1634*, 457; TNA, SP 16/189/89; SP 16/192/89.

55. *CSPD 1631–1633*, 109; *CSPD 1625–1649*, 373.

56. *APC May 1629–May 1630*, 318; *CSPD 1631–1633*, 76, 152, 365, 371; *CSPD 1633–1634*, 299, 451; TNA, PC 2/39, 707; SP 16/193/83; SP 16/260/21; SP 16/169/46.

57. *CSPD 1633–1634*, 451; TNA, SP 16/260/20 and 21; BL, Add. Ms. 11764, fos. 6v–8; BL, Harley Ms. 4022, f. 2v.

58. *CSPD 1631–1633*, 557–8, 573; *CSPD 1633–1634*, 85, 98, 108, 120; TNA, SP 16/233/23; SP 16/240/21; SP 16/241/71–73.

59. *CSPD 1633–1634*, 282, 402–3, 436.

60. TNA, PC 2/47, 341. For problems in Norfolk see TNA, SP 16/535/108; for similar disputes in Hampshire see Kevin Sharpe, *The Personal Rule of Charles I* (New Haven and London, 1992), 492.

61. *CSPD 1634–1635*, 502; TNA, SP 16/283/18.

62. *CSPD 1635*, 33, 449; TNA, SP 16/300/49; SP 16/300/63; SP 16/301/61 for Bagnall's 'hindrances and losses'; SP 16/318/40; J. P. Ferris, 'The Salpetremen in Dorset, 1635', *Proceedings of the Dorset Natural History and Archaeological Society*, 85 (1963), 158–63.

63. TNA, SP 16/282/103.

64. TNA, SP 16/259/42.

65. *CSPD 1634–1635*, 36, 58, 62, 71, 294, 304, 339, 368, 388, 479, 582; *CSPD 1635*, 33, 58, 449, 459, 476, 511; Eric Kerridge, *The Agricultural Revolution* (1967), 240, 242.

66. On the economic benefits and manorial privileges of pigeon-keeping, see John McCann, 'Dovecotes and Pigeons in English Law', *Transactions of the Ancient Monuments Society*, 44 (2000), 25–50. The Berkshire landowner Robert Loder earned more than £10 from his pigeons in 1620, including forty-five shillings from their dung, G. E. Fussell (ed.), *Robert Loder's Farm Accounts 1610–1620* (Camden Society, 3rd series, vol. 53, 1936), 186. It was widely believed that pigeon dung produced 'the best nitre of all others', Joseph Duchesne [as Iosephus Quersitanus], *The Practise of Chymicall, and Hermeticall Physicke*, trans. Thomas Timme (1605), sig. P2. However, pigeon dung was in fact a poorer source for potassium nitrate than saltpeter enthusiasts believed.

67. TNA, SP 16/292, ff. 38-38v; *CSPD 1637–38*, 242; J. R. Powell, *The Navy in the English Civil War* (1962), 7–9; Brian Quintrell, 'Charles I and his Navy in the 1630s', *Seventeenth Century*, 3 (1988), 159–79; Kenneth R. Andrews, *Ships, Money and Politics: Seafaring and Naval Enterprise in the Reign of Charles I* (Cambridge, 1991), 7, 143, 152; Thrush, 'Ordnance Office and the Navy', 339–54. James Scott Wheeler, *The Making of a World Power: War and the Military Revolution in Seventeenth-Century England* (Stroud, 1999), 32–8, shows naval expenditure rising from £174,596 a year 1625–29 to £209,395 a year 1635–39.

68. James F. Larkin and Paul Hughes (eds.), *Stuart Royal Proclamations. Volume II. Royal Proclamations of King Charles I 1625–1646* (Oxford, 1983), 180–2; *CSP Venice*, 1632–1636, 483; BL, Egerton Ms. 2716, f. 227, Anthony Mingay to Framlingham Gawdy, 1 December 1635.

69. TNA, E 44/46; SP 16/292, f. 36v. By February 1640 Samuel Cordewell could estimate that 'home-made saltpeter falls short about 80 lasts to make 240 lasts yearly', *CSPD 1639–40*, 424.

70. *By the King. A Proclamation for preservation of Grounds for making of Saltpeter, and to restore such grounds as are now destroyed, and to command Assistance to be given to His Majesties Saltpeter-Makers,* 14 March 1635; John U. Nef, *Industry and Government in France and England, 1540–1640* (Philadelphia, 1940), 65; *CSPD 1637*, 34.

71. *CSPD 1635*, 511, 568, 596; *CSPD 1635–1636*, 410, 449; *CSPD 1636–1637*, 217, 294; TNA, SP 16/292, f. 52v; SP 16/320/40; SP 16/354/4.

72. *CSPD 1635*, 605; *CSPD 1635–1636*, 150, 152; TNA, SP 16/303/56; SP 16/305/2; SP 16/305/64; SP 16/311/27. Salpetermen also excavated the town hall at Leicester in 1628, and the borough had to pay for its 'levelling,' *Records of the Borough of Leicester...1603–1688*, ed. Helen Stocks and W. H. Stevens (Cambridge, 1923), 248.

73. TNA, SP 16/535/108. See also 'the general complaint of the county' against the practices of the saltpetermen in 1637, in Walter Rye (ed.), *State Papers Relating to Musters, Beacons, Shipmoney, etc. in Norfolk* (Norwich, 1907), 232–3.

74. *CSPD 1637*, 129, 222–3; TNA, SP 16/361/110 and 112; SP 16/320/40 and 41; SP 16/320/30; SP 17/D/19 (saltpeter commission 30 November 1637).

75. *CSPD 1635–1636*, 359; *CSPD 1636–1637*, 28; TNA, SP 16/327/100.

76. *CSPD 1635–1636*, 567.

77. *CSPD 1635–1636*, 448; *CSPD 1636–1637*, 238, 372, 431, 458; TNA, SP 16/376/146; Sharpe, *Personal Rule of Charles I*, 195. See also Richard Cust, *Charles I: A Political Life* (Harlow, 2005), 186, on the crown's willingness to 'make sacrifices' in this regard.

78. *CSPD 1636–1637*, 53, 449; TNA, SP 16/328/31.

79. *CSPD 1636–1637*, 437, 449–50; *CSPD 1637*, 202, 222; TNA, SP 16/292, fos. 23, 29.

80. *CSPD 1637*, 61, 187, 259; TNA, SP 16/355/55; SP 16/361/8; SP 16/362/101.

81. *CSPD 1637*, 353, 531; *CSPD 1637–1638*, 37, 144–5; SP 16/371/67; SP 16/378/21.

82. *CSPD 1639*, 157; TNA, SP 16/420/146.

83. *CSPD 1639–1640*, 594; SP 16/449/25. *CSPD 1640*, 62; SP 16/450/36 and 45; SP 16/451/25.

84. *CSPD 1637–1638*, 159, 174, 180, 190, 344, 372, 375, 453, 513, 589; *CSPD 1639*, 262–3; *CSPD 1640*, 91–2, 348; TNA, SP 16/335/54 and 59, and SP 16/361/110, for more complaints.

85. *CSPD 1639–1640*, 176, 473; TNA, SP 16/445/79.

86. *CSPD 1638*, 118, 448, 472; *CSPD 1639*, 12; *CSPD 1639–1640*, 102, 424; *CSPD 1640–1641*, 313.

87. *CSPD 1640*, 439, 507, 523, 562.

88. *CSPD 1637–38*, 242; TNA, SP 292, ff. 38-38v.

89. *CSPD 1637*, 547; *CSPD 1637–1638*, 396; *CSPD 1638–1639*, 85; *CSPD 1639–40*, 68; *CSPD 1640*, 439, 507, 523, 562; BL, Add. Ms. 21506, f. 18.

90. *CSPD 1640–1641*, 240; *CSPD 1641–1643*, 152.

91. *CSPD 1638*, 443; *CSPD 1639–40*, 424.

92. Late in 1640 gunpowder sold in England for £6, then £5 a barrel, *CSPD 1640*, 523, 561. Royal armourers reckoned the price of gunpowder at 18d. a pound in 1638, Bodleian Library, Ms. Clarendon 14, f. 160. In Leicestershire the Earl of Huntington paid 1s. 2d. for half a pound of gunpowder, equivalent to more than £11 a barrel, Huntington Library, HA Misc. Box 12 (3), f. 18v. By October 1640, however, William Le Neve could report that 'powder is here at the Tower at 12d. a pound', or £5 a barrel, BL, Add. Ms. 21506, f. 11v. The Staffordshire county magazine secured four barrels of powder in January 1641, 'with a great deal of trouble... in regard of the scarceness at that time'. This premium-priced gunpowder cost 21d. a pound, almost £9 a barrel, Staffordshire Record Office, Q/SR/245/1.

93. *APC 1625–1626*, 240; TNA, SP 16/11/24.

94. *CSPD 1625–1626*, 236; *APC 1626*, 186.

95. *CSPD 1625–1626*, 490; *CSPD 1627–1628*, 493; *CSPD 1628–1629*, 118.

96. *CSP Colonial, East Indies, 1622–1624*, 202, 240, 476; *CSP Colonial, East Indies, 1630–1634*, 315–19; TNA, SP/39/19/13; PC 2/42, 286, 294.

97. *CSPD 1631–1633*, 347; SP 16/165/52.

98. *CSPD 1633–1634*, 244, 282; TNA, SP 16/165/54, 193/83; SP 16/219/36.

99. TNA, E 44/464; *CSPD 1636–37*, 153; *CSPD 1639–40*, 67.

100. *CSPD 1625–1649*, 595–6; *CSPD 1638*, 134, 460; *CSPD 1639*, 84; *CSPD 1639–1640*, 11; *CSPD 1640*, 523; TNA, SP 16/292, f. 44.

101. *CSPD 1638*, 253, 259; *CSPD 1639*, 203, 389; TNA, SP 16/292, ff. 45, 47v.

Chapter 6

1. *CSPD 1625–1649*, 595–6; *CSPD 1638*, 134, 460; *CSPD 1639*, 84; *CSPD 1639–1640*, 118. *CSPD 1640*, 523; TNA, SP 16/292, f. 44; Ian Roy (ed.), *The Royalist Ordnance Papers 1642–1646*, Oxfordshire Record Society, vol. 43 (1964) and vol. 49 (1975); Peter Edwards, 'Logistics and Supply', in John Kenyon and Jane Ohlmeyer (eds.), *The Civil Wars: A Military History of England, Scotland and Ireland 1638–1660* (Oxford, 1998), 243; Peter Edwards, 'Gunpowder and the English Civil War', *Journal of the Arms & Armour Society*, 15 (1995), 114–17; Peter Edwards, *Dealing in Death: The Arms Trade and the British Civil Wars, 1638–52* (Stroud, 2000), 115–17; Brenda J. Buchanan, '"The Art and Mystery of Making Gunpowder": The English Experience in the Seventeenth and Eighteenth Centuries', in Brett D. Steele and Tamera Dorland (eds.), *The Heirs of Archimedes* (Cambridge, Mass., 2005), 242–5; Stephen Bull, *The Furie of the Ordnance: Artillery in the English Civil War* (Woodbridge, 2008), 77–8, 185. For Baber's Restoration-era claims, *CSPD 1660–1661*, 154, 493; *CSPD November 1667–September 1668*, 177; *Calendar of Treasury Books 1660–1667*, 97; TNA, SP 29/232/193.

2. Parliamentary Archives, London, HL/PO/JO/1/52, 24 February 1641.

3. Lambert B. Larking (ed.), *Proceedings Principally in the County of Kent, in Connection with the Parliaments called in 1640* (Camden Society, 1852), 48–9.

4. Thomas Brugis, *The Discovery of a Projector: Shewing the Beginning, Progresse, and End of the Projector and his Projects* (1641).

5. Maija Jansson (ed.), *Proceedings in the Opening Session of the Long Parliament*, 7 vols. (Rochester, N.Y., 2000–7), vol. 2, 306, 308, 309; *Remonstrance of the State of the Kingdom* (1641), nos. 29, 36.

6. *CSPD 1640–1641*, 521; Jansson (ed.), *Proceedings in the Opening Session*, vol. 2, 309, 637; vol. 4, 302.

7. Jansson (ed.), *Proceedings in the Opening Session*, vol. 6, 17; *Statutes of the Realm*, vol. 5 (1819), 131; Parliamentary Archives, HL/PO/JO/10/1/68; *CSPD 1641–1643*, 66.

8. *CSPD 1641–1643*, 103, 152. Gunpowder reserves at the Tower and Portsmouth actually rose in late 1640 and early 1641, due to continuing imports and the end of the Scottish war, but thereafter became depleted, *CSPD 1640–1641*, 131, 241, 293, 405, 451, 486, 528.

9. Jansson (ed.), *Proceedings in the Opening Session*, vol. 6, 564, 569, 608, 613.

10. *CSPD 1641–1643*, 152, 280.

11. *CSPD 1641–1643*, 269, 280.

12. David Cressy, *England on Edge: Crisis and Revolution 1640–1642* (Oxford, 2006), 419.

13. Edwards, *Dealing in Death*, 92; Bull, *Furie of the Ordnance*, xix.

14. Edwards, 'Gunpowder and the English Civil War', 113–14; Edwards, 'Logistics and Supply', 243; Edwards, *Dealing in Death*, 110–15. Bull, *Furie of the Ordnance*, 78, estimates a peak parliamentary production of 4,825 barrels a year in 1645, approximately 200 lasts.

15. Roy (ed.), *Royalist Ordnance Papers*; Edwards, 'Logistics and Supply', 243; Edwards, 'Gunpowder and the English Civil War', 114–17; Edwards, *Dealing in Death*, 115–17; Malcolm Wanklyn and Frank Jones, *A Military History of the English Civil War, 1642–1646* (Harlow, 2005), 13, 86, 97; Buchanan, '"Art and Mystery of Making Gunpowder"', 242–5.

16. Charles Carlton, *Going to the Wars: The Experience of the British Civil Wars 1638–1651* (1992), 208.

17. Bodleian Library, Oxford, Tanner Ms. 63, f. 3.

18. C. H. Firth and R. S. Rait (eds.), *Acts and Ordinances of the Interregnum*, 3 vols. (1911) vol. 1, 320–1; TNA, SP 46/95, f.1–5; *CSPD 1645–1647*, 411, 431.

19. TNA, SP 46/95, f. 11.

20. *The Hartlib Papers* (University of Sheffield, CD-ROM, 2nd edn., 2002), 71/11/12A, 'Certaine Propositions in the behalf of the kingdome concerning Salt-Peter'.

21. *CSPD 1645–1647*, 493.

22. *The Correspondence of Robert Boyle. Vol. 1. 1636–61*, ed. Michael Hunter, Antonio Clericuzio, and Lawrence M. Principe (2001), 42–4; Robert Boyle, 'A Physico-Chymical Essay, Containing an Experiment, with some Considerations Touching the Differing Parts and Redintegration of Salt-Petre' (1661), in *The Works of the Honourable Robert Boyle*, 6 vols. (1772), vol. 1, 359; Charles Webster, *The Great*

Instauration: Science, Medicine and Reform 1626–1660 (New York, 1976), 61, 379–80.

23. *CSPD 1644*, 94, 129; *CSPD 1644–1645*, 51, 25; Edwards, 'Gunpowder and the English Civil War', 121. See Bal Krishna, *Commercial Relations between India and England (1601 to 1757)* (1924), 66, 68, for the Courten or Courteen company.

24. Firth and Rait (eds.), *Acts and Ordinances*, vol. 1, 578–9; *CSPD 1648–1649*, 35.

25. James Scott Wheeler, 'Logistics and Supply in Cromwell's Conquest of Ireland', in Mark Charles Fissel (ed.), *War and Government in Britain, 1598–1650* (Manchester and New York, 1991), 38–56.

26. J. R. Powell, *The Navy in the English Civil War* (1962), 7–9; Arthur W. Tedder, *The Navy of the Restoration* (Cambridge, 1916), 12–14, based on Bodleian Library, Carte Ms. 73; James Scott Wheeler, *The Making of a World Power: War and the Military Revolution in Seventeenth-Century England* (Stroud, 1999), 45–6.

27. Webster, *Great Instauration*, 61, 374, 378–81; Charles Webster, 'Benjamin Worsley: Engineering for Universal Reform from the Invisible College to the Navigation Act', in Mark Greengrass, Michael Leslie, and Timothy Raylor (eds.), *Samuel Hartlib and Universal Reformation: Studies in Intellectual Communication* (Cambridge, 1994), 213–35; Thomas Leng, *Benjamin Worsley (1618–1677): Trade, Interest and the Spirit in Revolutionary England* (Woodbridge, 2008), 18–25; *Hartlib Papers*, 15/2/5A; 39/1/16A; 53/26/6A.

28. *Hartlib Papers*, 15/2/5B; 53/26/2A and 7A; 71/11/12A.

29. *CSPD 1649–1650*, 227.

30. Firth and Rait (eds.), *Acts and Ordinances*, vol. 2, 699–702; *Hartlib Papers*. 39/1/25A (28 March 1653); 39/1/11A and B (18 May 1653). See also William R. Newman and Lawrence M. Principe, *Alchemy Tried in the Fire: Starkey, Boyle, and the Fate of Helmontian Chymistry* (Chicago, 2002), 239–53, for intellectual excitement about saltpeter in the 1650s.

31. *CSPD 1649–1650*, 226; Firth and Rait (eds.), *Acts and Ordinance*,vol. 2, 699–702, 1043–8.

32. *CSP Colonial, East Indies, 1617–1621*, 69, 112, 127.

33. *CSP Colonial, East Indies, 1622–1624*, 202, 240, 476. For the Dutch East India saltpeter trade, see Tristan Mostert, *Chain of Command: The Military System of the Dutch East India Company 1655–1663* (M.A. thesis, University of Leiden, 2007; http:vocwarfare.net, accessed April 2011), 35–6.

34. *APC July 1628–April 1629*, 395; *CSPD 1635*, 45, 246; K. N. Chaudhuri, *The English East India Company: The Study of an Early Joint-Stock Company 1600–1640* (New York and London, 1965), 189–90.

35. *A Calendar of the Court Minutes etc. of the East India Company, 1644–1649*, ed. William Foster and Ethel Bruce Sainsbury (Oxford, 1912), 112, 152, 290, 346, 349, 350; J. R. Partington, *A History of Greek Fire and Gunpowder* (Cambridge, 1960), 322–3; James W. Frey, 'The Indian Saltpeter Trade, the Military Revolution, and the Rise of Britain as a Global Superpower', *The Historian*, 71 (2009), 507–54; Jagdish Narayan Sarkar, 'Saltpetre Industry of India in the Seventeenth

Century', *Indian Historical Quarterly*, 14 (1938), 680–91; R. Balasubramiam, 'Saltpetre Manufacturing and Marketing in Medieval India', *Indian Journal of History of Science*, 40 (2005), 663–72.

36. *CSPD 1649–1650*, 74, 246, 306, 317, 548; *CSPD 1651*, 396; Foster and Sainsbury (eds.), *Calendar of the Court Minutes…1644–1649*, 343, 355, 378, 382, 385.

37. *Oxford Dictionary of National Biography*, sub 'Sir William Rider, d. 1669, merchant'.

38. *The English Factories in India 1646–1650*, ed. William Foster (Oxford, 1914), 299, 332, 337; *The English Factories in India 1651–1654*, ed. William Foster (Oxford, 1915), 45, 119, 196; *The English Factories in India 1655–1660*, ed. William Foster (Oxford, 1921), 206, 308; Brenda J. Buchanan, 'Saltpetre: A Commodity of Empire', in Brenda J. Buchanan (ed.), *Gunpowder, Explosives and the State: A Technological History* (Aldershot, 2006), 77.

Chapter 7

1. 'The Voyages & Travels of J. Albert de Mandelslo', in Adam Olearius, *The Voyages & Travels of the Ambassadors Sent by Frederick Duke of Holstein, to the Great Duke of Muscovy, and the King of Persia*, trans. John Davies (1662), separate pagination, 84. See also *Travels in India by Jean-Baptiste Tavernier*, ed. William Crooke, 2 vols. (Oxford, 1925), vol. 2, 10; Jagdish Narayan Sarkar, 'Saltpetre Industry of India in the Seventeenth Century', *Indian Historical Quarterly* 14, (1938), 680–91; Brenda J. Buchanan, 'Saltpetre: A Commodity of Empire', in Brenda J. Buchanan (ed.), *Gunpowder, Explosives and the State* (Aldershot, 2006), 78–81; R. Balasubramiam, 'Saltpetre Manufacturing and Marketing in Medieval India', *Indian Journal of History of Science*, 40 (2005), 663–72; James W. Frey, 'The Indian Saltpeter Trade, the Military Revolution, and the Rise of Britain as a Global Superpower', *The Historian*, 71 (2009), 522–4.

2. William Clarke, *The Natural History of Nitre: or, a Philosophical Discourse of the Nature, Generation, Place, and Artificial Extraction of Nitre, with its Vertues and Uses* (1670), 19.

3. Sir Josiah Child *A Treatise Wherein is Demonstrated, I. That the East-India Trade is the most National of all Foreign Trades* (1681), 6.

4. *CSPD 1660–1661*, 282, 385; *CSPD 1661–1662*, 46, 562; Henry Stubbe, *Legends no Histories: Or, A Specimen of Some Animadversions Upon the History of the Royal Society* (1670), 36.

5. *CSPD 1661–1662*, 662; *CSPD 1665–1666*, 400; E. S. De Beer (ed.), *The Diary of John Evelyn*, 6 vols. (Oxford, 1955), vol. 3, 443, 445, 446; *By the King. A Proclamation For the effectual prosecution of His Majesties Commission for the Providing and Making of Salt-peter and Gun-powder*, 16 July 1666.

6. Staffordshire Record Office, Stafford, D (W) 1778/V/1393; D 742/M/1/94, papers of William Legge, Lt. General of Ordnance, 1660–1672.

7. *Calendar of Treasury Books 1660–1667*, 189; *CSPD 1660–1661*, 369; *CSPD 1663–1664*, 69; TNA, SP 29/69/32.

8. *Calendar of Treasury Books 1660–1667*, 360, 648; *Calendar of Treasury Books 1669–1672*, 153, 294; BL, India Office Records H/42, 29–31.

9. William Foster (ed.), *The English Factories in India 1665–1667* (Oxford, 1925), 139; BL, India Office Records E/3/102.

10. Staffordshire Record Office, D 742/M/1/24A; D (W) 1778/V/1394.

11. BL, India Office Records H/42, 109.

12. H. C. Tomlinson, *Guns and Government: The Ordnance Office under the Later Stuarts* (1979); TNA, WO 44–55; Staffordshire Record Office, D 742/M/1/24A; D (W) 1778/V/1394.

13. K. N. Chaudhuri, *The Trading World of Asia and the English East India Company 1660–1760* (Cambridge, 1978), 531; Buchanan, 'Saltpetre: A Commodity of Empire', 79; TNA, WO 55/1671.

14. Staffordshire Record Office, D (W) 1778/V/1393.

15. Foster (ed.), *English Factories in India 1665–1667*, 257; William Foster (ed.), *The English Factories in India 1668–1669* (Oxford, 1927), 169.

16. Chaudhuri, *Trading World*, 531; Tomlinson, *Guns and Government*, 112; Frey, 'Indian Saltpeter Trade', 521–2.

17. TNA, WO 55/1759; BL, Add. Ms. 38393, f. 12; *CSPD January 1686–May 1687*, 342. The Company's own ships were significant consumers of gunpowder, and seventy-gun East Indiamen were not uncommon. See also Child, *Treatise*, 6; John Fryer, *A New Account of East India and Persia. Being Nine Years' Travels, 1672–1681*, ed. William Crooke, Hakluyt Society, 2nd series, 19 (1909), 7.

18. Staffordshire Record Office, D (W) 1778/V/1393 and 1394; *Calendar of Treasury Books 1672–1675*, 402.

19. *CSPD 1663–1664*, 517; *By the King. A Proclamation Prohibiting the Exportation of Saltpeter*, 17 March 1664; Staffordshire Record Office, D 742/M/1/24A; B. L., IOR, H/42, 150.

20. Staffordshire Record Office, D (W) 1778/V/1393.

21. Staffordshire Record Office, D 3074/J/1/1.

22. *CSPD 1689–1690*, 195; *A Proclamation to Prohibit the Exportation of Salt Petre*, 25 July 1689.

23. TNA, WO 55/1759; Staffordshire Record Office, D 3074/J/1/2-6; D (W) 1778/V/1395.

24. *Calendar of Treasury Books 1693–1696*, 1426.

25. TNA, WO 55/1758 and 9; Tomlinson, *Guns and Government*, 135; *Calendar of Treasury Papers 1556–1696*, 459–60; *Saltpetre Wanting in England to a Great Degree* (1695), broadside.

26. *CSPD 1690–1691*, 219; *CSPD 1691–1692*, 277; *Journal of the House of Commons*, vol. 10 (1802), 648: January–February 1692.

27. *Journal of the House of Commons*, vol. 10, 818. *CSPD 1691–1692*, 148, 178, 249, 277.

28. TNA, E 101/635/49; E 101/636/1, 2, 3, 6, 14, 36; E 214/1124; E 219/437; E 214/949; LR 9/130; *CSPD 1693*, 20; *CSPD 1694–1695*, 6. See, however, the suggestion in 1767 that the government 'take effectual measures for re-establishing saltpeter works in all parts of England', in case war should imperil East India supplies, *London Magazine, or Gentleman's Monthly Intelligencer*, 36 (1767), 640. Another author in 1783 identified saltpeter as a key material 'on which

our existence as a great people so much depends', but his urging of a domestic system of saltpeter manufacture gained no support, W. C. D., *Considerations on the Importance of the Production of Saltpetre in England and its Dependencies* (1783), 19.

29. *Journal of the House of Commons*, vol. 10, 818; *CSPD 1693*, 282.

30. TNA, BT 6/184/7; BL, Add Ms. 38393, f. 13; *CSPD 1698*, 134.

31. Chris Cook and John Stevenson, *British Historical Facts 1760–1830* (1980), 97–102; N. A. M. Rodger, *The Command of the Ocean: A Naval History of Britain 1649–1815* (New York and London, 2005), 607–8, 636–9; Stephen Conway, *War, State, and Society in Mid-Eighteenth-Century Britain and Ireland* (Oxford, 2006), 281.

32. Jenny West, *Gunpowder, Government and War in the Mid-Eighteenth Century* (Woodbridge, 1991), 163, 212, 224–7; TNA, BT 6/184/19; TNA, SUPP 5/762, 72.

33. Figures recalculated from Chaudhuri, *Trading World*, 531–2, and compared to Bal Krishna, *Commercial Relations between India and England (1601 to 1757)* (1924), 201, 307–8; Frey, 'Indian Saltpeter Trade', 509, 526, 529, 531, 540. On French reactions, see below Chapter 8.

34. BL, IOR, H/49, 62–4.

35. TNA T 64/276B/351; TNA, BT 6/184/5 and 10; BL, IOR, H/49, 63. Calculations of tonnage, where not given in the sources, assume an average bag of 1.2 cwt. Similar figures appear in the *Report of the Committee of Warehouses, on a Memorial from the Manufacturers of Gunpowder, and of other Commodities made from Saltpetre* (1793), 23–4.

36. TNA, BT 6/184/19; TNA, BT 6/184/32; BL, Add Ms. 38393, 28, 34v, 35, 44; 31 Geo. III c. 42; Edmund Hill, *Hints from the Manufacturers of the Raw Material of Saltpetre into Gunpowder, Oil of Vitriol, etc.* (1793), 2.

37. Hill, *Hints from the Manufacturers*, 1–3.

38. BL, Add. Ms. 38393, f. 35; East India Company Charter Act 1793, 33 Geo. III c. 52; Hill, *Hints from the Manufacturers*, 4, 6; Frey, 'Indian Saltpeter Trade', 551.

39. Philip J. Haythornthwaite, *The Armies of Wellington* (1998), 9–10.

40. Figures from Cook and Stevenson, *British Historical Facts 1760–1830*, 97–102; Chris Cook and Brendan Keith, *British Historical Facts 1830–1900* (1975), 185; Hew Strachan, *From Waterloo to Balaclava: Tactics, Technology, and the British Army, 1815–1854* (Cambridge, 1985), 101; Rodger, *Command of the Ocean*, 639–45. The Royal Navy had 361 ships in 1860, including twenty-seven battleships and fifty frigates or corvettes.

41. Robert Wilkinson-Latham, *British Artillery on Land and Sea 1790–1820* (Newton Abbot, 1973), 21 and appendices.

42. *Hansard, House of Commons*, 3rd. series, vol. 145 (29 May 1857), speech by Col. Henry Boldero.

43. TNA, SUPP 5/762, 6, 68, 72; SUPP 5/128.

44. Buchanan, 'Saltpetre: A Commodity of Empire', 79, citing John Stephenson, *Treatise on the Manufacture of Saltpetre* (Calcutta, 1835), 88–96; *Hansard, House*

of Commons, 3rd. series, vol. 176 (21 July 1864), speech by Robert Crawford; J. W. Leather and Jatindra Nath Mukerji, *The Indian Saltpetre Industry* (Calcutta, 1911), 1.

45. Arthur Pine Van Gelder and Hugo Schlatter, *History of the Explosives Industry in America* (New York, 1927), 117.

46. *Parliamentary Papers* (1864), vol. 57, 605, 'An Account of the Quantities of Saltpetre Imported into, and Exported from, the United Kingdom in the years 1860–1863 inclusive, and 1864 to the present time, distinguishing the Countries from which the Saltpetre was Imported, 24 June 1864.'

47. British saltpeter imports totalled 7,806 tons in 1855, 14,985 in 1856, 16,730 in 1857, and 10,360 tons in 1858. Two decades later the figures were 12,810 tons in 1875, 10,500 in 1876, 8,580 in 1877, 9,620 in 1878, and 10,390 in 1879. Prices fluctuated with supply and demand, and with receipt of 'warlike news from the Continent'. *The Economist*, no. 544, 28 January 1854, 101; no. 801, 1 January 1859, 297; no.1897, 3 January 1880, 20.

48. *History of the Ministry of Munitions. Vol. 7, The Control of Materials* (1922, reprinted 2008), part 4; Stephen R. Bown, *A Most Damnable Invention: Dynamite, Nitrates, and the Making of the Modern World* (Toronto and London, 2005).

49. TNA, CAB 21/120. See also E. A. Brayley Hodgetts (ed.), *The Rise and Progress of the British Explosives Industry* (1909).

Chapter 8

1. *Papers of John Adams*, ed. Robert J. Taylor, 15 vols. (Cambridge, Mass., 1977–2010), vol. 3, 28, 50, 61, 101, 168, 169, 193, 225, 227, 336, 363; *Letters of Delegates to Congress 1774–1789*, ed. Paul H. Smith 26 vols. (Washington, D.C., 1976–2000), vol. 1, 545–6.

2. *Essays upon the Making of Salt-Peter and Gun-Powder* (New York, 1776), 11, 23–4; *Several Methods of Making Salt-Petre, Recommended to the Inhabitants of the United Colonies, by the Honorable Continental Congress, and Re-published by Order of the General Assembly of the Colony of Massachusetts* (Watertown, Mass., 1775), 9; *The Process for Extracting and Refining Salt-Petre, According to the Method practiced at the Provincial Works in Philadelphia* (Philadelphia, 1776), 8; Massachusetts Historical Society, Boston, Adams Family Papers, 5 April 1776 (http://www.masshist.org/digitaladams/, accessed 18 May 2009).

3. *Letters of Delegates to Congress*, ed. Smith, vol. 2, 532.

4. *Process for Extracting and Refining Salt-Petre*, 8.

5. *CSP Colonial, America and West Indies*, vol. 1, 112–14, 156–60.

6. *Winthrop Papers Volume VI. 1650–1654*, ed. Malcolm Freiberg (Boston, 1992), 8; Arthur Pine Van Gelder and Hugo Schlatter, *History of the Explosives Industry in America* (New York, 1927), 30–3.

7. Staffordshire Record Office, Stafford, D 742/M/1/73; *CSP Colonial, America and West Indies*, vol. 12, 1685–8, 123–35; *CSPD 1691–1692*, 26, 41.

8. *CSP Colonial, America and West Indies*, vol. 1, 436–40; *The Hartlib Papers* (University of Sheffield, CD-ROM, 2nd edn., 2002), 39/1/23A;

Mercurius Politicus, no. 269 (2–9 August 1655); Staffordshire Record Office, D 742/M/1/73.

9. Daniel Defoe, *A General History of Discoveries and Improvements* (1726), 296.

10. *General Evening Post*, 26 February 1740.

11. Archibald Kennedy, *Observations on the Importance of the Northern Colonies* (New York, 1750), 15.

12. *The Annual Register, or a View of the History, Politics, and Literature, for the Year 1763* (1764), 121–2. 'The Method of Making Gun-Powder' described in Ames's *Boston Almanack* of 1775 assumed that the 'nitre or saltpeter…comes to us from the Indies' rather than local sources, facsimile in Van Gelder and Schlatter, *History of the Explosives Industry*, 48.

13. Orlando W. Stephenson, 'The Supply of Gunpowder in 1776', *American Historical Review*, 30 (1925), 271–81; David L. Salay, 'The Production of Gunpowder in Pennsylvania during the American Revolution', *Pennsylvania Magazine of History and Biography*, 99 (1975), 422–5; Van Gelder and Schlatter, *History of the Explosives Industry*, 36–40. The report on saltpeter experiments in Virginia in 1764 was reprinted in the *Royal American Magazine* (Boston, January 1775), 18.

14. 'The Nature, Properties, and Use of Nitre or Salt-Petre', *Royal American Magazine* (Boston, August 1774), 284.

15. *Dunlap's Pennsylvania Packet or, the General Advertiser*, no. 162, 28 November 1774.

16. *Several Methods of Making Salt-Petre*, 3; E. Wayne Carp, *To Starve the Army at Pleasure: Continental Army Administration and American Political Culture 1775–1783* (Chapel Hill, 1984), 22–3. On Elizabeth England, see above, Chapter 3.

17. *Several Methods of Making Salt-Petre*, 3, 4, 15, 20; *Correspondence and Journals of Samuel Blachley Webb. Vol. 1. 1772–1777*, ed. Worthington Chauncey Ford (New York, 1983), 113–14, Joseph Barrell to Joseph Green, 3 November 1775; *Papers of John Adams*, ed. Taylor, vol. 3, 221, James Warren to John Adams, 20 October 1775; *Letters of Delegates to Congress*, ed. Smith, vol. 2, 121.

18. *Boston Evening Post*, no. 2049, 2 January 1775; *Boston Gazette or Country Journal*, no. 1029, 2 January 1775; *Connecticut Gazette*, no. 583, 13 January 1775; *Pennsylvania Gazette*, no. 2405, 25 January 1775; *Connecticut Courant*, no. 549, 3 July 1775. Further reports of French and German saltpeter processes appeared in *Newport Mercury*, no. 882, 31 July 1775, and *Pennsylvania Mercury*, no. 18, 4 August 1775.

19. *Royal American Magazine*, January 1775, 18; *Virginia Gazette*, 4 August 1775; *Pennsylvania Mercury and Universal Advertiser*, 18 August 1775.

20. *Journals of the Continental Congress 1774–1789*, ed. Worthington Chauncey Ford et al., 37 vols. (Washington, D.C., 1904–37), vol. 2, 107, 218–19; vol. 3, 296, 345, 347, 349; vol. 4, 170–1; *Letters of Delegates to Congress*, ed. Smith, vol. 1, 477, 478, 481, 483.

21. 'Account of the Manufactory of Salt-Petre', *Pennsylvania Magazine: Or, American Monthly Museum* (June 1775), 266–9; *Several Methods of Making Salt-Petre*, 7–14. Benjamin Rush, a member of the Second Continental

Congress, had spent three years in Europe before becoming professor of chemistry at the College of Philadelphia.

22. *Process for Extracting and Refining Salt-Petre*, 1–7, 8; *Essays upon the Making of Salt-Peter and Gun-Powder*, 32; *Papers of John Adams*, ed. Taylor, vol. 3, 391, Robert Treat Paine to Joseph Palmer, 1 January 1776; *Papers of John Adams*, ed. Taylor, vol. 4, 4, Resolution of Congress, 23 February 1776.

23. *Papers of John Adams*, ed. Taylor, vol. 3, 28, 50, 61, 101, 168, 193, 225, 227; *Letters of Delegates to Congress*, ed. Smith, vol.1, 545–6.

24. *The Journals of Each Provincial Congress of Massachusetts in 1774 and 1775* ed. William Lincoln (Boston, 1838), 98, 100, 101. The Continental Congress offered half a dollar per pound for saltpeter in June 1775, two-fifths of a dollar per pound in November 1775, *Journals of the Continental Congress*, ed. Ford, vol. 2, 219; vol. 3, 347.

25. *Journals of Each Provincial Congress of Massachusetts*, ed. Lincoln, 417, 421; *Report of the Committee of Warehouses, on a Memorial from the Manufacturers of Gunpowder, and of other Commodities made from Saltpetre* (1793), 23–4.

26. *Several Methods of Making Salt-Petre*, 17–20; *Correspondence and Journals of Samuel Blachley Webb*, ed. Ford, vol. 1., 113–14, Joseph Barrell to Joseph Green, 3 November 1775; *Papers of John Adams*, ed. Taylor, vol. 3, 221, 225; *The Massachusetts Spy: or, American Oracle of Liberty*, 12 January 1776; *Letters of Delegates to Congress*, ed. Smith, vol. 2, 310, 333.

27. *Papers of John Adams*, ed. Taylor, vol. 3, 101; *Letters of Delegates to Congress*, ed. Smith, vol.1, 676–7; *New London Gazette*, 8 December 1775; *The Papers of General Nathanael Greene. Vol. 1. December 1766–December 1776*, ed. Richard K. Showman (Chapel Hill, 1976), 96; *Essays upon the Making of Salt-Peter and Gun-Powder*, 34; *Process for Extracting and Refining Salt-Petre*, 1–8; Salay, 'Production of Gunpowder', 426–7.

28. *The Papers of Benjamin Franklin*, ed. William B.Willcox, 39 vols. (New Haven, 1959–2008), vol. 22, 207, 289.

29. *Papers of John Adams*, ed. Taylor, vol. 3, 169, 336, 363.

30. *Journals of the Continental Congress*, ed. Ford, vol. 3, 345, 347; *Letters of Delegates to Congress*, ed. Smith, vol. 2, 311, 364.

31. *Essays upon the Making of Salt-Peter and Gun-Powder*, 7; Israel Aber, *The Art of Manufacturing Saltpeter, by Cheap, Easy, and Expeditious Methods* (Newark, NJ, 1796), sig. A2. *Essex Journal*, 15 December 1775.

32. *Essays upon the Making of Salt-Peter and Gun-Powder*, 11, 23–4; *Several Methods of Making Salt-Petre*, 9; *Process for Extracting and Refining Salt-Petre*, 8; *Papers of John Adams*, ed. Taylor, vol. 3, 336.

33. *Letters of Delegates to Congress*, ed. Smith, vol. 3. 20, 477.

34. Massachusetts Historical Society, Adams Family Papers, 5 April 1776 (Electronic Archive, accessed May 2009).

35. *Papers of John Adams*, ed. Taylor, vol. 4, 216.

36. Massachusetts State Archives, Boston, vol. 274, Certificates 1705–1781, nos. 231–351.

37. *Papers of John Adams*, ed. Taylor, vol. 3, 226–7; *The Papers of Thomas Jefferson. Vol. 1. 1760–1776*, ed. Julian P. Boyd (Princeton, 1950), 263; *Revolutionary Virginia.*

The Road to Independence. Vol. VII part 1. Independence and the Fifth Convention, 1776, ed. Brent Tarter (Charlottesville, Va., 1983), 149; Donald E. Reynolds, 'Ammunition Supply in Revolutionary Virginia', *Virginia Magazine of History and Biography*, 73 (1965), 57–8.

38. Van Gelder and Schlatter, *History of the Explosives Industry*, 40; William L. Saunders (ed.), *The Colonial Records of North Carolina*, (Raleigh, N.C., 1890), vol. 10, 216, 537; vol. 12, 373. North Carolina offered a bounty of £25 per hundredweight of saltpeter produced by March 1776, reduced to £20 per hundredweight in the following six months.

39. *Letters of Delegates to Congress*, ed. Smith, vol. 2, 532.

40. Charles L. Hoadly (ed.), *The Public Records of the State of Connecticut, From October, 1776, to February, 1778, Inclusive* (Hartford, 1894), 9, 11, 280, 294, 300, 302; *Calendar of Historical Manuscripts, Relating to the War of the Revolution, in the Office of the Secretary of State, Albany, NY* (2 vols., Albany, 1868), vol. 1, 447, 577, 640. See also vol. 2, 67, for saltpeter makers in Orange County seeking exemption from military duty.

41. *Letters of Delegates to Congress*, ed. Smith, vol. 3, 427, 455.

42. *Letters of Delegates to Congress*, ed. Smith, vol. 4, 305, 339.

43. *Letters of Delegates to Congress*, ed. Smith, vol. 5, 238–9.

44. *Letters of Delegates to Congress*, ed. Smith, vol. 8, 96; *Journals of the Continental Congress*, vol. 15, 1152–4, 1164. For Lavoisier's contribution, see later in this chapter.

45. *Papers of General Nathanael Greene*, ed. Showman, 96; *Papers of Benjamin Franklin*, ed. Willcox, vol. 22, 343; Stephenson, 'Supply of Gunpowder', 277, showing 478,259 pounds of saltpeter and 1,454,210 pounds of gunpowder imported. See also Neil L. York, 'Clandestine Aid and the American Revolutionary War Effort: A Re-Examination', *Military Affairs*, 43 (1979), 26–30. Charles Coulston Gillispie, *Science and Polity in France: The End of the Old Regime* (Princeton, 2004), 65, has 1,700,000 pounds of French gunpowder going to the United States in 1776 and 1777. James A. Huston, *The Sinews of War: Army Logistics 1775–1953* (Washington, D.C., 1966), 24, has 2,347,000 pounds (1,048 tons) of gunpowder used in the revolutionary war, of which 90 per cent was imported from Europe. For the French gunpowder experts, Nicolas and Mark Fouquet, see *Journals of the Continental Congress*, vol. 15, 1152–4, 1164; Salay, 'Production of Gunpowder', 437–8. See also David Hackett Fischer, *Washington's Crossing* (Oxford, 2004), 155, and John Ferling, *Almost a Miracle: The American Victory in the War of Independence* (Oxford, 2007), 181, on American sufficiency in firearms and gunpowder.

46. *An Abstract of the Cargo of the Ship HYDRA, from Bengal* (Newport, R.I., 1788), single sheet, listing 376,196 pounds of saltpeter, plus thousands of pieces of textiles.

47. Edmund Hill, *Hints from the Manufacturers of the Raw Material of Saltpetre into Gunpowder, Oil of Vitriol, etc.* (1793), 4.

48. BL, Add. Ms 38393, f. 114.

49. Aber, *Art of Manufacturing Saltpeter*, title page.

50. *Letters of Delegates to Congress*, ed. Smith, vol. 14, 363.

51. René Dujarric de la Rivière, *E.I. du Pont, élève de Lavoisier* (Paris, 1954); Max Dorian, *The du Ponts: From Gunpowder to Nylon* (Boston, 1962); Darwin H. Stapleton, 'Élève des poudres': E. I. du Pont's Multiple Transfers of French Technology', in Brenda J. Buchanan (ed.), *Gunpowder, Explosives and the State: A Technological History* (Aldershot, 2006), 230–41; Van Gelder and Schlatter, *History of the Explosives Industry*, 117, 174–87.

52. Joseph LeConte, *Instructions for the Manufacture of Saltpetre* (Columbia, S.C., 1862).

53. James W. Frey, 'The Indian Saltpeter Trade, the Military Revolution, and the Rise of Britain as a Global Superpower', *The Historian*, 71 (2009), 552–3.

54. David Potter, *Renaissance France at War: Armies, Culture and Society, c.1480– 1560* (Woodbridge, 2008), 155, gives figures in French *livres*, which weighed slightly more than an English pound, and *milliers* or thousands of *livres*. Geoffrey Parker (ed.), *The Cambridge Illustrated History of Warfare: The Triumph of the West* (Cambridge, 1995), 115, gives similar figures but equates *milliers* with tons. An English ton was equivalent to 2,042 *livres*.

55. John U. Nef, *Industry and Government in France and England, 1540–1640* (Philadelphia, 1940), 58–68, 97–8; André Guillerme. *The Age of Water: The Urban Environment in the North of France A.D. 300–1800* (College Station, Tex., 1988), 139, 255; Potter, *Renaissance France at War*, 153–7; Patrice Bret, 'The Organization of Gunpowder Production in France, 1775–1830', in Brenda J. Buchanan (ed.), *Gunpowder: The History of an International Technology* (Bath, 1996), 261–74; Jaime Wisniak, 'The History of Saltpeter Production with a Bit of Pyrotechnics and Lavoisier', *Chemical Educator*, 5 (2000), 205–9. Requisitions and quotas for *salpêtriers* under Francis I appear in *Collection des ordonnances des rois de France. Catalogue des actes de François Ier*, 10 vols. (Paris, 1887–1908). For comparison, see Bengt Åhslund, 'The Saltpetre Boilers of the Swedish Crown', in Brenda J. Buchanan (ed.), *Gunpowder: The History of an International Technology* (Bath, 1996), 163–81; Thomas Kaiserfeld, 'Saltpetre at the Intersection of Military and Agricultural Intererests in Eighteenth-Century Sweden', in Brenda J. Buchanan (ed.), *Gunpowder, Explosives and the State* (Aldershot, 2006), 142–7.

56. Henry Stubbe, *Legends no Histories: Or, A Specimen of some Animadversions Upon the History of the Royal Society* (1670), 98; Nef, *Industry and Government*, 65; Bret, 'Organization of Gunpowder Production in France', 264; Surirey de Saint-Rémy, 'The Manufacture of Gunpowder in France (1702). Part 1: Saltpeter, Sulphur and Charcoal', ed. and trans David H. Roberts, *Journal of the Ordnance Society*, 5 (1993), 47.

57. Francis Malthus, *Pratique de la guerre* (Paris, 1681), chapter 1, 'Du salpêtre e poudre à canon', and chapter 2, 'Du nitre ou salpêtre et de son usage'. This edition also contains engravings on the manufacture of saltpeter, used in Chapter 5, Figure 13, above.

58. Pierre Surirey de Saint-Rémy, *Mémoires d'Artillerie* (Paris, 1697; Amsterdam, 1702), Surirey de Saint-Rémy, 'The Manufacture of Gunpowder in France', trans. Roberts, 47–55.

59. Frey, 'Indian Saltpeter Trade', 507, 526, 529, 531, 540.

60. Robert P. Multhauf, 'The French Crash Program for Saltpeter Production, 1776–94', *Technology and Culture*, 12 (1971), 163–81; Tony Travis, 'Revolutions and Gunpowder: Antoine Lavoisier', *Chemistry and Industry*, 9 (1994), 333–8; Jean-Pierre Poirier, *Lavoisier: Chemist, Biologist, Economist* (Philadelphia, 1996), 89–96; Arthur Donovan, *Antoine Lavoisier: Science, Administration, and Revolution* (Cambridge, 1996), 190–7; Charles Coulston Gillispie, *Science and Polity in France: The End of the Old Regime* (Princeton, 2004), 65.

61. *Journals of the Continental Congress*, vol. 15, 1152–4, 1164.

62. Antoine Laurent Lavoisier, *Œuvres,* 6 vols. (Paris, 1864–93), vol. 5.

63. Poirier, *Lavoisier*, 94, 117–19; Donovan, *Antoine Lavoisier*, 194–200; Multhauf, 'French Crash Program', 173; Bret, 'Organization of Gunpowder Production in France', 264–6.

64. TNA, BT 6/36. The British took comfort in the fact that French saltpeter cost 'rather more than the saltpeter that comes from the East Indies'.

65. Multhauf, 'French Crash Program', 173–5; William Scott, 'The Pursuit of "Interests" in the French Revolution: A Preliminary Survey', *French Historical Studies*, 19 (1996), 837–8; Bertrand Barère, 'La fabrication extraordinaire des armes et des poudres', in *Gazette Nationale, ou Le Moniteur Universel*, no. 135 (3 Février 1794), 542; 'William Jackson on Conditions in France, 1794', *American Historical Review*, 9 (1904), 527; Bret, 'Organization of Gunpowder Production in France', 266–9; Frey, 'Indian Saltpeter Trade', 548.

BIBLIOGRAPHY

Manuscript sources

Bodleian Library, Oxford
  Clarendon Ms. 14
  Tanner Ms. 63
British Library, London
  Add. Ms. 4458, Birch Papers
  Add. Ms. 11764, Star Chamber and Exchequer Cases
  Add. Ms. 21506, Original Letters
  Add. Ms. 22047, Anthony Roll
  Add. Ms. 29303, Parliamentary Papers
  Add. Ms. 38393, Liverpool Papers
  Add. Ms 41613, Tracts and Papers
  Add. Ms. 49093, Napier Papers
  Add. Ms. 72419, Trumbull Papers
  Add. Ms. 78278, Evelyn Papers
  Cotton Ms. Galba D XIII
  Cotton Ms. Ortho E VII
  Egerton Ms. 2716, Gawdy Papers
  Harley Ms. 1576, Law Papers
  Harley Ms. 4022, Star Chamber
  Harley Ms. 6070, Norwich Assize
  India Office Records E/3/102, F/4/126/2321–2, H/42, H/449, Ms. Eur. G112
  Lansdowne Mss. 5, 24, 25, 28, 30, 31, 57, 58, 61, 84, 80, 103, 113
  Royal Ms. 17 AXXXI
  Royal Ms. 18 DIII
  Sloane Ms. 1039, Resolutions of the Judges concerning Saltpeter
Dorset Record Office, Dorchester
  D/BOC/Box 22, Diary of Dennis Bond
Essex Record Office, Chelmsford
  Q/SR 267, Q/SR 269, Q/SR300, Q/SBa 2, Quarter Sessions
  T/A 418/107, Assize transcripts

Folger Shakespeare Library, Washington, D.C.
    Ms. Z.e.26, saltpeter receipts 1605
    Microfilm 164.70, Cecil Papers
Gloucestershire Archives, Gloucester
    D7115/1
Hatfield House, Hatfield
    Cecil Papers
Huntington Library, San Marino, California
    Ellesmere Mss.
    Hastings Mss.
Massachusetts Historical Society, Boston,
    Adams Family Papers (http://www.masshist.org/digitaladams/)
Massachusetts State Archives, Boston,
    Vol. 274, Certificates 1705–1781
The National Archives (TNA), Kew
    Board of Trade, BT 6/36, BT 6/184
    Chancery, C 1/108/61, C 1/308/71, C 1/1120/52, C 1/1159/30–32,
        C 1/1193/73–75.
    Cabinet Office, CAB 21/120.
    Exchequer, E 44/46, E 44/431, E 101/64, E 101/635, E 101/636, E 133/7,
        E 214/949, E 214/1124, E 219/437, E 315/255, E 351/2708
    Land Revenue, LR 9/130
    Privy Council, PC 2/46
    Star Chamber, STAC 2/15
    State Papers, SP 1, 12, 14, 15, 16, 29, 39, 46
    Ministry of Supply, SUPP 5/128, SUPP 5/762
    Treasury, T 64/276B/351
    War Office, WO 44–55
Oxfordshire Record Office, Oxford
    PAR 207/4/F1/1, St. Martin's accounts
Parliamentary Archives, London
    House of Lords Main Papers
Staffordshire Record Office, Stafford
    D 742/M, D 3074/J, D (W) 1778/V, Legge Papers
    Q/SR/245/1, Quarter Sessions
Suffolk Record Office, Ipswich
C/3/8/4/31, Ipswich Records
    FC 101/E2/19, Framlingham accounts
Surrey History Centre, Guildford
    More Molyneux Correspondence
University of Sheffield, Sheffield
    The Hartlib Papers (CD-ROM, 2nd edn., 2002)

Printed primary sources

Aber, Israel, *The Art of Manufacturing Saltpeter, by Cheap, Easy, and Expeditious Methods* (Newark, N.J., 1796).

An Abstract of the Cargo of the Ship HYDRA, from Bengal (Newport, R.I., 1788).

'An Account of the Quantities of Saltpetre Imported into, and Exported from, the United Kingdom in the years 1860–1863 inclusive, and 1864 to the present time, distinguishing the Countries from which the Saltpetre was Imported, 24 June 1864', *Parliamentary Papers* (1864).

Acts and Ordinances of the Interregnum, ed. C. H. Firth and R. S. Rait, 3 vols. (1911).

Acts of the Privy Council, ed. J. H. Dasent et al., 46 vols. (1890–1967).

Acts of the Privy Council, Colonial, ed. W. L. Grant et al., 6 vols. (1908–12).

(Adams) *Papers of John Adams*, ed. Robert J. Taylor, 15 vols. (Cambridge, Mass., 1977–2010).

Agricola, Georgius, *De re metallica* (Basel, 1556).

(Agricola) *Georgius Agricola, De re metallica. Translated from the First Latin Edition of 1556*, ed. Herbert Clark Hoover and Lou Henry Hoover (New York, 1950).

Analytical Index to the Series of Records known as the Remembrancia, ed. W. H. Overall and H. C. Overall (1878).

The Annual Register, or a View of the History, Politics, and Literature, for the Year 1763 (1764).

The Anthony Roll of Henry VIII's Navy, ed. C. S. Knighton and D. M. Loades, (Navy Records Society, vol. 2, 2000), 41–106.

(Bacon) *Letters from Redgrave Hall. The Bacon Family 1340–1744*, ed. Diarmaid MacCulloch (Suffolk Records Society, vol. 50, 2007).

Bacon, Francis, *Sylva sylvarum or A Naturall History in Ten Centuries* (1627).

Bacon, Francis, *The Historie of Life and Death* (1638).

Bacon, Francis, *The New Organon*, ed. Lisa Jardine and Michael Silverthorne (Cambridge, 2000).

Barère, Bertrand, 'La fabrication extraordinaire des armes et des poudres', in *Gazette Nationale, ou Le Moniteur Universel*, no. 135 (3 Février 1794).

Bate, John, *The Mysteryes of Nature and Art* (1634).

Binning, Thomas, *A Light to the Art of Gunnery* (1703).

Biringuccio, Vannoccio, *De la pirotechnia* (Venice, 1540).

(Biringuccio) *The Pirotechnia of Vannoccio Biringuccio*, ed. Cyril Stanley Smith and Martha Teach Gnudi (New York, 1942).

Boerhaave, Herman, *A New Method of Chemistry, Including the Theory and Practice of that Art* (1727).

Boillot, Joseph, *Artifices de feu, & divers instruments de guerre* (Strasburg, 1603).

Bourne, William, *The Arte of Shooting in Great Ordnaunce. Contayning very Necessary Matters for all sortes of Servitoures eyther by Sea or by Lande* (1587).

(Bowyer) *The Parliamentary Diary of Robert Bowyer 1606–1607*, ed. David Harris Willson (Minneapolis, 1931).

Boyle, Robert, 'A Physico-Chymical Essay, Containing an Experiment, with some Considerations Touching the Differing Parts and Redintegration of Salt-Petre', in Robert Boyle, *Certain Physiological Essays* (1661).

(Boyle) *The Correspondence of Robert Boyle. Vol. 1. 1636–61*, ed. Michael Hunter, Antonio Clericuzio, and Lawrence M. Principe (2001).

Boyle, Robert, *The Sceptical Chymist* (1661).

(Boyle) *The Works of the Honourable Robert Boyle*, 6 vols. (1772).

Brugis, Thomas, *The Discovery of a Projector: Shewing the Beginning, Progresse, and End of the Projector and his Projects* (1641).

Cabala, sive Scrinia sacra: Mysteries of State and Government... Second Part (1691).

A Calendar of the Court Minutes etc. of the East India Company, 1644–1649, ed. William Foster and Ethel Bruce Sainsbury (Oxford, 1912).

Calendar of Historical Manuscripts, Relating to the War of the Revolution, in the Office of the Secretary of State, Albany, 2 vols. (Albany, N.Y., 1868).

Calendar of the Patent Rolls, 1485–1582, ed. J. G. Black et al. (1914–48).

Calendar of State Papers, Colonial, ed. W. N. Sainsbury et al., 44 vols. (1860–1969).

Calendar of State Papers, Domestic, ed. Mary Anne Everett Green et al., 98 vols. (1856–1998).

Calendar of State Papers, Foreign, ed. William B. Turnball et al., 25 vols. (1861–1950).

Calendar of State Papers, Venetian, ed. Rawdon Brown et al., 38 vols. (1864–1951).

Calendar of Treasury Books, ed. W. A. Shaw et al., 32 vols. (1897–1934).

Calendar of Treasury Papers, ed. Joseph Redington et al., 6 vols. (1868–89).

Chaloner, Thomas, *A Shorte Discourse of the Most Rare and Excellent Vertue of Nitre* (1584).

Child, Josiah, *A Treatise Wherein is Demonstrated, I. That the East-India Trade is the most National of all Foreign Trades* (1681).

Clarke, William, *The Natural History of Nitre: or, a Philosophical Discourse of the Nature, Generation, Place, and Artificial Extraction of Nitre, with its Vertues and Uses* (1670).

Coke, Edward, *Quinta pars relationum... The Fift Part of the Reports* (1612).

Coke, Edward, *The Third Part of the Institutes of the Laws of England* (1644).

Coke, Edward, *The Twelfth Part of the Reports* (1656).

Collection des ordonnances des rois de France. Catalogue des actes de François Ier, 10 vols. (Paris, 1887–1908).

The Colonial Records of North Carolina, ed. William L. Saunders, 10 vols. (Raleigh, N.C., 1886–1907).

Commons Debates 1628, ed. Robert C. Johnson, Maija Jansson Cole, et al., 6 vols. (New Haven, 1977–1983).

The Compleat Gunner (1672).

D., W. C., *Considerations on the Importance of the Production of Saltpetre in England and its Dependencies* (1783).

Defoe, Daniel, *A General History of Discoveries and Improvements* (1726).

Duchesne, Joseph [as Iospehus Quersitanus], *The Practise of Chymicall, and Hermeticall Physicke, for the Preservation of Health*, trans. Thomas Timme (1605).

Eldred, William, *The Gunners Glasse* (1646).

The English Factories in India, ed. William Foster, 13 vols. (Oxford, 1906–27).

Ercker, Lazarus, *Beschreibung allerfürnemisten mineralischen Ertzt unnd Bergkwercks Arten* (Frankfurt, 1580).

(Ercker) *Lazarus Ercker's Treatise on Ores and Assaying translated from the German edition of 1580*, trans. Anneliese Grünhaldt Sisco and Cyril Stanley Smith (Chicago, 1951).

Essays upon the Making of Salt-Peter and Gun-Powder (New York, 1776).

Evelyn, John, *Sylva: or, A Discourse of Forest-Trees* (1664).

(Evelyn) *The Diary of John Evelyn*, ed. E. S. De Beer, 6 vols. (Oxford, 1955).

(Franklin) *The Papers of Benjamin Franklin*, ed. William B. Willcox, 39 vols. (New Haven, 1959–2008).

Fryer, John, *A New Account of East India and Persia. Being Nine Years' Travels, 1672-1681*, ed. William Crooke, Hakluyt Society, 2nd series, 19 (1909).

Glauber, John Rudolph, *The Works of the Highly Experienced and Famous Chymist John Rudolph Glauber* (1689).

(Greene) *The Papers of General Nathanael Greene. Vol. 1. December 1766–December 1776*, ed. Richard K. Showman (Chapel Hill, 1976).

Hakluyt, Richard, *Divers Voyages Touching the Discoverie of America, and the Ilands adjacent unto the Same* (1582).

Hakluyt, Richard, *The Principal Navigations Voyages Traffiques & Discoveries of the English Nation*, 12 vols. (Glasgow, 1903).

Hansard's Parliamentary Debates (1857, 1864).

Harrison, William, *The Description of England*, ed. Georges Edelen (Ithaca, N.Y., 1968).

Henshaw, Thomas, 'The History of Making Gun-Powder', in Thomas Sprat, *The History of the Royal-Society of London, For the Improving of Natural Knowledge* (1667).

Henshaw, Thomas, 'The History of the Making of Salt-Peter', in Thomas Sprat, *The History of the Royal-Society of London, For the Improving of Natural Knowledge* (1667).

Hill, Edmund, *Hints from the Manufacturers of the Raw Material of Saltpetre into Gunpowder, Oil of Vitriol, etc.* (1793).

Historical Manuscripts Commission, *Calendar of the Manuscripts of the Most Hon. The Marquis of Salisbury, Preserved at Hatfield House*, 23 vols. (1883–1973).

Historical Manuscripts Commission, *Report on the Manuscripts of Earl Cowper*, 3 vols. (1888–89).

Houghton, John (ed.), *A Collection for the Improvement of Husbandry and Trade* (nos. 224–7, 13 November–4 December, 1696).

The House of Commons, 1604–1610, ed. Wallace Notestein (New Haven and London, 1971).

(Jackson) 'William Jackson on Conditions in France, 1794', *American Historical Review*, 9 (1904), 525–32.

(Jefferson) *The Papers of Thomas Jefferson. Vol. 1. 1760–1776*, ed. Julian P. Boyd (Princeton, 1950).

Jorden, Edward, *A Discourse of Naturall Bathes, and Minerall Waters* (1632, 1673 edn.).

Journal of the House of Commons, 12 vols. (1802–3).

The Journals of Each Provincial Congress of Massachusetts in 1774 and 1775, ed. William Lincoln (Boston, 1838).

Journals of the Continental Congress 1774–1789, ed. Worthington Chauncey Ford et al., 37 vols. (Washington, D.C., 1904–37).

Kennedy, Archibald, *Observations on the Importance of the Northern Colonies* (New York, 1750).

(Laud) *The Works of the Most Reverend Father in God, William Laud*, ed. James Bliss, 7 vols. (Oxford, 1853).

Lavoisier, Antoine Laurent, *Œuvres*, 6 vols. (Paris, 1864–93).

LeConte, Joseph, *Instructions for the Manufacture of Saltpetre* (Columbia, S.C., 1862).

Lémery, Nicolas, *A Course of Chymistry: Containing the Easiest Manner of Performing those Operations* (1677).

Letters and Papers, Foreign and Domestic, of the Reign of Henry VIII, ed. J. S. Brewer et al., 21 vols. (1862–1920).

Letters of Delegates to Congress 1774–1789, ed. Paul H. Smith, 26 vols. (Washington, D.C., 1976–2000).

(Loder) *Robert Loder's Farm Accounts 1610–1620*, ed. G. E. Fussell (Camden Society, 3rd series, vol. 53, 1936).

Lovell, Robert, *Panoryktologia. Sive Pammineralogicon. Or An Universal History of Mineralls* (Oxford, 1661).

Lucar, Cyprian, *Colloquies Concerning the Arte of Shooting in Great and Small Peeces of Artillerie* (1588).

Macquer, Pierre-Joseph, *Elements of the Theory and Practice of Chymistry* (Edinburgh, 1777).

Malthus, Francis, *Pratique de la guerre: contenant l'usage de l'artillerie, bombes et mortiers, feux artificiels & petards, sappes & mines, ponts & pontons, tranchées & travaux* (Paris, 1681).

Malthus, Thomas (i.e. Francis), *A Treatise of Artificial Fire-Works* (1629).

(Mandelslo) 'The Voyages & Travels of J. Albert de Mandelslo', in Adam Olearius, *The Voyages & Travels of the Ambassadors Sent by Frederick Duke of Holstein, to the Great Duke of Muscovy, and the King of Persia*, trans. John Davies (1662).

The Mariage of Prince Fredericke, and the Kings Daughter, the Lady Elizabeth (1613).

Mayow, John, *Tractatus quinque medico-physici. Quorum primus agit de sal-nitro, et spiritu nitro-aereo* (Oxford, 1674).

Middleton, Thomas, *A Faire Quarrell* (1617).

Moore, Francis, *Cases Collect & Report* (1688).

Nichols, John (ed.), *The Progresses, Processions, and Magnificent Festivities of King James the First*, 4 vols. (1828).

Norton, Robert, *The Gunner: Shewing the Whole Practise of Artillerie* (1628).

Nye, Nathaniel, *The Art of Gunnery. Wherein is described the true way to make all sorts of gunpowder, gun-match, the art of shooting in great and small ordnance* (1647, 1670).

Pettus, John, *Fleta minor. The Laws of Art and Nature* (1683; reprinted 1685 and 1686).

Pettus, John, *Fodinae regales. Or the History, Laws and Places of the Chief Mines and Mineral Works in England, Wales, and the English Pale in Ireland* (1670).

Plat, Hugh, *The Jewell House of Art and Nature* (1594).

Portaleone, R. Abraham, *Shilte ha-Gibborim* [Shields of the Heroes] (Mantua, 1612; Jerusalem, 1970).

Proceedings in Parliament 1626, ed. William B. Bidwell and Maija Jansson, 4 vols. (New Haven, 1991–6).

Proceedings in the Opening Session of the Long Parliament, ed. Maija Jansson, 7 vols. (Rochester, N.Y., 2000–07).

Proceedings Principally in the County of Kent, in Connection with the Parliaments called in 1640, ed. Lambert B. Larking (Camden Society, 1852).

The Process for Extracting and Refining Salt-Petre, According to the Method practiced at the Provincial Works in Philadelphia (Philadelphia, 1776).

The Public Records of the State of Connecticut, from October, 1776, to February, 1778, Inclusive, ed. Charles L. Hoadly (Hartford, Conn., 1894).

Records of the Borough of Leicester...1603–1688, ed. Helen Stocks and W. H. Stevens (Cambridge, 1923).

Register of the Privy Council of Scotland, 37 vols. (Edinburgh, 1877–1970).

Remonstrance of the State of the Kingdom (1641).

Report of the Committee of Warehouses, on a Memorial from the Manufacturers of Gunpowder, and of other Commodities made from Saltpetre (1793).

Revolutionary Virginia. The Road to Independence. Vol. VII part 1. Independence and the Fifth Convention, 1776, ed. Brent Tarter (Charlottesville, Va., 1983).

Rolle, Henry, *Les reports de Henry Rolle* (1675).

The Royalist Ordnance Papers 1642–1646, ed. Ian Roy, Oxfordshire Record Society, vol. 43 (1964) and vol. 49 (1975).

Russell, Thomas, *To the Kings most Excellent Maiestie, the Lords Spirituall and Temporall, and the Commons in this Present Parliament* (1626).

Saint-Rémy, Pierre Surirey de, *Mémoires d'artillerie où, il est traité des mortiers, petards, arquebuses à croc, mousquets, fusils, &c* (Paris, 1697; Amsterdam, 1702).

Saint-Rémy, Surirey de, 'The Manufacture of Gunpowder in France (1702). Part 1: Saltpetre, Sulphur and Charcoal', ed. and trans. David H. Roberts, *Journal of the Ordnance Society*, 5 (1993), 47–55.

Salmon, William, *Seplasium. The Compleat English Physician: or, The Druggist's Shop Opened* (1693).

Saltpetre Wanting in England to a Great Degree (1695).

Seller, John, *The Sea Gunner: Shewing the Practical Part of Gunnery as it is used at Sea* (1691).

Several Methods of Making Salt-Petre, Recommended to the Inhabitants of the United Colonies, by the Honorable Continental Congress, and Re-published by Order of the General Assembly of the Colony of Massachusetts (Watertown, Mass., 1775).

Several Methods of Making Salt-Petre; Recommended to the Inhabitants of the United Colonies by their Representatives in Congress (Philadelphia, 1775).

Shaw, Peter, *Chemical Lectures* (1734).

Smith, Godfrey, *The Laboratory, or School of Arts* (1738).

Smith, John, *An Accidence for the Sea* (1636).

Sprat, Thomas, *The History of the Royal-Society of London, for the Improving of Natural Knowledge* (1667).

State Papers Relating to Musters, Beacons, Shipmoney, etc. in Norfolk, ed. Walter Rye (Norwich, 1907).

Statutes of the Realm, 11 vols. (1810–28).

Stephenson, John, *Treatise on the Manufacture of Saltpetre* (Calcutta, 1835).

Stuart Royal Proclamations, ed. James F. Larkin and Paul Hughes, 2 vols. (Oxford, 1973–83).

Stubbe, Henry, *Legends no Histories: Or, A Specimen of Some Animadversions Upon the History of the Royal Society* (1670).

Tartaglia, Niccolò, *Quesiti et inventioni diverse* (Venice, 1546).

[Tavernier], *Travels in India by Jean-Baptiste Tavernier*, ed. William Crooke, 2 vols. (Oxford, 1925).

Thraster, William, *The Marrow of Chymical Physic; or, The Practice of Making Chymical Medicines* (1669; 1679).

Thybourel, François, *Recueil de plusieurs machines militaires, et feux artificiels pour la guerre, & recreation* (Pont-à-Mousson, 1620).

Watson, Richard, *Chemical Essays* (1781).

(Webb) *Correspondence and Journals of Samuel Blachley Webb. Vol. 1. 1772–1777*, ed. Worthington Chauncey Ford (New York, 1983).

Whitehorne Peter, *Certain Waies for the orderyng of Souldiers in battelray...And moreover, howe to make Saltpeter, Gunpoulder, and divers sortes of Fireworkes*, (appended to his translation of Niccolò Machiavelli's *Arte of Warr*, 1562; reprinted 1574 and 1588).

Wilson, George, *A Compleat Course of Chemistry* (1699).

Wilson, George, *A Course of Practical Chemistry* (1746).

Winthrop Papers. Volume VI. 1650–1654, ed. Malcolm Freiberg (Boston, 1992).

Newspapers

Boston Evening Post, 1775.

Boston Gazette or Country Journal, 1775.

Connecticut Courant, 1775.

Connecticut Gazette, 1775.

Dunlap's Pennsylvania Packet or, the General Advertiser, 1774.

The Economist, 1854–1910.

Evening Post, 1745.

Gazette Nationale, ou Le Moniteur Universel (Paris) 1794.

General Evening Post, 1740.

London Magazine, or Gentleman's Monthly Intelligencer, 1767.

London Evening Post, 1747.

Massachusetts Spy: or, American Oracle of Liberty, 1776.

Mercurius Politicus, 1655.

New London Gazette, 1775.

Newport Mercury, 1775.

Pennsylvania Gazette, 1775.

Pennsylvania Magazine: Or, American Monthly Museum, 1775.

Pennsylvania Mercury, 1775.

Pennsylvania Mercury and Universal Advertiser, 1775.

Royal American Magazine (Boston), 1774–75.

St. James's Evening Post, 1745.

Virginia Gazette, 1775.

Proclamations

By the Queene. A Proclamation for the calling in and frustrating all commissions for the making of salt-peeter, 13 January 1590.

By the Queene. A Proclamation for the reformation of many abuses and misdemeanours committed by Patentees, 28 November 1601.

By the King. A Proclamation for prevention of future abuses in Purveyance, 23 April 1606.

By the King. A Proclamation for prevention of abuses touching Gunpowder and Salt-peeter, 16 January 1623.

By the King. A Proclamation for the preservation of Grounds for making of Salt-Peeter, and to restore such Grounds which now are destroyed, 26 December 1624.

By the King. A Proclamation for the maintenance and encrease of the Mines of Salt-peter, and the true making of Gunpowder, and reforming abuses concerning the same, 13 April 1625.

By the King. A Proclamation for the better making of Saltpeter within this Kingdome, 2 January 1627.

By the King. A Proclamation for the maintaining and increase of the Mines of Salt-peter, and the true making and working of Saltpeter and Gunpowder, and reform-ing of all abuses concerning the same, 23 July 1627.

By the King. A Proclamation for preservation of Grounds for making of Saltpeter, and to restore such grounds as are now destroyed, and to command Assistance to be given to His Majesties Saltpeter-Makers, 14 March 1635.

By the King. A Proclamation Prohibiting the Exportation of Saltpeter, 17 March 1664.

By the King. A Proclamation For the effectual prosecution of His Majesties Commis-sion for the Providing and Making of Salt-peter and Gun-powder, 16 July 1666.

A Proclamation to Prohibit the Exportation of Salt Petre, 25 July 1689.

Secondary Sources

Ágoston, Gábor, *Guns for the Sultan: Military Power and the Weapons Industry in the Ottoman Empire* (Cambridge, 2005).

Åhslund, Bengt, 'The Saltpetre Boilers of the Swedish Crown', in Brenda J. Buchanan (ed.), *Gunpowder: The History of an International Technology* (Bath, 1996), 163–81.

Andrews, Kenneth R., *Ships, Money and Politics: Seafaring and Naval Enterprise in the Reign of Charles I* (Cambridge, 1991).

Aylmer, Gerald, *The King's Servants: The Civil Service of Charles I, 1625–1642* (New York, 1961).

Balasubramiam, R., 'Saltpetre Manufacturing and Marketing in Medieval India,' *Indian Journal of History of Science*, 40 (2005), 663–72.

Bovill, E. W., 'Queen Elizabeth's Gunpowder', *Mariner's Mirror*, 33 (1947), 179–86.

Bown, Stephen R., *A Most Damnable Invention: Dynamite, Nitrates, and the Making of the Modern World* (Toronto and London, 2005).

Bret, Patrice, 'The Organization of Gunpowder Production in France, 1775–1830', in Brenda J. Buchanan (ed.), *Gunpowder: The History of an International Technology* (Bath, 1996), 261–74.

Buchanan, Brenda J. (ed.), *Gunpowder: The History of an International Technology* (Bath, 1996).

Buchanan, Brenda J., '"The Art and Mystery of Making Gunpowder": The English Experience in the Seventeenth and Eighteenth Centuries', in Brett D. Steele and Tamera Dorland (eds.), *The Heirs of Archimedes: Science and the Art of War through the Age of Enlightenment* (Cambridge, Mass., 2005), 233–74.

Buchanan, Brenda J. (ed.), *Gunpowder, Explosives and the State: A Technological History* (Aldershot, 2006).

Bull, Stephen, 'Pearls from the Dungheap: English Saltpetre Production 1590–1640', *Journal of the Ordnance Society*, 2 (1990), 5–10.

Bull, Stephen, *The Furie of the Ordnance: Artillery in the English Civil War* (Woodbridge, 2008).

Burgen, Arnold, 'An Explosive Story', *European Review*, 12 (2004), 209–15.

Burgon, John William, *The Life and Times of Sir Thomas Gresham*, 2 vols. (1839).

Carlton, Charles, *Going to the Wars: The Experience of the British Civil Wars 1638–1651* (1992).

Carp, E. Wayne, *To Starve the Army at Pleasure: Continental Army Administration and American Political Culture 1775–1783* (Chapel Hill, 1984).

Chase, Kenneth, *Firearms: A Global History to 1700* (Cambridge, 2003).

Chaudhuri, K. N., *The English East India Company: The Study of an Early Joint-Stock Company 1600–1640* (New York and London, 1965).

Chaudhuri, K. N., *The Trading World of Asia and the English East India Company 1660–1760* (Cambridge, 1978).

Conway, Stephen, *War, State, and Society in Mid-Eighteenth-Century Britain and Ireland* (Oxford, 2006).

Cook, Chris, and Brendan Keith, *British Historical Facts 1830–1900* (1975).

Cook, Chris, and John Stevenson, *British Historical Facts 1760–1830* (1980).

Cook, Weston F. Jr, *The Hundred Years War for Morocco: Gunpowder and the Military Revolution in the Early Modern Muslim World* (Boulder, San Francisco, and Oxford, 1994).

Cressy, David, *Bonfires and Bells: National Memory and the Protestant Calendar in Elizabethan and Stuart England* (1989).

Cressy, David, *England on Edge: Crisis and Revolution 1640–1642* (Oxford, 2006).

Crocker, Glenys, *The Gunpowder Industry* (2nd edn., Princes Risborough, 1999).

Cruickshank, C. G., *Army Royal: Henry VIII's Invasion of France 1513* (Oxford, 1969).

Cust, Richard, *Charles I: A Political Life* (Harlow, 2005).

Dale, Stephen F., *The Muslim Empires of the Ottomans, Safavids, and Mughals* (Cambridge, 2010).

Davis, Robert, *Christian Slaves, Muslim Masters: White Slavery in the Mediterranean, the Barbary Coast and Italy, 1500–1800* (Basingstoke and New York, 2003).

Debus, Allen G., 'The Paraceslsian Aerial Niter', *Isis*, 55 (1964), 43–61.

Debus, Allen G., *The Chemical Philosophy: Paracelsian Science and Medicine in the Sixteenth and Seventeenth Centuries* (New York, 1977).

DeVries, Kelly, 'Gunpowder Weaponry and the Rise of the Early Modern State', *War in History*, 5 (1998), 127–45.

DeVries, Kelly, 'Sites of Military Science and Technology', in Katherine Park and Lorraine Daston (eds.), *The Cambridge History of Science. Vol. 3. Early Modern Science* (Cambridge, 2006), 308–11.

Donovan, Arthur, *Antoine Lavoisier: Science, Administration, and Revolution* (Cambridge, 1996).

Dorian, Max, *The du Ponts: From Gunpowder to Nylon* (Boston, 1962).

Eamon, William, *Science and the Secrets of Nature: Books of Secrets in Medieval and Early Modern Culture* (Princeton, 1994).

Edwards, Peter, 'Gunpowder and the English Civil War', *Journal of the Arms & Armour Society*, 15 (1995), 114–17.

Edwards, Peter, 'Logistics and Supply', in John Kenyon and Jane Ohlmeyer (eds.), *The Civil Wars: A Military History of England, Scotland and Ireland 1638–1660* (Oxford, 1998), 242–55.

Edwards, Peter, *Dealing in Death: The Arms Trade and the British Civil Wars, 1638–52* (Stroud, 2000).

Emsley, John, *The Shocking History of Phosphorus: A Biography of the Devil's Element* (2000).

Evans, R. J. W., *Rudolf II and his World: A Study in Intellectual History 1576–1612* (1997).

Ferling, John, *Almost a Miracle: The American Victory in the War of Independence* (Oxford, 2007).

Ferris, J. P., 'The Salpetremen in Dorset, 1635', *Proceedings of the Dorset Natural History and Archaeological Society*, 85 (1963), 158–63.

Fischer, David Hackett, *Washington's Crossing* (Oxford, 2004).

Fissel, Mark Charles (ed.), *War and Government in Britain, 1598–1650* (Manchester and New York, 1991).

Fissel, Mark Charles, *English Warfare 1511–1642* (2001).

Frey, James W., 'The Indian Saltpeter Trade, the Military Revolution, and the Rise of Britain as a Global Superpower', *The Historian*, 71 (2009), 507–54.

Friedel, Robert, *A Culture of Improvement: Technology and the Western Millennium* (Cambridge, Mass., 2007).

Gillispie, Charles Coulston, *Science and Polity in France: The End of the Old Regime* (Princeton, 2004).

Glete, Jan, *Warfare at Sea 1500–1650: Maritime Conflicts and the Transformation of Europe* (1999).

Golinski, Jan, *Science as Public Culture: Chemistry and Enlightenment in Britain, 1760–1820* (Cambridge, 1992).

Grassl, Gary C., 'Joachim Gans of Prague: The First Jew in English America', *American Jewish History*, 86 (1998), 195–217.

Gray, E., H. Marsh, and M. McLaren, 'A Short History of Gunpowder and the Role of Charcoal in its Manufacture', *Journal of Materials Science*, 17 (1982), 3385–400.

Greengrass, Mark, Michael Leslie, and Timothy Raylor (eds.), *Samuel Hartlib and Universal Reformation: Studies in Intellectual Communication* (Cambridge, 1994).

Guillerme, André, *The Age of Water: The Urban Environment in the North of France A.D. 300–1800* (College Station, Tex., 1988).

Guilmartin, John F., 'The Earliest Shipboard Gunpowder Ordnance: An Analysis of its Technicalities, Parameters and Tactical Capabilities', *Journal of Military History*, 71 (2007), 649–69.

Gunn, Steven, 'Archery Practice in Early Tudor England', *Past and Present*, no. 209 (November 2010), 53–81.

Hale, J. R., *Renaissance War Studies* (1983).

Hall, Bert S., 'The Corning of Gunpowder and the Development of Firearms in the Renaissance', in Brenda J. Buchanan (ed.), *Gunpowder: The History of an International Technology* (Bath, 1996), 87–120.

Hall, Bert S., *Weapons and Warfare in Renaissance Europe: Gunpowder, Technology, and Tactics* (Baltimore, Md., 1997).

Hall, Bert S., 'Introduction' to J. R. Partington, *A History of Greek Fire and Gunpowder* (2nd edn., Baltimore, Md., 1998).

Hammer, Paul E. J., *Elizabeth's Wars: War, Government and Society in Tudor England, 1544–1604* (Basingstoke and New York, 2003).

Harris, L. E., *The Two Netherlanders: Humphrey Bradley and Cornelius Drebbel* (Leiden, 1961).

Haythornthwaite, Philip J., *The Armies of Wellington* (1998).

History of the Ministry of Munitions. Vol. 7. The Control of Materials (Crown Copyright 1922, reprinted 2008).

Hodgetts, E. A. Brayley (ed.), *The Rise and Progress of the British Explosives Industry* (1909).

Howard, Robert A., 'Realities and Perceptions in the Evolution of Black Powder Making', in Brenda J. Buchanan (ed.), *Gunpowder, Explosives and the State: A Technological History* (Aldershot, 2006).

Hunter, Michael, *Boyle between God and Science* (New Haven and London, 2009).

Huston, James A., *The Sinews of War: Army Logistics 1775–1953* (Washington, D.C., 1966).

Kaiserfeld, Thomas, 'Saltpetre at the Intersection of Military and Agricultural Interests in Eighteenth-Century Sweden', in Brenda Buchanan (ed.), *Gunpowder, Explosives and the State: A Technological History* (Aldershot, 2006), 142–7.

Kenyon, John, and Jane Ohlmeyer (eds.), *The Civil Wars: A Military History of England, Scotland and Ireland 1638–1660* (Oxford, 1998).

Kerridge, Eric, *The Agricultural Revolution* (1967).

Khan, Yas Muhammad, 'Bārūd', *Encyclopedia of Islam*, (2nd edn., Leiden, Brill Online, http://www.paulyonline.brill.nl, accessed May 2009).

Krishna, Bal, *Commercial Relations between India and England (1601 to 1757)* (1924).

Leather, J. W., and Jatindra Nath Mukerji, *The Indian Saltpetre Industry* (Calcutta, 1911).

Lee, H., and J. H. Quastel, 'Biochemistry of Nitrification in Soil', *Biochemical Journal*, 40 (1946), 803–28.

Leng, Thomas, *Benjamin Worsley (1618–1677): Trade, Interest and the Spirit in Revolutionary England* (Woodbridge, 2008).

Levine, Joseph M., *Between the Ancients and the Moderns: Baroque Culture in Restoration England* (New Haven and London, 1999).

L'hirondel, Jean, and Jean-Louis L'hirondel, *Nitrate and Man: Toxic, Harmless or Beneficial?* (Wallingford and New York, 2002).

McCann, John, 'Dovecotes and Pigeons in English Law', *Transactions of the Ancient Monuments Society*, 44 (2000), 25–50.

McNeill, William H., *The Pursuit of Power: Technology, Armed Force, and Society since A.D. 1000* (Chicago, 1982).

Martin, Colin, and Geoffrey Parker, *The Spanish Armada* (1988).

Matar, N. I., *Britain and Barbary, 1589–1689* (Gainesville, Fla., 2005).

Mauskopf, Seymour H., 'Gunpowder and the Chemical Revolution', *Osiris*, 2nd series, 4 (1988), 92–118.

Mauskopf, Seymour H., ' "From an Instrument of War to an Instrument of the Laboratory: the Affinities do not Change": Chemists and the Development of Munitions, 1785–1885', *Bulletin of the History of Chemistry*, 24 (1999), 1–15.

Mauskopf, Seymour H., 'Bridging Chemistry and Physics in the Experimental Study of Gunpowder', in Frederick L. Holmes and Trevor H. Levere (eds.), *Instruments and Experimentation in the History of Chemistry* (Cambridge, Mass., 2000), 335–65.

Mostert, Tristan, *Chain of Command: The Military System of the Dutch East India Company 1655–1663* (M.A. thesis, University of Leiden, 2007; http:vocwarfare.net).

Multhauf, Robert P., 'The French Crash Program for Saltpeter Production, 1776–94', *Technology and Culture*, 12 (1971), 163–81.

Needham, Joseph, *Science and Civilisation in China. Vol. 5. Chemistry and Chemical Technology, Part 7: Military Technology: The Gunpowder Epic* (Cambridge, 1986).

Nef, John U., *Industry and Government in France and England, 1540–1640* (Philadelphia, 1940).

Newman, William R., 'From Alchemy to "Chymystry",' in Katherine Park and Lorraine Daston (eds.), *The Cambridge History of Science. Vol. 3. Early Modern Science* (Cambridge, 2006), 497–517.

Newman, William R., and Lawrence M. Principe, *Alchemy Tried in the Fire: Starkey, Boyle, and the Fate of Helmontian Chymistry* (Chicago, 2002).

Nummedal, Tara, *Alchemy and Authority in the Holy Roman Empire* (Chicago and London, 2007).

O'Neil, B. H. St. J., 'Stefan von Haschenperg, an Engineer to King Henry VIII, and his Work', *Archaeologia*, 91 (1945), 137–55.

Oxford Dictionary of National Biography (Oxford, 2004–11, http://www.oxforddnb.com/)

Pacey, Arnold, *Technology in World Civilization: A Thousand-Year History* (Oxford, 1990).

Panciera, Walter, 'Saltpetre Production in the Republic of Venice from the Sixteenth to the Eighteenth Century', *Icon: Journal of the International Committee for the History of Technology*, 3 (1977), 155–66.

Parker, Geoffrey (ed.), *The Cambridge Illustrated History of Warfare: The Triumph of the West* (Cambridge, 1995).

Parker, Geoffrey, 'The *Dreadnought* Revolution of Tudor England', *Mariner's Mirror*, 82 (1996), 269–300.

Parker, Geoffrey, *The Military Revolution: Military Innovation and the Rise of the West, 1500–1800* (2nd edn., Cambridge, 1996).

Partington, J. R., *A History of Greek Fire and Gunpowder* (Cambridge, 1960; 2nd edn., Baltimore, Md., 1998).

Poirier, Jean-Pierre, *Lavoisier: Chemist, Biologist, Economist* (Philadelphia, 1996).

Potter, David, *Renaissance France at War: Armies, Culture and Society, c.1480–1560* (Woodbridge, 2008).

Powell, J. R., *The Navy in the English Civil War* (1962).

Prestwich, Michael, *Armies and Warfare in the Middle Ages: The English Experience* (New Haven and London, 1996).

Quastel, J. H., and P. G. Scholefield, 'Biochemistry of Nitrification in Soil', *Bacteriological Reviews*, 15 (1951), 1–53.

Quintrell, Brian, 'Charles I and his Navy in the 1630s', *Seventeenth Century*, 3 (1988), 159–79.

Raymond, James, *Henry VIII's Military Revolution: The Armies of Sixteenth-Century Britain and Europe* (London and New York, 2007).

Reynolds, Donald E., 'Ammunition Supply in Revolutionary Virginia', *Virginia Magazine of History and Biography*, 73 (1965), 56–77.

Rich, George W., and David F. Jacobs, 'Saltpeter: A Folkloric Adjustment to Acculturation Stress', *Western Folklore*, 32 (1973), 164–79.

Rivière, René Dujarric de la, *E. I. du Pont, élève de Lavoisier* (Paris, 1954).

Rodger, N. A. M., *The Safeguard of the Sea: A Naval History of Britain 660–1649* (1997).

Rodger, N. A. M., *The Command of the Ocean: A Naval History of Britain 1649–1815* (New York and London, 2005).

Rogers, Clifford J. (ed.), *The Military Revolution Debate: Readings on the Military Transformation of Early Modern Europe* (Boulder, 1995).

Roos, Anna Marie, *The Salt of the Earth: Natural Philosophy, Medicine, and Chymistry in England, 1650–1750* (Leiden and Boston, 2007).

Russell, Conrad, *Parliaments and English Politics 1621–1629* (Oxford, 1979).

Russell, Conrad S. R., 'Monarchies, Wars, and Estates in England, France, and Spain, c.1580–c.1640', *Legislative Studies Quarterly*, 7 (1982), 205–20.

Salay, David L., 'The Production of Gunpowder in Pennsylvania during the American Revolution', *Pennsylvania Magazine of History and Biography*, 99 (1975), 422–5.

Sarkar, Jagdish Narayan, 'Saltpetre Industry of India in the Seventeenth Century', *Indian Historical Quarterly*, 14 (1938), 680–91.

Schogol, Jeff, 'Are New Recruits Secretly Given Saltpeter?' *Stars and Stripes* (http:www.stripes.com/blogs/the-rumor-doctor, accessed June 2010).

Scott, William, 'The Pursuit of "Interests" in the French Revolution: A Preliminary Survey,' *French Historical Studies*, 19 (1996), 811–51.

Sharpe, Kevin, *The Personal Rule of Charles I* (New Haven and London, 1992).

Stapleton, Darwin H., '*Élève des poudres*: E. I. du Pont's Multiple Transfers of French Technology', in Brenda J. Buchanan (ed.), *Gunpowder, Explosives and the State: A Technological History* (Aldershot, 2006), 230–41.

Steele, Brett D., and Tamera Dorland (eds.), *The Heirs of Archimedes: Science and the Art of War through the Age of Enlightenment* (Cambridge, Mass., 2005).

Steers, William D., 'Viagra—After One Year', *Urology*, 54 (1999), 12–17.

Stephenson, Orlando W., 'The Supply of Gunpowder in 1776', *American Historical Review*, 30 (1925), 271–81.

Stewart, Richard W., 'Arms and Expeditions: The Ordnance Office and the Assaults on Cadiz (1625) and the Isle of Rhé (1627)' in Mark Charles Fissel (ed.), *War and Government in Britain, 1598–1650* (Manchester and New York, 1991), 112–32.

Stewart, Richard Winship, *The English Ordnance Office 1585–1625: A Case Study in Bureaucracy* (Woodbridge, 1996).

Strachan, Hew, *From Waterloo to Balaclava: Tactics, Technology, and the British Army, 1815–1854* (Cambridge, 1985).

Tedder, Arthur W., *The Navy of the Restoration from the Death of Cromwell to the Treaty of Breda: Its Work, Growth and Influence* (Cambridge, 1916).

Thick, Malcolm, *Sir Hugh Plat: The Search for Useful Knowledge in Early Modern London* (Totnes, 2010).

Thrush, Andrew, 'The Ordnance Office and the Navy, 1625–40', *Mariner's Mirror*, 77 (1991), 339–54.

Tierie, Gerrit, *Cornelius Drebbel (1572–1633)* (Amsterdam, 1932).

Tomlinson, H. C., *Guns and Government: The Ordnance Office under the Later Stuarts* (1979).

Travis, Tony, 'Revolutions and Gunpowder: Antoine Lavoisier,' *Chemistry and Industry*, 9 (1994), 333–8.

Urbanski, Tadeusz, *Chemistry and Technology of Explosives*, 3 vols. (New York, 1964–7).

Ure, Andrew, *A Dictionary of Arts, Manufactures, and Mines: Containing a Clear Exposition of their Principles and Practice*, 2 vols. (4th edn., Boston, 1853).

Van Gelder, Arthur Pine, and Hugo Schlatter, *History of the Explosives Industry in America* (New York, 1927).

Wanklyn, Malcolm, and Frank Jones, *A Military History of the English Civil War, 1642–1646* (Harlow, 2005).

Webster, Charles, *The Great Instauration: Science, Medicine and Reform 1626–1660* (New York, 1976).

Webster, Charles, 'Benjamin Worsley: Engineering for Universal Reform from the Invisible College to the Navigation Act', in Mark Greengrass, Michael Leslie, and Timothy Raylor (eds.), *Samuel Hartlib and Universal Reformation: Studies in Intellectual Communication* (Cambridge, 1994), 213–35.

West, Jenny, *Gunpowder, Government and War in the Mid-Eighteenth Century* (Woodbridge, 1991).

Wheeler, James Scott, 'Logistics and Supply in Cromwell's Conquest of Ireland', in Mark Charles Fissel (ed.), *War and Government in Britain, 1598–1650* (Manchester and New York, 1991), 38–56.

Wheeler, James Scott, *The Making of a World Power: War and the Military Revolution in Seventeenth-Century England* (Stroud, 1999).

Wilkinson-Latham, Robert, *British Artillery on Land and Sea 1790–1820* (Newton Abbot, 1973).

Williams, A. R., 'The Production of Saltpetre in the Middle Ages', *Ambix: The Journal of the Society for the History of Alchemy and Chemistry*, 22 (1975), 125–33.

Wisniak, Jaime, 'The History of Saltpeter Production with a Bit of Pyrotechnics and Lavoisier', *Chemical Educator*, 5 (2000), 205–9.

Wrey, E. C., 'Saltpetre House, Ashurst Wood, Colbury', *Papers and Proceedings of the Hampshire Field Club and Archaeological Society*, 18 (1954), 335–6.

York, Neil L., 'Clandestine Aid and the American Revolutionary War Effort: A Re-Examination', *Military Affairs*, 43 (1979), 26–30.

Zupko, Ronald Edward, *A Dictionary of English Weights and Measures from Anglo-Saxon Times to the Nineteenth Century* (Madison, Wis., and London, 1968).

人名索引

地名・事項索引

David Cressy（デーヴィッド・クレッシー）
英国生まれ。現クレアモント大学院大学歴史学研究教授。ケンブリッジ大学で4つの学位を取得。本書執筆時のオハイオ州立大学では、人文科学特別栄誉教授およびジョージ3世英国史教授を務める。専門は、主に近世イングランドの社会史。

加藤 朗（かとう あきら）
桜美林大学名誉教授。1951年生。1975年早稲田大学政治経済学部政治学科卒。1981年同大学院政治研究科国際政治修士修了。同年〜1996年防衛庁防衛研究所所員、同年〜2022年桜美林大学国際部助教授、リベラル・アーツ学群教授。
専攻：国際政治（安全保障）
著作：『国際紛争はなぜ起こるか－ネオ・サイバネティックス紛争理論の構築』（2022年、桜美林大学叢書）；『日本の安全保障』（2016年、ちくま新書）他。

火薬の母：硝石の大英帝国史
　　―糞尿と森が帝国を支えた―

2024 年 1 月 17 日　初版 1 刷発行 ©
著　者― デーヴィッド・クレッシー
訳　者― 加藤 朗
発行者― 岡林信一
発行所― あけび書房株式会社
　　　　〒 167-0054　東京都杉並区松庵 3-39-13-103
　　　　☎ 03. 5888. 4142　FAX 03. 5888. 4448
　　　　info@akebishobo.com　https://akebishobo.com

　　　　　　　　　　　　印刷・製本／モリモト印刷
　　　　ISBN978-4-87154-250-0　c3022